21世纪高等学校系列教材 | 计算机应用

C语言程序设计

戚海英 宋旭东 刘月凡 主编

清华大学出版社
北京

内 容 简 介

作为程序设计入门课程的教材,本书以培养学生具有基本的程序设计能力为主要目标。全书共分为 12 章,内容主要包括 C 语言概述,数据类型、运算符与表达式,顺序结构程序设计,选择结构程序设计,循环结构程序设计,数组,函数,编译预处理,指针,结构体与共用体,文件,综合设计——学生成绩管理系统等。第 2～11 章后附习题,便于学生复习、理解和巩固。

本书内容循序渐进、结构清晰、层次分明、通俗易懂,讲授的内容少而精,通过大量与 C 语言知识点紧密结合的例题,使学生可以更好地掌握程序设计方法,强调在实践中学习。第 1～11 章均配有上机实践训练。

本书可以作为高等院校计算机专业低年级学生学习计算机语言的入门教材,还可以作为科技人员自学 C 语言的参考书。

图书在版编目(CIP)数据

C 语言程序设计/戚海英,宋旭东,刘月凡主编.—北京:清华大学出版社,2024.5
21 世纪高等学校系列教材.计算机应用
ISBN 978-7-302-66368-3

I.①C… Ⅱ.①戚… ②宋… ③刘… Ⅲ.①C 语言－程序设计－高等学校－教材 Ⅳ.①TP312.8

中国国家版本馆 CIP 数据核字(2024)第 107744 号

责任编辑:贾 斌 薛 阳
封面设计:傅瑞学
责任校对:王勤勤
责任印制:丛怀宇

出版发行:清华大学出版社
　　　网　　　址:https://www.tup.com.cn,https://www.wqxuetang.com
　　　地　　　址:北京清华大学学研大厦 A 座　　　邮　　编:100084
　　　社　总　机:010-83470000　　　　　　　　邮　　购:010-62786544
　　　投稿与读者服务:010-62776969,c-service@tup.tsinghua.edu.cn
　　　质量反馈:010-62772015,zhiliang@tup.tsinghua.edu.cn
　　　课件下载:https://www.tup.com.cn,010-83470236
印 装 者:天津鑫丰华印务有限公司
经　　销:全国新华书店
开　　本:185mm×260mm　　印　张:20.25　　　　字　　数:494 千字
版　　次:2024 年 6 月第 1 版　　　　　　　　　印　　次:2024 年 6 月第 1 次印刷
印　　数:1～2000
定　　价:59.80 元

产品编号:105764-01

前　言

　　本书是经过近些年的打磨,结合近年来的上机考试系统的一些内容,又参考了一些优秀的 C 语言教程后经过改进的 C 程序设计教材。随着计算机语言的教学改革,根据全国计算机基础教学指导委员会的白皮书的精神,高校计算机教学又提出许多新的概念,因此适用于教学的教材编写风格也必须改革。2008 年我们编写的《C 程序设计基础》已经在许多方面取得了成功的经验,并获得大连市科学著作三等奖。2010 年我们又进行了第 2 版的尝试,2014 年出版第 3 版,2019 年出版第 4 版。本书在前几次写作的基础上,结合我校四年制和五年制两种教学模式以及上机考试的特点又进行了新的改进。全书以设计为核心思想,适合高校以及自学人员作为教材之用。

　　我们作为从事计算机基础教学多年的教学团队,通过长期的教学研究和总结经验,通过参加有关计算机基础教学研究的会议,以及与其他高校从事计算机基础教学的同行们交流,大家都感到应该用新的教学理念和方法培养新时代人才。目前,对于"C 语言程序设计"课程的建设工作,学校给予高度重视。我们通过反思和学习研究清华大学等高校的改革经验,在课程建设中,开始对"C 语言程序设计"课程的教学模式进行改革,强调动手实践,以上机编程为切入点,通过实例讲授程序设计的基本概念和基本方法,将重点放在学习编程思路上,要求学生养成良好的编程习惯。在教学过程中,注意培养学生计算机语言的思维能力和编程动手能力,鼓励学生探索、研究和创新。在指导思想上,基于OBE 理念,以学生为中心。具体的教学改革措施考虑主要为以下两点:教学模式和方法的改革;学生学习评价体系的改革。参与编写本书的教师都具有长期讲授 C 语言的教学经验,本书将作为辽宁省一流课程和辽宁省普通高等教育本科教学改革研究项目的支撑教材。

　　对教学模式和方法的改革:主要是从软的环境上进行改革,包括教学方法、思路的改革,转变观念,把强化实践提到一定的高度上予以重视。

　　对学生评价体系的改革:考试是检验学生学习成果的重要环节。考试,作为指挥棒对教学目标和教学过程都有重大影响。对于 C 语言课程建设来说,考试改革是调动和激发学生学习积极性和创造性的重要环节。如今我校采用的考核方式是上机考核,这对学生学习方式方法的影响是很大的,也是积极的。对于计算机语言课的学习,只有动手、动脑去实践,才能学到真本事。这就要求从硬件环境上以及软件配置上,都要加大投入。因此,"C 语言程序设计"课程建设不是一朝一夕的事情,是一个系统工程,需要逐步逐渐地完成。

　　本书由大连交通大学的戚海英、宋旭东和刘月凡主要负责编写,第 1～6 章由戚海英编写,第 7～9 章由宋旭东编写,第 10～12 章由刘月凡编写,全书由戚海英统稿和审定。另外,李瑞、徐克圣、陈鑫影、谷晓琳、吴则成、高全艳、蔺亚琴、朱凯健、王舒龙等在本书图表排版中都做了不少辅助工作,在此表示感谢。

由于作者水平有限,书中难免有不足之处,欢迎广大读者多提宝贵意见。

作　者

2024 年 3 月

目　录

第1章 C语言概述

计算机的飞速发展大大促进了知识经济的发展和社会信息的进程。人类和计算机交流最通用的手段是程序设计语言。当人们想利用计算机解决某个问题时,必须用程序设计语言安排好处理步骤,并存储在计算机内提供给计算机执行,这些用计算机程序设计语言安排好的处理步骤称为计算机程序,程序是计算机操作指令的集合。

1.1 程序设计的基本概念

计算机程序设计就是通过计算机解决问题的过程。首先是解决问题的方法和步骤;其次是如何把解决问题的方法和步骤通过计算机实现。要想在计算机中完成这个任务,得用计算机语言中来完成。有一个著名的计算机程序设计(以后简称程序设计)的公式:

程序设计=算法+数据结构+计算机语言

程序设计(Programming)是指设计、编制、调试程序的方法和过程。上面已经说过,对于初学者,了解程序设计可以把解决问题的方法与步骤和在计算机上实现这个过程分开来考虑。解决问题的方法与步骤,就是人们所说的算法。把算法在计算机上实现,也就完成了程序设计的过程。程序设计的基本步骤如下。

(1) 把解决问题的方法与步骤设计完成,即算法设计完成。

(2) 在计算机上用计算机语言实现算法中的方法与步骤。

(3) 调试编辑好的程序。这也是程序设计思想之一,人们完成的程序设计不可能一次成功,就是再有天才的人,思维再缜密的人,也不可能保证自己编写的程序没有错误。

从程序设计的基本步骤上可以看出,要想学好程序设计,首先要了解和掌握算法的概念,然后再学习一门计算机语言,这样才可以初步完成在计算机上进行程序设计的工作。本章主要介绍算法的概念和思想。从第2章开始要详细学习C语言(计算机语言),通过学习并使用C语言来完成计算机程序设计工作。我们学习计算机语言的最终目的是进行程序设计,学习计算机语言的语法、规则的目的是更好地掌握计算机语言。

目前的计算机语言已经从低级语言发展成为高级语言了,高级语言更方便用户使用,它的源代码都是文本型的。但计算机本身只能接收二进制编码的程序,不能直接运行这种文本型的代码,需要通过翻译把高级语言源程序代码转换成计算机能识别的二进制代码,这样计算机才能执行。而这个翻译,在这里把它叫作编译系统,也可以看成计算机语言的编程界面。

1.2 算法

1.2.1 算法的基本概念

算法(Algorithm)是指解决问题的准确而完整的描述。算法是程序的核心,是程序设计要完成的任务的灵魂。不论是简单还是复杂的程序,都是由算法组成的。算法不仅构成了程序运行的要素,更是推动程序正确运行、实现程序设计目的的关键。

算法独立于任何具体的程序设计语言,一个算法可以用多种编程语言来实现。算法是一组有穷的规则,它们规定了解决某一特定类型问题的一系列运算,是对解题方案的准确与完整的描述。在程序设计中,算法要用计算机算法语言描述出来,算法代表用计算机解一类问题的精确、有效的方法。

解决一个问题会有多种方法,如解一元二次方程的算法就很多,有因式分解法、分式法、迭代法等,这些方法有优劣之分,有的方法只需进行很少的步骤,而有的方法则需要较多的步骤。设计一个算法后一般用以下特性来衡量。

(1) 有穷性。算法的步骤必须是有限的,每个步骤都在有限的时间内做完,执行有限个步骤后终止。

(2) 确定性。算法中每一步骤都必须有明确定义,不允许有模棱两可的解释,不允许有多义性。例如如果成绩大于或等于 90 分,则输出 A;如果小于或等于 90 分,则输出 B;当成绩等于 90 分时,既会输出 A,又会输出 B,这就产生了不确定性。

(3) 有效性。算法的每一步骤操作都应该能有效执行。例如一个数被 0 除,就是无效不可执行的,应避免。

(4) 零个或多个输入。例如求 $1+2+3+\cdots+100$ 时,不需要输入任何信息就能求出结果;而要求 $1+2+3+\cdots+n$ 时,必须从键盘输入 n 的值,才能求出结果。

(5) 一个或多个输出。算法的目的是求解,"解"就是算法的输出。没有输出的算法是没有意义的。

1.2.2 算法的表示

算法表示常用的方法有自然语言、图形、伪代码等。

1. 自然语言

自然语言,简单来说就是人们日常生活中应用的语言。相对于计算机语言来说,自然语言更容易被接受,也更容易学习和表达,但是自然语言往往冗长烦琐,而且容易产生歧义。例如,"他看到我很高兴。"不清楚是他高兴,还是我高兴。尤其是在描述分支、循环算法时,用自然语言十分不方便。所以除了一些十分简单的算法外,一般不采用自然语言来表示算法。

2. 图形

用图形表示算法即用一些有特殊意义的几何图形来表示算法的各个步骤和功能。使用图形表示算法的思路是一种很好的方法,因为千言万语不如一张图明了易懂。图形的表示方法比较直观、清晰,易于掌握,有利于检查程序错误,在表达上也克服了产生歧义的可能。一般使用得比较多的有传统流程图、N-S 流程图、PAD 流程图等。本书只介绍传统流程图,其他流程图请参看其他程序设计书籍。

传统的流程图一般由如图 1.1 所示的几种基本图形组成。

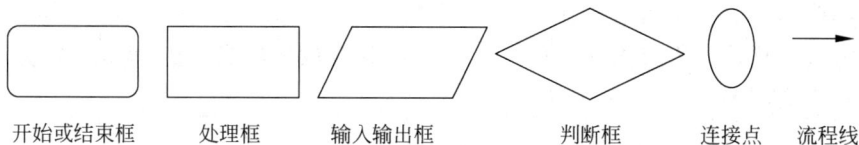

开始或结束框   处理框   输入输出框   判断框   连接点   流程线

图 1.1 流程图的基本图形

【例 1.1】 输入 a,b,c 三个数,把最小的值输出,流程图如图 1.2 所示。

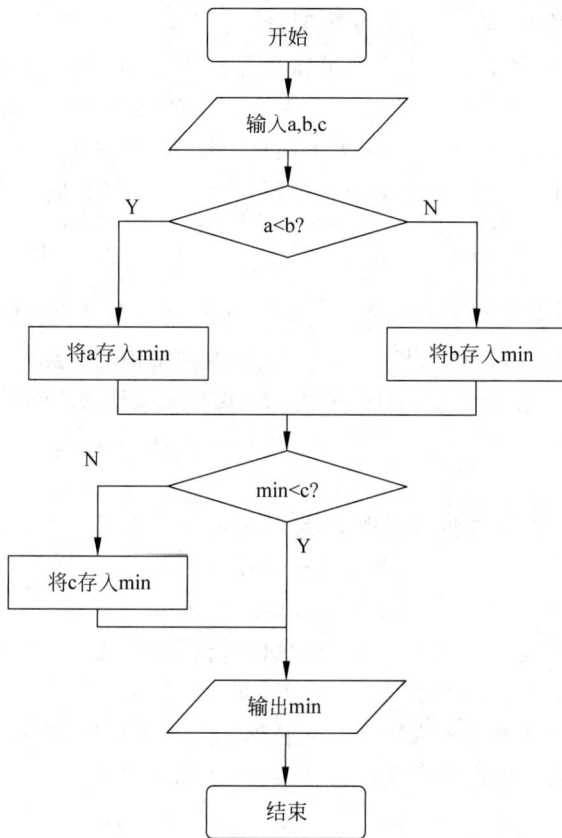

图 1.2 流程图

先将 a 与 b 进行比较,若 a<b,则将 a 存入 min,否则将 b 存入 min;再将 c 与 min 进行比较,若 c<min,则将 c 存入 min,然后输出 min,否则直接输出 min。

根据例子可以看出,传统的流程图主要由带箭头的线、文字说明和不同形状的框构成。采用传统的流程图可以清晰直观地反映整个算法的步骤和每一步的先后顺序。因此,在相当长的一段时间内,传统流程图成为很流行的一种算法描述方式。

但是当算法相当复杂、篇幅很长时,使用传统的流程图就会显得费时又费力。随着结构化程序设计思想的推行与发展,渐渐地衍生出 N-S 结构化流程图。

3. 伪代码

伪代码(Pseudocode)是一种算法描述语言。使用伪代码的目的是使被描述的算法可以容易地以任何一种编程语言(Pascal、C、Java 等)实现。因此,伪代码必须结构清晰,代码简单,可读性好,并且类似自然语言。

用各种算法描述方法所描述的同一算法,只要该算法的功能不变,就允许在算法的描述和实现方法上有所不同。

1.2.3 结构化程序设计方法

经过研究,人们发现任何复杂的算法都可以由顺序结构、选择(分支)结构和循环结构这三种基本结构组成。因此,构造一个算法的时候,也仅以这三种基本结构作为"建筑单元",遵守三种基本结构的规范,基本结构之间可以并列、可以相互包含,但不允许交叉,不允许从一个结构直接转到另一个结构的内部去。正因为整个算法都是由三种基本结构组成的,就像用模块构建的一样,所以结构清晰,易于正确性验证,易于纠错。这种方法就是结构化方法。遵循这种方法的程序设计,就是结构化程序设计。C 语言就是一种结构化语言。

1. 顺序结构

顺序结构表示程序中的各操作是按照它们出现的先后顺序执行的,其流程如图 1.3 所示。整个顺序结构只有一个入口点和一个出口点。这种结构的特点是:程序从入口点开始,按顺序执行所有操作,直到出口点处,所以称为顺序结构。程序的总流程都是顺序结构。

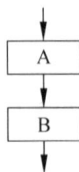

2. 选择结构

选择结构表示程序的处理步骤出现了分支,它需要根据某一特定的条件选择其中的一个分支执行。选择结构有单选择、双选择和多选择三种形式。

双选择是典型的选择结构形式,其流程如图 1.4 所示,在这两个分支中只能选择一条且必须选择一条执行,但不论选择了哪一条分支执行,最后流程都一定到达结构的出口点处。

多选择结构是指程序流程中遇到多个分支,程序执行方向将根据条件确定。要根据判断条件选择多个分支的其中之一执行。不论选择了哪一条分支,最后流程要到达同一个出口处。如果所有分支的条件都不满足,则直接到达出口。

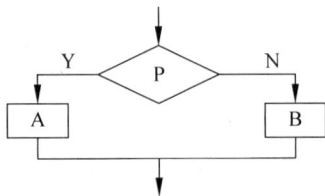

图 1.3 顺序结构　　图 1.4 选择结构

3. 循环结构

循环结构表示程序反复执行某个或某些操作,直到某条件为假(或为真)时才可终止循环。循环结构的基本形式有两种：当型循环和直到型循环，其流程如图 1.5(a)和图 1.5(b)所示。图中 A 的操作称为循环体，是指从循环入口点到循环出口点之间的处理步骤，这就是需要循环执行的部分。

当型循环：表示先判断条件，当满足给定的条件时执行循环体，并且在循环终端处流程自动返回到循环入口；如果条件不满足，则退出循环体直接到达流程出口处。因为是"当条件满足时执行循环"，即先判断后执行，所以称为当型循环。其流程如图 1.5(a)所示。

直到型循环：表示从结构入口处直接执行循环体，在循环终端处判断条件，如果条件不满足，返回入口处继续执行循环体，直到条件为真时再退出循环到达流程出口处，是先执行后判断。因为是"直到条件为真时为止"，所以称为直到型循环。其流程如图 1.5(b)所示。循环型结构也只有一个入口点和一个出口点，循环终止是指流程执行到了循环的出口点。

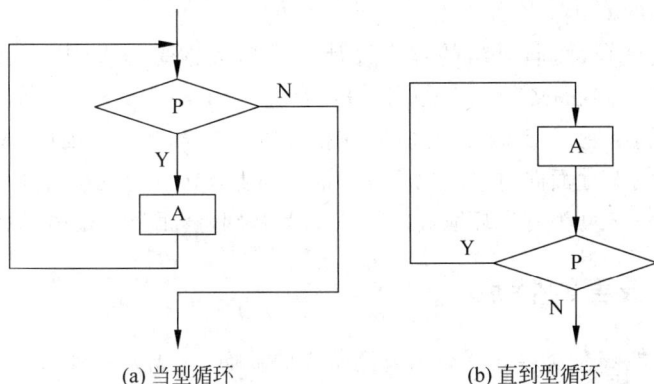

(a) 当型循环　　　　(b) 直到型循环

图 1.5　循环结构

通过三种基本控制结构可以看到，结构化程序中的任意基本结构都具有唯一入口和唯一出口，并且程序不会出现死循环。

1.3　C 语言的发展和特点

1.3.1　C 语言发展简史

早期的计算机都是用机器语言和汇编语言来编写程序代码。到了第三代计算机才有了高级语言。

1960 年开发的 ALGOL-60，对其后的高级语言的发展起到了很好的推进作用。但它是一种面向问题的语言，过于抽象，难以描述系统，因此没有得到真正的推广。

1963 年，英国剑桥大学推出了 CPL（Combined Programming Language），它比 ALGOL-60 更接近于硬件，但其规模较大，难以实现和学习。

1967 年，英国剑桥大学的 Matin Richards 对 CPL 进行了简化，推出了 BCPL（Basic Combined Programming Language）。

1972—1973 年，贝尔实验室的 D. M. Ritchie 在 BCPL 的基础上设计出了 C 语言。

1973 年，K. Thompson 和 D. M. Ritchie 两人合作，把原来由两人用汇编语言编写的 UNIX 操作系统中 90% 以上的代码用 C 语言来重写，即 UNIX 5。后来，C 语言虽做了多次改进,但主要还是用在贝尔实验室内部。直到 1975 年,用 C 语言编写的 UNIX 6 公布后,才引起业内人士的广泛关注。

1978 年,B. W. Kernighan 和 D. M. Ritchie(合称 K&R)合著了影响深远的 *The C Programming Language* 一书。该书中介绍的 C 语言被称为标准 C。之后相继出现了很多 C 语言版本,如 Microsoft C、Turbo C、Quick C、Borland C 等,它们在语法上基本是相同的,但在函数数量和功能上有较大的区别。

1983 年,美国国家标准研究所(ANSI)在参考 C 语言各种版本的基础上,制定了新的标准,称为 ANSI C。

1988 年,K&R 按照 ANSI C 标准重写了 *The C Programming Language*。1990 年,国际标准化组织(International Standard Organization,ISO)接受了以 87 ANSI C 为 ISOC 的标准。目前流行的 C 编译系统都是以它为基础的。

高级语言发展至今,面向对象的程序设计方法越来越受到人们的青睐。例如,Visual FoxPro(VFP)、Visual Basic(VB)、Visual C++(VC++)、C++、Java、C♯ 等。其中,功能比较强大的还是 C++语言,它以 C 语言为基础,在很多方面二者兼容。因此,掌握了 C 语言,再进一步学习 C++或者其他面向对象的程序设计语言如 Java、C♯ 等就相对容易多了。本书以使用广泛的 Visual C++ 6.0 为开发环境,以 ANSI C 为基础,全面介绍 C 语言及其程序设计。

1.3.2　C 语言的特点

C 语言之所以能够在众多的高级语言竞争中脱颖而出,成为高级语言中的佼佼者,主要是因为与普通高级语言相比,它具有以下特点。

(1) 语言简洁、灵活。C 语言只有 32 个标准的关键字、44 个标准的运算符以及 9 种控制语句。程序书写形式自由,主要运用小写字母表示。

(2) 数据类型丰富,涉及面广。C 语言的数据类型包括整型、实型、字符型、枚举类型;结构体、共用体、数组和文件类型;指针类型、空类型。其中,整型、字符型中还有多种小的类型。指针类型是 C 语言中最具特点的一种数据类型,它使用起来非常灵活,把 C 语言的功能特点发挥得淋漓尽致。

(3) 运算符多样,表达能力强。C 语言中有 44 个运算符。除包括算术、关系、逻辑等常规运算符之外,还含有指针、地址、位、自增自减、条件、复合赋值运算符,甚至连圆括号、逗号、小数点等都能够用运算符表达。由于 C 语言的运算符类型极为丰富,所以能够实现各种各样的高级和低级运算。

(4) 函数是程序主体。C 语言中,函数是程序的基本单位。用函数作构件,可以设计开发出结构清晰、功能齐全的大型程序。

(5) C 语言允许直接访问物理地址。C 语言中的位运算和指针运算能够直接对内存地址进行访问操作,可以实现汇编语言的大部分功能,即直接对硬件进行操作。

(6) 生成的目标代码质量高。C 语言简洁、紧凑,程序执行速度快。它比一般的高级语言生成的目标代码质量高约 20%,只比汇编语言低 10%～20%。在高级语言中是出类拔萃的。

(7) 可移植性好。C 语言所提供的与硬件有关的操作,如数据输入、输出等,都是通过调用系统提供的库函数来实现的。库函数本身并不是 C 语言的组成部分。因此,用 C 语言编写的程序能够很容易地从一种计算机环境移植到另一种计算机环境中。

正是由于 C 语言具有其他语言不可比拟的优点，使得它越来越受到程序设计人员的重视，并在众多的领域里得到广泛的应用。

C 语言也有其不足之处：其一，运算符的优先级和结合性比较复杂，不容易记忆；其二，C 语言的语法限制不太严格。例如，数组下标不做超界检查；整型、字符型、逻辑型可以通用，这些程序设计的灵活性在一定程度上降低了安全性。所以，这就对程序设计人员提出了更高的要求。

1.4　简单的 C 语言程序举例

本节通过简单的 C 语言程序例子来介绍 C 语言的程序结构。

【例 1.2】　求两数之和。

```
#include "stdio.h"        //1:编译预处理
main()                     //2:主函数
{                          //3:函数体开始
    int a,b,sum;           //4:变量声明,定义变量 a,b,sum 为整型
    a = 12;                //5:给变量 a 赋值
    b = 34;                //6:给变量 b 赋值
    sum = a + b;           //7:计算两个数的和
    printf("the sum is %d\n",sum);   //8:输出结构
}                          //9:函数体结束
```

程序运行结果：

the sum is 46

每行中以"//"开始的右边的文本表示程序的注释的内容。

第 1 行：是一个编译预处理，在程序编译前执行，指示编译程序如何对源程序进行处理。它以"#"开头，结尾不加分号，以示和 C 语句的区别。

第 2 行：main 表示主函数，每个 C 程序都必须有一个主函数，函数体由第 3 行和第 9 行的一对花括号括起来。

第 4 行：是变量声明部分，定义变量 a,b,sum 为整型变量。

第 5、6 行：是两条赋值语句。

第 7 行：将 a+b 的和赋予变量 sum。

第 8 行：调用 printf 函数输出和。

以上主函数构成了一个完整的程序，称为**源程序**。它以文件的方式存在，文件中包含函数的源程序代码，C 语言规定保存源程序文件的扩展名为".c"。

1.5　C 语言程序开发步骤

1.5.1　C 语言程序的开发过程

一个 C 语言程序从最初编写到得到最终结果，通常要经过编辑、编译、连接和执行 4 个步骤。在运行期间，无论哪个阶段有错误，都要回到编辑状态去修改源程序，然后再编译、连

接、执行。具体步骤如图1.6所示。

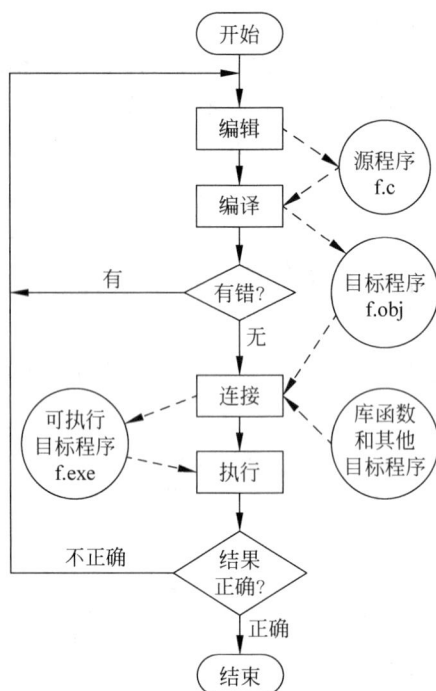

图1.6   C语言程序开发步骤

(1) **编辑源程序**。选择一种C语言开发工具软件,通过键盘输入编写好的代码到计算机中并保存的过程称为"编辑",经过编辑后得到的是以".c"为扩展名的源程序。

(2) **编译源程序**。源程序经过"翻译"可得到计算机所能识别的二进制代码,称为目标程序,其扩展名为".obj",这个翻译的过程就叫作"编译"。

(3) **连接目标文件**。经过编译后生成的目标程序依然是不能执行的,它需要将各个目标程序与库函数进行"连接",解决函数的调用问题,然后才能生成可执行的程序——扩展名是".exe"的程序。

(4) **执行程序**。经过编辑、编译、目标程序与库函数的连接,最后生成完整的、可在操作系统下独立执行的".exe"程序。这样,一个C语言程序就可以直接在DOS/Windows环境下运行了。

(5) **结果分析**。分析程序的执行结果,如果发现结果不对,应检查程序或算法是否有问题,修改程序后再重复上面的步骤。

1.5.2   VC++ 6.0环境简介

Visual C++是美国Microsoft公司可视化C++开发工具,是目前计算机开发者首选的C++标准,它的可视化工具和开发向导使C++应用开发变得非常方便快捷。由于C++与C兼容,因此可以用C++集成开发环境对C语言程序进行编辑、编译、连接和运行。启动Visual C++ 6.0进入集成开发编译环境,如图1.7所示。主窗口由标题栏、菜单栏、工具栏、工作区窗口、源代码编辑窗口、输出窗口和状态栏组成。屏幕窗口中最上方是标题栏,显示所打开的应用程序名。标题栏左端是控制菜单标题图标,单击后弹出窗口控制菜单。标题栏下方是菜单栏,由 9 个菜单项组成。单击菜单项弹出下拉式菜单,可使用这些菜单实现集成环境的各种功能。

图 1.7　Visual C++ 6.0 的集成开发环境

使用 Visual C++ 6.0 集成开发编译环境进行简易编程操作如下。

单击"文件"→"新建"→"文件"→C++Source File→xxx.cpp→输入源文件→编译,运行。再次输入新程序,打开新文件之前,需要选择"文件"→"关闭工作空间",之后重复以上操作即可。

1.6　上机实践

1. 上机实践的目的要求

(1) 掌握 C 语言 Microsoft VC++ 6.0 集成环境的进入和退出。

(2) 了解 Microsoft VC++ 6.0 集成环境的基本设置。

(3) 掌握 C 程序的建立、编辑、修改、保存、编译、连接和运行的基本过程。

2. 上机实践内容

1) 基本操作

(1) 开机,进入 Windows 操作平台。

(2) 进入 VC++集成环境。

(3) 了解上机环境的使用。

2) 建立新程序

(1) 按照如下源程序创建 C 语言源文件,并命名为 c1.cpp,存盘。

源程序：

```
# include "stdio.h"
main()
{    printf("hello! I am so pleased to meet you.\n");
}
```

（2）编译、连接、运行该程序，并查看结果。

（3）退出上机集成环境。

3）修改程序

（1）打开 c1.cpp 文件，修改其源文件为如下源程序，并重新命名为 c2.cpp。

源程序：

```
# include "stdio.h"
main()
{    int i = 7;
    printf(" % d\n!% d\n!% d\n!% d\n!% d\n!",i,++i,-- i,i-- ,i++);
}
```

（2）编译、连接、运行该程序，并查看结果。

（3）退出上机集成环境。

第2章

数据类型、运算符与表达式

在第1章中了解了算法,算法处理的对象是数据,本章将学习程序中对这些数据的处理,并开始接触一些简单的程序。

2.1 C语言的字符集

字符集是构成C语言的基本元素。在用C语言编写程序时,所写的语句是由字符集中的字符组合而成的。C语言的字符集由下列字符构成。

(1) 英文字母:A～Z,a～z。

(2) 数字字符:0～9。

(3) 下画线:_。

(4) 标点符号和运算符:空格、%、*、&、^、+、=、-、~、<、>、'、\、//、;、.、,、()、[]、{}。

2.1.1 标识符

标识符就是一个字符序列,在程序中用来标识常量名、变量名、数组名、函数名、文件名和语句标号名等。不同的计算机编程语言,标识符的命名规则有所不同。C语言中标识符的命名规则如下。

(1) 标识符只能由字母(A～Z,a～z)、数字(0～9)和下画线(_)组成,且不能以数字开头。

(2) 标识符长度不能超过31个字符(有的系统不能超过8个字符)。

(3) 标识符区分大小写,即同一字母的大小写被认为是两个不同的字符。

(4) 标识符不能和C语言的关键字相同。

例如,a1、a_b、_ab、a123是合法的标识符,而1ab、#ab、a%b、int是不合法的标识符。

由ANSI标准定义的C语言关键字共32个:

auto	double	int	struct	break	else	long	switch
case	enum	register	typedef	char	extern	return	union
const	float	short	unsigned	for	signed	void	continue
default	goto	sizeof	volatile	do	if	while	static

随着进一步的学习,会逐步接触这些关键字,不需要刻意去记。知道了如何给标识符命名后,下面介绍C语言程序中的常量和变量。

2.1.2 常量

1. 常量的定义

3.14159、0、−4、65 等数据代表固定的常数,像这样在程序执行过程中其值不发生改变的量称为常量。

常量类型有整型常量、实型常量、字符常量和字符串常量 4 种(后续章节中讲解)。

例如,12、−10 为整型常量,3.14、−8.9 为实型常量,'A'、'a'为字符常量,"USA"、"ABC"为字符串常量。

2. 符号常量

用标识符代表一个常量,称为符号常量。其定义的格式为

♯define 标识符 字符序列

由用户命名的标识符是符号常量名。符号常量名一般大写,一旦定义,在程序中凡是出现常量的地方均可用符号常量名来代替。

【例 2.1】 符号常量的应用。

```
# include "stdio.h"
# define PI 3.14159
main()
{    int r = 10;
     printf("%f", 2 * PI * r);
}
```

说明:本例中定义了符号常量 PI,代表常量 3.14159。程序中出现 PI 时都代表这个固定值,所以本例计算 2 * PI * r=2 * 3.14159 * 10。

注意:

(1) 符号常量与变量不同,它的值在其作用域内不能改变,也不能再被赋值。

(2) 通常在程序的开头先定义所有的符号常量,程序中凡是使用这些常量的地方都可以写成对应的标识符。如果程序中多个地方使用了同一个常量,当需要修改这个常量时,只需要在开头文件定义部分把这个符号常量值改一下就可以了。

(3) 在程序中,常量是不需要事先定义的,只要在程序中需要的地方直接写出该常量即可。

2.1.3 变量

在程序执行过程中,其值可以被改变,即可以进行赋值运算的量称为变量。

变量定义的一般形式为

类型标识符 变量 1,变量 2,变量 3,…,变量 n;

变量 1,变量 2,变量 3,…,变量 n 的命名遵循标识符的命名规则。

例如:int a,b,c;

说明:

(1) 变量必须"先定义后使用"。如果变量没有定义就使用,编译时系统会显示出错信息。

（2）变量是用来保存程序的输入数据、计算获得的中间结果和最终结果。在程序运行过程中，变量的值是可以改变的。

（3）区分变量和类型。在编译时编译程序会根据变量的类型为变量分配内存单元，不同类型的变量在内存中分配的字节数不同。变量名与其类型无关。

【例 2.2】 变量定义后没有赋初值就使用。

```
#include "stdio.h"
main()
{    int a,b,c;
     a = 3;
     c = a - b;
     b = 2;
     printf("%d",c);
}
```

程序运行结果为

858993463

分析程序的输出结果产生的原因。

深入理解变量的以下 4 个特性。

（1）一个变量必须有一个变量名。

（2）变量必须有其指定的数据类型。

（3）变量一旦被定义，它就在内存中占有一个位置，这个位置称为该变量的地址。

（4）每个变量都有其对应的值。

变量与常量都有自己的数据类型。这些在后面将分别介绍。

2.2　C 语言的数据类型

数据是计算机程序加工处理的对象，数据类型是具有相同性质的数据的集合。C 语言对数据进行了分类，不同数据类型的操作方式、存储空间和取值范围都不同。在程序中用到的所有数据都必须指定其数据类型，然后才能使用，如图 2.1 所示。

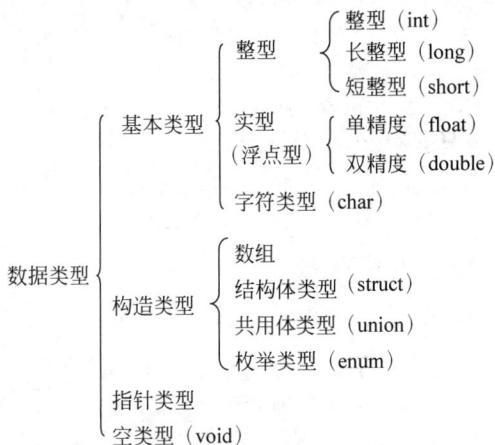

```
                              ┌ 整型（int）
                      ┌ 整型 ┤  长整型（long）
                      │      └ 短整型（short）
              ┌ 基本类型┤ 实型   ┌ 单精度（float）
              │        │（浮点型）┤ 双精度（double）
              │        │        └
              │        └ 字符类型（char）
              │        ┌ 数组
  数据类型 ┤ 构造类型┤  结构体类型（struct）
              │        │  共用体类型（union）
              │        └ 枚举类型（enum）
              │ 指针类型
              └ 空类型（void）
```

图 2.1　数据类型分类

C语言中的基本数据类型最主要的特点是其值不可以再分解为其他类型，而构造类型是根据已定义的一个或多个数据类型用构造的方法来定义的。本章主要介绍基本数据类型，其他的数据类型在后续章节介绍。

2.2.1　整型数据

1. 整型常量

在 C 语言中使用的整型常量有十进制、八进制和十六进制。

（1）十进制整型常量：不以 0 开头的由 0～9 的数字组成的数据，如 1236、−234、0。

（2）八进制整型常量：以 0 开头的由 0～7 的数字组成的数据，如 00、077、0123。

（3）十六进制整型常量：以 0x 或 0X 开头的由 0～9 的数字以及 A～F 的字母组成的数据，如 0X0、0x24、0x1F。

2. 整型变量

整型变量分为带符号整型和无符号整型。带符号整型又分为带符号基本整型（简称整型）、带符号短整型（简称短整型）、带符号长整型（简称长整型）三种。无符号整型又分为无符号基本整型（简称无符号整型）、无符号短整型和无符号长整型三种。其类型标识符、内存中分配的字节数和值域见表 2.1。

表 2.1　VC++中整型数据占用的存储空间和取值范围

符　号	类　型　名	类型标识符	字　节　数	值　域
带符号	整型	int	4	$-2^{31} \sim 2^{31}-1$
	短整型	short(或 short int)	2	$-2^{15} \sim 2^{15}-1$
	长整型	long(或 long int)	4	$-2^{31} \sim 2^{31}-1$
无符号	无符号整型	unsigned 或(unsigned int)	4	$0 \sim 2^{32}-1$
	无符号短整型	unsigned short	2	$0 \sim 2^{16}-1$
	无符号长整型	unsigned long	4	$0 \sim 2^{32}-1$

说明：在一个整型常量的后面加字母 l 或 L，则为 long 常量，如 0l、123l、345L 等。

3. 整型变量的定义

变量定义的格式是：

类型标识符　变量名 1, 变量名 2, …, 变量名 n;

例如：int a,b,c;　　　//变量 a,b,c 可以存放整型常量
　　　long a1,b1,c1;　　//变量 a1,b2,c1 可以存放长整型常量

【例 2.3】　整型变量的定义与使用。

```
# include "stdio.h"
main()
{   int a,b,c,d;
    unsigned u;
    a = 12;
    b = − 24;
```

```
        u = 10;
        c = a + u;
        d = b + u;
        printf("%d,%d\n",c,d);
}
```

程序运行结果为

22, - 14

说明：本例中定义 a、b、c、d 为整型变量，u 为无符号整型变量，在书写变量定义时，应注意以下几点。

（1）变量定义时，一条语句可以定义多个相同类型的变量。各个变量用"，"分隔。类型标识符与第一个变量名之间至少有一个空格间隔。

（2）最后一个变量名之后必须用"；"结尾。

（3）变量定义必须放在变量使用之前，一般放在函数体的开头部分。

（4）可以在定义变量的同时对变量进行初始化。

2.2.2 实型数据（浮点型）

1. 实型常量

实型常量也称为实数或浮点数，也就是带小数点的数。实型常量有以下两种表示形式。

（1）十进制小数形式。由数字 0～9 和小数点组成。例如，0.0、25、5.789、0.13、5.0、300.、－267.8230 等均为合法的实数，注意必须有小数点。

（2）十进制指数形式。由数字 0～9、小数点和阶码标志"e"或"E"以及阶码（只能为整数，可以带符号）组成。其一般形式为 **aEn**（a 为十进制数，为底数部分；E 为指数部分；n 为十进制整数，为幂指数部分），它等价于 $a \times 10^n$。

注意：

① 字母 e（或 E）前后必须有数字，且 e（或 E）后面必须是整数，如 e－3、5e、3e0.3 是不合法的。

② 实型常量的整数部分为 0 时可以省略，如下形式是允许的：.57、－.125、－.175E－2。

2. 实型变量

实型变量分为单精度类型和双精度类型两种，其类型标识符、内存中分配的字节数、有效数字位数和值域见表 2.2。

表 2.2　VC++中实型数据占用的存储空间和取值范围

类型名	类型标识符	字节数	有效数字	值域（绝对值）
单精度实型	float	4	6～7	$-3.4 \times 10^{38} \sim 3.4 \times 10^{38}$
双精度实型	double	8	15～16	$-1.7 \times 10^{308} \sim 1.7 \times 10^{308}$

实型数据是按照指数形式存储的，系统将实型数据分为小数部分和指数部分分别存放。实型常量在内存中以双精度形式存储，所以一个实型常量既可以赋给一个单精度实型变量，也可以赋给一个双精度实型变量，系统会根据变量的类型自动截取实型常量中相应的有效

位数字。

3．实型变量的定义

实型变量的定义与整型相似,对于每一个实型变量也都应该先定义后使用。例如:

```
float x = 1.27 , y = 3.54;  //x、y为单精度变量,且初值为1.27、3.54
double a,b,c;                //定义双精度变量 a、b、c
```

4．实型数据的舍入误差

【例 2.4】 单精度浮点型变量输出。

```
# include "stdio.h"
main()
{    float a = 33333.33333;
     printf(" % f\n",a);
}
```

程序运行结果为

```
33333.332031
```

例 2.4 中的输出结果中小数的后 4 位是无效的,存在舍入误差。float 变量占 4B(32b)内存空间,只能提供 7 位有效数字,在有效位以外的数字将被随机数代替,由此可能会产生一些误差。

2.2.3 字符型数据

1．字符常量

用一对单引号括起来的一个字符称为字符常量,如'a'、'7'、'#'等。在 C 语言中,字符常量具有以下特点。

(1) 字符常量只能用单引号括起来,单引号只起定界符作用,并不表示字符本身。单引号中的字符不能是单引号(')和反斜杠(\)。

(2) 字符常量只能是单个字符,不能是字符串,且字符常量是区分大小写的。

(3) 每个字符常量都有一个整数值,就是该字符的 ASCII 码值(参见附录 A)。如字符常量'a'的 ASCII 码为 97,字符常量'A'的 ASCII 码为 65,由此可知,'a'和'A'是两个不同的字符常量。

2．转义字符

转义字符是一种特殊的字符常量,是以"\"开头的字符序列,用来表示一些难以用一般形式表示的字符。常用的转义字符见表 2.3。

注意:转义字符以"\"开头,其含义是将后面的字符或数字转换成另外的意义;另外,转义字符仍然是一个字符,仍然对应于一个 ASCII 值。例如,"\n"中的"n"不代表字母 n,而是代表换行符,其 ASCII 值为 10。

表 2.3　常用的转义字符

转义字符	功　　能	转义字符	功　　能
\n	换行	\t	横向跳格(即到下一个制表位)
\b	退格	\'	单引号字符"'"
\r	回车	\\	反斜杠字符"\"
\a	响铃	\ddd	1～3 位八进制数所代表的字符
\v	纵向跳格	\xhh	1～2 位十六进制数所代表的字符
\f	走纸换页	\0	空操作字符(ASCII 码为 0)

3. 字符变量

字符变量的类型标识符为 char,内存中分配 1B。在对字符变量赋值时,可以把字符常量(包括转义字符)赋给字符变量。例如:

```
char c1 = 'a';
char c2 = '\376';
```

4. 字符数据和整型数据的关系

(1) 字符常量与其对应的 ASCII 码通用。

(2) 字符变量和值在 0～127 的整型变量通用。

【例 2.5】　字符常量与整型常量转换。

```
# include "stdio.h"
main()
{    char a;
     a = 120;
     printf(" % c, % d\n",a,a);
}
```

程序运行结果为

```
x, 120
```

字符型数据是以 ASCII 码的形式存放在变量的内存单元之中的,也可以把它们看成整型数据,所以在按指定格式输出的时候,这两种输出结果实质是同一个变量值的两种表示形式。

5. 字符串常量

字符串常量是用一对双引号括起来的一个字符序列。例如,"CHINA"、"C program"、"$12.5"等都是合法的字符串常量。字符串常量和字符常量是不同类型的数据。

说明:

(1) 字符串常量在存储时除了存储双引号中的字符序列外,系统还会自动在最后一个字符的后面加上字符串结束标记(转义字符'\0'),所以一个字符串常量在内存中所占的字节数是字符串长度加 1。例如,"china"的长度为 5,而在内存中占的字节数为 6。

c h i n a \0

(2) '\0'是 ASCII 码为 0 的空操作字符,C 语言规定用'\0'作为字符串的结束标志,目的是以便系统据此判断字符串是否结束。

（3）区别'a'和"a"，前者为字符常量，后者是以'\0'结束的字符串常量。

（4）字符串常量中的字符可以是转义字符，但它只代表一个字符。例如，字符串"ab\n\\cd\e"的长度是 7，而不是 10。

（5）不能将字符串常量赋给字符变量。例如，下面的赋值是错误的：

```
char c1 = "a";
```

在 C 语言中没有字符串变量。但是可以用一个字符数组来存放一个字符串常量，这在后面的章节中介绍。

2.2.4　变量赋初值

在 C 语言程序设计中，定义变量后，第一次给变量赋值也叫变量赋初值，或者叫变量的初始化。变量赋初值有以下两种形式。

1. 先定义变量，再赋初值

例如：

```
int a1,b1;
float b2;
a1 = 4;
b2 = 2.5;
```

2. 定义变量的同时赋初值

例如：

```
int a1 = 3,b1 = 4;
float a2 = 3.5,b2 = - 4.2;
```

2.3　运算符和表达式

C 语言提供了十分丰富的运算符，对数据进行相关运算。本节主要介绍算术运算符、关系运算符、逻辑运算符和赋值运算符等。

2.3.1　C 语言运算符

1. C 语言的运算符

C 语言中的运算符有以下几类。

（1）算术运算符（＋、－、＊、/、％、＋＋、－－）。

（2）关系运算符（＜、＜＝、＞、＞＝、＝＝、! ＝）。

（3）逻辑运算符（＆＆、||、!）。

（4）赋值运算符（＝、＋＝、－＝、＊＝、/＝、％＝）。

（5）指针运算符（＊、&）。

（6）条件运算符（?:）。

（7）逗号运算符（,）。

（8）位运算符（&、|、～、∧、<<、>>）。

（9）求字节运算符（sizeof）。

（10）特殊运算符（()、[ ]、->、等）。

（11）分量运算符（.、->）。

（12）下标运算符（[ ]）。

运算符根据参与运算操作数的个数可以分为单目运算符、双目运算符、三目运算符。

2．C 运算符的优先级与结合性

由于 C 语言的运算符多,使用时变化非常丰富,所以,C 语言规定了运算符的优先级和结合性。当一个表达式中有多个运算符参加运算时,将按不同的先后次序进行运算。这种计算的先后次序称为运算符的优先级。

结合性是指当一个操作数两侧的运算符具有相同优先级时,该操作数是先与左边的运算符还是先与右边的运算符结合进行运算。从左至右的结合方向,称为左结合性；反之,称为右结合性。

运算符的优先级与结合性如附录 B 所示。

3．表达式

用运算符和括号将运算对象（常量、变量和函数等）连接起来的、符合 C 语言语法规则的式子,称为表达式。例如,(a＋b)/3。

表达式都有一个值,即运算结果。一个表达式的求值顺序是：同级运算符按照从左到右的顺序进行求值。例如,先乘除后加减,括号优先等。同时还要考虑 C 语言规定的结合性（结合方向）。

2.3.2　算术运算符和算术表达式

C 语言基本算术运算符包括加（＋）、减（－）、乘（＊）、除（/）、求余（或称模运算％）、自增（＋＋）、自减（－－）、－（取负）共 8 种。下面介绍这几个运算符。

1．基本算术运算符

（1）＋：加法运算符,如 5＋7,a＋b。

（2）－：减法运算符,如 9－3,a－b。

（3）＊：乘法运算符,如 4＊12,a＊b。

（4）/：除法运算符,如 16/2,a/b。

（5）％：取余运算符（又称模运算符）,如 17％5,a％b。

取余％运算只能用于两个整型常量或整型变量,其运算结果为两整数相除后所得的余数。

说明：

（1）两个整数进行除法运算时,其运算结果为整数,即小数部分直接舍去。例如,15/4

的结果为 3，—5/3 的结果为—1("向零取整"，即取整后向零靠拢)等。当参加运算的两个数中有一个是实数(float)时，运算结果为 double 型。因为 C 语言对所有实数都按 double 型进行计算，如 5.0/10＝0.5。

(2) 取余运算要求参加运算的数据均为整型数据，如 5％3＝2，—7％5＝—2。

2．自增自减运算符和取负

(1) ＋＋自增运算符，使变量值自增 1，如 a＋＋、＋＋a。

(2) ——自减运算符，使变量值自减 1，如 a——、——a。

自增＋＋(自增 1)与自减——(自减 1)运算符是 C 语言中两个最有特色的单目运算符。由于自增或自减运算符的作用是使变量本身的值增 1 或减 1，所以也称为增 1 或减 1 运算符。自增与自减运算有以下几种形式，在此以"int i＝0,j;"为例说明，如表 2.4 所示。

表 2.4　自增、自减运算的 4 种表现形式

运　算	规　则	等 价 关 系	运 行 结 果
i＋＋	先使用，再加 1	j＝i＋＋; ⇔j＝i; i＝i＋1;	i＝1,j＝0
＋＋i	先加 1，再使用	j＝＋＋i; ⇔i＝i＋1; j＝i;	i＝1,j＝1
i——	先使用，再减 1	j＝i——; ⇔j＝i; i＝i—1;	i＝—1,j＝0
——i	先减 1，再使用	j＝——i; ⇔i＝i—1; j＝i;	i＝—1,j＝—1

说明：

(1) 自增运算符(＋＋)与自减运算符(——)只能用于变量，不能用于常量或表达式，如 7＋＋、(a＋b)＋＋都是错误的语句。

(2) 当自增或自减运算本身单独构成一条语句时，自增或自减运算符出现在变量的前面和后面，其效果是相同的。

(3) ＋＋和——运算符的结合方向是"从右向左"。

【例 2.6】 自增运算符举例。

```
#include "stdio.h"
main()
{    int i=10;
     printf("%d\n",++i);
     printf("%d\n", --i);
     printf("%d\n",i++);
     printf("%d\n",i--);
     printf("%d\n", -i++);
     printf("%d\n",i);
     printf("%d\n", -i--);
}
```

程序运行结果为

```
11
10
10
11
 -10
11
 -11
```

3. 算术表达式

在 C 语言中,用算术运算符和圆括号将参加运算的数据连接起来的,并且符合 C 语言语法规则的式子称为算术表达式,如 $12/3+78*6-(10+65\%14)$。

注意:C 语言中算术表达式与数学表达式的书写形式有一定的区别。

(1) C 语言中算术表达式的乘号(*)不能省略。例如,数学式 b^2-4ac,相应的 C 表达式应该写成 $b*b-4*a*c$。

(2) C 语言中算术表达式中只能出现字符集允许的字符。例如,数学 πr^2 相应的 C 表达式应该写成 $PI*r*r$(其中,PI 是已经定义的符号常量,键盘上没有字符 π)。

(3) C 语言中算术表达式不允许有分子分母的形式,分数用除号来表达。

(4) C 语言中算术表达式只使用圆括号改变运算的优先顺序(数学中的{}[]在 C 语言中有其他的功能)。可以使用多层圆括号,此时左右括号必须配对,运算时从内层括号开始,由内向外依次计算表达式的值。

4. 算术运算符优先级

算术运算符优先级从高到低的顺序为(-(取负)、++、--)(相同)→(* 、/、%)(相同)→(+、-)(相同)。例如,++a+b/5 等价于 (++a)+(b/5)。

5. 算术运算符结合性

-(取负)、++和--的结合方向为右结合,+、-、 * 、/ 和 %的结合方向为左结合。

当运算符++、--和运算符+、-进行混合运算时,C 语言规定,自左向右尽可能多的算符组成运算符。例如:

i+++j 应等价于(i++)+j。

i---j 应等价于(i--)-j。

-i++ 应等价于-(i++)。

【例 2.7】 运算符的优先级与结合性。

```
# include "stdio.h"
main()
{    int a = 3,b,c;
     b = 7/a++;
     c = 7/++a;
     printf("%d,%d",b,c);
}
```

程序运行结果为

2,1

6. 算术运算中的自动类型转换

转换的规则是:若为字符型必须先转换成整型,即其对应的 ASCII 码;若为单精度型必须先转换成双精度型;若运算对象的类型不相同,将低精度类型转换成高精度类型。精度从低到高的顺序是:

int(char/short)→unsigned→long→double(float)

C 语言规定：char 和 short 在参与运算时，先自动转成 int 类型；float 在参与运算时，先自动转换成 double。

根据算术运算符的优先级、结合方向和类型自动转换规则，表达式 3.14＋18/4＋'a' 的运算过程如下。

(1) 计算 18/4 得 int 型数 4。

(2) 将 3.14 转换成 double 型，再将 4 转换成 double 型，计算 3.14＋4.0 得 double 型数 7.14。

(3) 先将'a'转换成 int 型数 97，然后再将 int 型数 97 转换成 double 型 97.0，计算 7.14＋97.0 得 double 型数 104.14，整个表达式的值为 104.14。

自动类型转换发生在不同数据类型的量混合运算时，由编译系统自动完成，遵循以下规则。

(1) 若参与运算量的类型不同，则先把低类型转换为高类型，转换成同一类型，然后进行运算，结果是高类型。

(2) 转换按数据长度增加的方向进行，以保证精度不降低。例如，int 型和 long 型在运算时，先把 int 型转成 long 型后再进行运算。

(3) 所有的浮点运算都是以双精度进行的，即使仅含 float 单精度量运算的表达式，也要先转换成 double 型，再运算。

(4) char 型和 short 型参与运算时，必须先转换成 int 型。

7. 强制类型转换

强制类型转换的一般形式是：

(类型标识符)(表达式)

其功能是把表达式的运算结果强制转换成类型标识符所表示的类型。例如：

```
(int)(x + y)          //将 x + y 的值转换成整型
(int)x + y            //将 x 的值转换成整型
```

说明：

(1) 类型标识符必须用圆括号括起来。

(2) 强制类型转换只是得到一个所需类型的中间值，原来说明的数据类型并没有改变。

(3) 由高精度类型转换成低精度类型可能会损坏数据的精度。

【例 2.8】 强制类型转换运算。

```
# include "stdio. h"
main()
{    int i = 3;
     float x;
     x = (float)i;
     printf("i = % d, x = % f",i,x);
}
```

程序运行结果为

i = 3, x = 3.000000

2.3.3　赋值运算符和赋值表达式

1．基本赋值运算符和赋值表达式

基本赋值运算符是＝。
基本赋值表达式的一般形式为

变量名 = 表达式

其求解过程是：先计算赋值运算符右侧表达式的值,然后将其赋给左侧的变量。
例如：a＝10; b＝a+5;　//把常量10赋给变量a,将表达式a+5的值赋给变量b

2．复合赋值运算符和赋值表达式

复合赋值运算符是＋＝,－＝,＊＝,/＝,％＝,&＝,|＝,^＝,<<＝,>>＝。
复合赋值表达式的一般形式为

变量名 复合赋值运算符　表达式

它等效于：

变量 = 变量 运算符（表达式）

其求解过程是：将变量和表达式进行指定的复合运算,然后将结果赋给变量。
例如：a * ＝b+1 等价于 a＝a * (b+1)。

3．赋值表达式的值和类型

不论是基本的赋值运算还是复合的赋值运算(包括赋初值),运算完毕后赋值表达式都有值,赋值表达式的值就是被赋值的变量的值,类型就是被赋值的变量的类型。若赋值运算符右侧表达式值的类型与赋值运算符左侧变量的类型不一致,C语言编译系统自动将赋值运算符右侧表达式的值转换成左侧变量的类型,然后赋值给变量。例如：

```
int a = 3.6;
```

首先把3.6转换为整数3,然后再赋值给变量a,变量a的值是3,而不是3.6。

4．赋值运算符的优先级

赋值运算符的优先级相同,比算术运算符的优先级都低。

5．赋值运算符的结合性

赋值运算符的结合方向都是右结合。例如：
x＝y＝z＝3+5 等价于 x＝(y＝(z＝3+5))。
a+＝a－＝a * a 等价于 a+＝(a－＝a * a)。
例如：int a＝12;计算 a+＝a－＝a * a 的值,则根据运算符的优先级和结合方向,表达式 a+＝a－＝a * a 的求解步骤如下。
(1) 计算右侧表达式 a－＝a * a 的值,等价于计算 a＝a－(a * a),由此可得 a＝ －132,

这时变量 a 的值是－132,由于表达式 a－＝a＊a 的值就是变量 a 的值,所以表达式 a－＝a＊a 的值是－132。

(2) 计算表达式 a＋＝－132,等价于计算 a＝a－132,由此可得 a＝－264,变量 a 的值是－264。由于表达式 a＝a－132 就是变量 a 的值,所以表达式 a＝a－132 的值是－264,即表达式 a＋＝a－＝a＊a 的值是－264。

2.3.4　关系运算符和关系表达式

1. 关系运算符

在 C 语言中关系运算符均为双目运算符。有以下 6 个运算符。

```
>            大于
<            小于
> =          大于或等于
< =          小于或等于
!=           不等于
==           等于
```

关系运算符的优先级低于算术运算符,关系运算符＝＝和!＝低于前 4 种运算符,并且结合方向均为左结合。

2. 关系表达式

由关系运算符将两个表达式连接起来的有意义的式子称为关系表达式,参加运算的数据可以是常量、变量或表达式,关系表达式的值是一个逻辑值,即"真"或"假"。例如:

```
5 > 6          值为 0
5 * 2 > = 8     值为 1
100!= 99        值为 1
x == y          值取决于 x、y 两个变量的值
```

关系表达式的值是一个逻辑值,即"真"或"假",在 C 语言中,常将"真"记为 1,"假"记为 0。

在关系运算符中,＞、＞＝、＜、＜＝这 4 个运算符在表达式中如果连续出现,就会使它的数学意义发生问题。例如,3＞2＞1 在数学运算中结果为真,但是在 C 语言中结果为假,如果想要正确表达其数学意义,就要引入逻辑运算符,应该写成 3＞2&&2＞1。

2.3.5　逻辑运算符和逻辑表达式

1. 逻辑运算符

C 语言提供了以下三个逻辑运算符。

```
&&           逻辑与
||           逻辑或
!            逻辑非
```

其中,"&&"和"||"为双目运算符,为左结合;"!"为单目运算符,为右结合,仅对其右边的对象进行逻辑求反运算。

逻辑运算符的运算规则见表 2.5。

表 2.5　逻辑运算规则

数据 A	数据 B	A&&B	A‖B	!A	!B
T	T	T	T	F	F
T	F	F	T	F	T
F	T	F	T	T	F
F	F	F	F	T	T

注意：在 C 语言中的逻辑运算中，系统判断时则非 0 认为是真，0 认为是假；但是在系统返回运算的结果时，真返回值为 1，假返回值为 0。

2．逻辑表达式

由逻辑运算符和其操作对象组成的表达式称为逻辑表达式。

【例 2.9】　输入一个年份，判断是否是闰年。

若 year 是闰年，则满足 year 能被 4 整除，但不能被 100 整除，或 year 能被 400 整除。问题的逻辑表达式为

(year % 4 == 0&& year % 100!= 0)‖(year % 400 == 0)

程序如下。

```
#include "stdio.h"
main()
{    int year;
    scanf("% d",&year);
    if((year % 4 == 0&& year % 100!= 0)‖(year % 400 == 0))  printf("yes");
    else  printf("no");
}
```

3．逻辑运算符的短路现象

短路：一个逻辑表达式中的逻辑运算符并不一定全部执行。例如：

a&&b&&c　当 a=0(假)时，b、c 不需要判断。当 a=1，b=0 时，c 不需要判断。

a‖b‖c　当 a=1(真)时，b、c 均不必判别。

a=1，b=2，c=3，d=4，m=1，n=1　(m=a>b)&&(n=c>d) 判断 m，n 的值：结果 m=0，n=1，表达式为 0。

4．常用运算符的优先级

数学表达式 a>b>c 用 C 语言来描述就是 a>b&&b>c。除了"!"运算符外，逻辑运算符的级别比关系运算符低。

常用运算符的级别由高到低是：

!(非)→算术运算→关系运算→逻辑运算(&&、‖)→赋值运算→逗号运算

例如：

!a&&b‖x>y && c⇒((!a)&&b) ‖ ((x>y)&&c)

2.3.6 逗号运算符

C语言提供一种特殊的运算符——逗号运算符","。逗号运算符的优先级是C语言所有运算符中最低的一个多目运算符。逗号表达式由一系列逗号隔开的表达式组成,逗号表达式的一般形式为

表达式 1,表达式 2[,表达式 3,…,表达式 n]

其中,方括号内的内容为可选项。表达式 $i(1 \leq i \leq n)$ 的类型任意。

逗号表达式的求解过程是:从左向右依次计算每个表达式的值,逗号表达式的值就是最右边表达式 n 的值,逗号表达式值的类型就是最右边表达式 n 的值的类型。

【例 2.10】 逗号表达式。

```c
# include "stdio.h"
main()
{   int s,x;
    s = (x = 8 * 2,x * 4);
    printf("x = % d,s = % d",x,s);
}
```

程序运行结果为

```
x = 16,s = 64
```

2.3.7 位运算符

C语言既具有高级语言的特点,又具有低级语言的功能,下面将介绍位运算符。位运算是指在二进制位中进行的运算。

1. 位运算符

C语言提供的位运算符如下。

&	按位与
|	按位或
∧	按位异或
～	取反
<<	左移
>>	右移

其中,"～"是单目运算符,其他是双目运算符。

只有整型或字符型的数据能参加位运算,实型数据不能参加位运算,位运算结果的数据类型为整型。

1) 按位与运算符 &

参加运算的两个数据的对应位都为 1,则该位的结果为 1,否则为 0。例如:求 3&5＝1。
先把 3 和 5 以补码表示,再进行按位与运算。

```
        00000011      3 的补码
 &      00000101      5 的补码
      _____
        00000001      3&5
```

2）按位或运算符 |

参加运算的两个数据的对应位都为 0,则该位的结果为 0,否则为 1。例如：060|017＝077。

解析：将八进制数 60 与八进制数 17 进行按位或运算。

$$
\begin{array}{cc}
00110000 & 060 \\
|\ 00001111 & 017 \\
\hline
00111111 & 077 \\
\end{array}
$$

3）按位异或运算符 ∧

参加运算的两个运算量的对应位相同,则该位的结果为 0,否则为 1。例如：57∧42＝15。

$$
\begin{array}{cc}
00101111 & 57 \\
\wedge\ 00100010 & 42 \\
\hline
00001101 & 15 \\
\end{array}
$$

4）按位取反运算符 ～

用来将一个二进制数按位取反,即 1 变 0,0 变 1。例如：～023 的值是 0177754。

5）左移运算符 <<

将一个数的各二进制位全部左移若干位,左边移出的位丢失,右边空出的位补 0。例如：15 << 2。

15 的二进制数为 00001111,则：

15　　00001111

↓　　　　　↓

15 << 1　00011110

↓　　　　　↓

15 << 2　00111100

15 << 2 的结果是 60。

6）右移运算符 >>

用来将一个数的各二进制位全部右移若干位,右边移出的位丢失,左边空出的位补原来最左边那位的值,即原来最左边那位的值为 0,左边空出的位就补 0,原来最左边那位的值为 1,左边空出的位就补 1。但有的系统左边空出的位补 0。例如,023>>2 表示将 023 的各二进制位右移两位,其值是 04。

2. 优先级

“<<”和“>>”的优先级相同,位运算符优先级从高到低的顺序是：

～→<<、>>→&→∧→|

“～”的优先级高于算术运算符；“<<”和“>>”的优先级低于算术运算符,但高于关系运算符；&、∧ 和 | 的优先级低于关系运算符,高于逻辑运算符 && 和 ||。

3. 结合方向

“～”的结合方向是右结合,其他位运算符的结合方向为左结合。

2.3.8　求字节运算符

求字节运算符是 sizeof,它是一个单目运算符,其优先级高于双目算术运算符,该运算符的用法是：

sizeof(类型标识符或表达式)

用来求任何类型的变量或表达式的值在内存中所占的字节数，其值是一个整型数。看下面的例子。

【例 2.11】 sizeof 运算符返回数据类型的长度。

```
# include "stdio.h"
main()
{    int a,b,c;
    a = sizeof(double);
    b = sizeof(int);
    c = sizeof(a);
    printf("% d, % d, % d\n",a,b,c);
}
```

程序运行结果为

```
8,4,4
```

在 TC 环境下 double 类型在内存中占用 8B，int 类型在内存中占用 2B。

2.4　上机实践

1. 上机实践的目的要求

（1）掌握 C 语言的基本数据类型。

（2）初步掌握常量与变量的使用。

（3）掌握基本运算符的功能与使用。

（4）掌握表达式的概念与运算规则。

2. 上机实践内容

（1）输入并运行程序。

```
# include "stdio.h"
main()
{    int i,a;
    int j = 7,k = 5;
    i = j + k * 4;
    a = j++;
    printf("i = % d j = % d k = % d a = % d",i,j,k,a);
}
```

（2）输入并运行程序。

```
# include "stdio.h"
main()
{    int x;
    x = - 3 + 4 * 5;
    printf("% d\n",x);
    x = 3 + 7 % 5 - 6;
```

```
        printf("%d\n",x);
        x = (7 + 6)%5/2;
        printf("%d\n",x);
}
```

（3）输入并运行程序。

```
#include "stdio.h"
main()
{   int a = 10,y = 2,x;
    float d,f;
    x = (a * 2,y + 5) * 3;
    f = 2.5 + y;
    printf("x = %d,y = %d,f = %f\n",x,y,f);
}
```

（4）输入并运行程序。

```
#include "stdio.h"
main()
{   float x;
    int i;
    x = 3.6;
    i = (int)x;
    printf("x = %f,i = %d \n",x,i);
}
```

（5）输入并运行程序。

```
#include "stdio.h"
main()
{   int a = 023,b = 032,c;
    printf("c = %o\n",c = a&b);
    printf("c = %o\n",c = a|b);
    printf("c = %o\n",c = a^b);
    printf("c = %o\n",c = ~a);
    printf("c = %o\n",c = a << 2);
    printf("c = %o\n",c = a >> 2);
}
```

习题

一、选择题

1. 对 C 语言源程序执行过程描述正确的是（   ）。

    A. 从 main()函数开始执行

    B. 从程序中第一个函数开始执行,到最后一个函数结束

    C. 从 main()函数开始执行,到源程序最后一个函数结束

    D. 从第一个函数开始执行,到 main()函数结束

2. 以下对 C 语言的描述中正确的是（   ）。

    A. C 语言源程序中可以有重名的函数

B. C语言源程序中要求每行只能书写一条语句

C. 注释可以出现在C语言源程序中的任何位置

D. 最小的C语言源程序中没有任何内容

3. 以下不能定义为用户标识符的是(   )。

A. Main   B. _0   C. _int   D. sizeof

4. 设 x,y,z,k 都是 int 型变量，则执行表达式 x=(y=4,z=16,k=32)后,x 的值为(   )。

A. 4   B. 16   C. 32   D. 52

5. 以下选项中,属于C语言中合法的字符串常量的是(   )。

A. how are you   B. "china"   C. 'hello'   D. $ abc $

6. 在C语言中,合法的长整型常数是(   )。

A. 12L   B. 49267^{10} C. 3245628&   D. 216D

7. VC++ 6.0 中 int 类型变量所占的字节数是(   )。

A. 1   B. 2   C. 3   D. 4

8. 以下程序的输出结果是(   )。

```
# include "stdio.h"
main()
{   int i = 010,j = 10;
    printf("% d, % d\n",++i,j-- );
}
```

A. 11,10   B. 9,10   C. 010,9   D. 10,9

9. 若已定义 x 和 y 为 double 类型,则表达式 x=1,y=x+3/2 的值是(   )。

A. 1   B. 2   C. 2.0   D. 2.5

10. 表达式(int)((double)9/2)−(9)%2 的值是(   )。

A. 0   B. 3   C. 4   D. 5

11. 若有定义语句"int   x=10;",则表达式 x−=x+x 的值为(   )。

A. −20   B. −10   C. 0   D. 10

12. 以下程序的输出结果是(   )。

```
# include "stdio.h"
main()
{   int a = 1,b = 0;
    printf("% d,",b = a + b);
    printf("% d",a = 2 * b);
}
```

A. 0,0   B. 1,0   C. 3,2   D. 1,2

13. 有以下定义语句,编译时会出现编译错误的是(   )。

A. char   a='a';   B. char   a='\n';

C. char   a='aa';   D. char   a='\x2d';

14. 以下程序的输出结果是(   )。

```
int    r = 8; printf("% d\n",r >> 1);
```

A. 16   B. 8   C. 4   D. 2

15. 以下能正确定义整型变量 a,b 和 c 并为其赋初值 5 的语句是( )。

  A. int a＝b＝c＝5;   B. int a,b,c＝5;

  C. a＝5,b＝5,c＝5;   D. int a＝5,b＝5,c＝5;

16. 已知 ch 是字符变量,下面不正确的赋值语句是( )。

  A. ch＝'a＋b'; B. ch＝'\0'; C. ch＝'7'＋'9'; D. ch＝5＋9;

17. 若有如下定义,则正确的赋值语句是( )。

```
int a,b;   float x;
```

  A. a＝1,b＝2; B. b＋＋;   C. a＝b＝5   D. b＝(int)x;

18. 表达式 (int) 3.6 * 3 的值为( )。

  A. 9   B. 10   C. 10.8   D. 18

二、程序分析题

1. 以下程序的输出结果是( )。

```
# include "stdio.h"
main()
{   int a = 0 ;
    a += (a = 8);
    printf("%d\n",a);
}
```

2. 已知字母 a 的 ASCII 码为十进制数 97,下面程序的输出结果是( )。

```
# include "stdio.h"
main()
{   char c1,c2;
    c1 = 'a' + '5' - '3';
    c2 = 'a' + '6' - '3';
    printf("%c,%d\n",c1,c2);
}
```

3. 以下程序的输出结果是( )。

```
# include "stdio.h"
main()
{   int a = 5,b = 2;
    float x = 4.5,y = 3.0,u;
    u = a/3 + b * x/y + 1/2;
    printf("%f\n",u);
}
```

4. 以下程序的输出结果是( )。

```
# include "stdio.h"
main()
{   int i = 10,j = 1;
    printf("%d,%d\n",i--,++j);
}
```

5. 以下程序的输出结果是( )。

```
# include "stdio.h"
```

```
main()
{   int m = 3,n = 4,x;
    x = - m++;
    x = x + 8/++n;
    printf(" % d\n",x);
}
```

6. 以下程序的输出结果是(　　　)。

```
# include "stdio. h"
main()
{   int x = 3,y = 3,z = 1;
    printf(" % d      % d\n",(++x,y++),z + 2);
}
```

三、填空题

1. 填写程序运行结果。

```
# include "stdio. h"
main()
{   int i = 2,j;
    (j = 3 * i,j + 2),j * 5;
    printf("j = % d\n",j);
}
```

以下程序的执行结果是_____。

2. 若 t 为 double 类型,表达式 t＝1,t＋5,t＋＋的值就是_____。

3. 下列程序的输出结果是 16.00,请将程序填写完整。

```
# include "stdio. h"
main()
{   int a = 9,b = 2;
    float x = _____,y = 1.1 , z;
    z = a/2 + b * x/y + 1/2;
    printf(" % f\n",z);
}
```

4. 写出下面程序的运行结果_____。

```
# include "stdio. h"
main()
{   int x,y,z;
    x = y = z = 1;
    y++;
    ++z;
    printf("x = % d,y = % d,z = % d\n",x,y,z);
    x = ( - y++) + (++z);
    printf("x = % d,y = % d,z = % d\n",x,y,z);
}
```

第**3**章

顺序结构程序设计

通过第 2 章的学习,已经基本了解和掌握了 C 语言程序设计的基本知识,本章对编程中遇到的其他问题进行描述。

3.1 C 语言的基本语句

C 语言中的语句可分为表达式语句、函数调用语句、控制语句、复合语句和空语句 5 种。

1. 表达式语句

表达式语句由表达式加上分号";"组合而成。任意一个表达式加上分号后,都构成一条合法的表达式语句。例如,x＊y＋z 是表达式,而"x＊y＋z;"是表达式语句; i＋＋是表达式,而"i＋＋;"是表达式语句。

2. 函数调用语句

合法的函数调用加上分号";"构成函数调用语句,其一般形式为

函数名(实际参数列表);

例如: printf("Hello!");   // printf 是系统库函数,实现输出功能,把字符串 Hello!输出

3. 控制语句

控制语句用于控制程序的执行流程,以实现程序的结构需要。C 语言中主要包括 9 种控制语句,如选择语句与循环语句等,将在后面的章节中详细介绍。

4. 复合语句

将单条语句或多条语句用花括号"{}"括起来构成的语句块称为复合语句。

例如: { t = a; a = b; b = t; }

注意:复合语句在语法上相当于单条语句,花括号"{}"中的语句被看成一个整体,要么全执行,要么全不执行。

5. 空语句

在 C 语言中分号";"是语句的结束符,单独一个";"也构成一条合法的语句,称为空语

句。空语句是不执行任何操作的语句。

3.1.1　赋值语句

赋值语句是由赋值表达式加上分号构成的表达式语句。其一般形式为

赋值表达式;

赋值语句的功能和特点与赋值表达式相同,它是程序中使用最多的语句之一。当执行赋值语句时,会完成计算和赋值的操作。

在赋值语句的使用过程中需要注意以下几点。

(1) 在赋值符"="右边的表达式可以又是一个赋值表达式,即有如下形式。

变量 = 变量 = … = 表达式;

例如,"x=y=z=3;"是一个合法的赋值语句。按照赋值运算符的右结合性,该语句实际上等价于"z=3; y=z; x=y;"。

(2) 在变量定义中,不允许连续给多个变量赋初值。"int x=y=z=3;"是错误的,应该写为"int x=3,y=3,z=3;",而赋值语句允许连续赋值,如"x=y=z=3;"是正确的。

3.1.2　顺序结构程序特点

C语言程序设计中包含顺序结构、选择结构、循环结构三种结构。顺序结构程序的特点如下。

(1) 程序在执行过程中严格按照语句书写的先后顺序执行。

(2) 程序一般由定义变量、输入数据或赋值、中间处理、输出结果4部分组成。

【例3.1】　顺序结构程序设计举例。

```
#include "stdio.h"
main()
{    int n1,n2,sum;              //定义变量
     scanf("%d%d",&n1,&n2);      //输入数据
     sum = n1 + n2;             //运算
     printf("sum = %d\n",sum);  //输出结果
}
```

3.2　数据的输入和输出

C语言本身不提供输入和输出语句,其功能是由系统函数来完成的。常用到的标准输入输出函数有 printf()、scanf()、putchar()、getchar()等。

在编写C语言源程序的过程中,如果使用了系统库函数,要用文件包含预编译命令将有关的"头文件"包含到用户的源文件中,且放在源文件的最前面。文件包含预处理命令格式为#include"文件名.h"。例如,scanf、printf 等输入输出函数头文件是 stdio.h,所以文件包含预处理命令为#include "stdio.h",是先从当前目录查找头文件,然后到系统约定的路径查看。

3.2.1　printf 输出函数

`printf("格式字符串",输出列表);`

功能：将列表中的各项值按照指定格式依次输出显示到屏幕上。

例如：`printf("a = % d,b = % d\n",a,b);`

1. 输出列表

输出列表是要输出的数据，可以没有。当有两个或两个以上输出项时，要用逗号(,)分隔。输出列表中的输出项可以是常量、变量或表达式。下面的 printf()函数都是合法的。

```
printf("I am a student. \n");
printf("% d",3 + 2);
printf("a = % d,b = % d\n", a, a + 3);
```

2. 格式字符串

格式字符串也称转换控制字符串，由普通字符和格式说明符两部分组成。

（1）普通字符，即需要原样输出的字符（包括转义字符）。格式字符串中的普通字符原样输出。

例如：`printf("a = % d,b = % d\n",a,b);`　　//语句中的","，""a = ""b = "等都是普通字符。

（2）格式说明符以"％"开始，以一个格式字符结束，中间可以插入附加说明符，它的作用是将输出的数据转换为指定的格式输出。其一般形式为：

`％[附加说明符]格式字符`

3. 格式字符

使用 printf()实现整型数据的输出时，应该根据数据的类型和输入输出的形式，使用合适的格式字符（如表 3.1 和表 3.2 所示）。

表 3.1　整型数据格式字符

数据类型	输入输出形式			
	十进制	八进制	十六进制	格式符的含义
int	％d	％o	％x	以十进制、八进制、十六进制输入/输出一个整数
long	％ld	％lo	％lx	以十进制、八进制、十六进制输入/输出一个长整数
unsigned	％u	％o	％x	以十进制、八进制、十六进制输入/输出一个无符号整数

注：在 VC++环境中，由于 int 也是 4B，所以它和长整型之间没有区别，都可以使用％d；％ld 可以忽略不用。

表 3.2　常用的附加说明符

附加说明符	说　　明
m(列宽)	按宽度 m 输出。若 m＞数据长度，左补空格，否则按实际位数输出
－m(列宽)	按宽度 m 输出。若 m＞数据长度，右补空格，否则按实际位数输出

【例 3.2】　格式字符％d 的使用。

`# include "stdio. h"`

```
main()
{   int a = 123;
    printf("a = % d \n",a);
}
```

程序运行结果为

a = 123

对于整型数据,还可以输出八进制、十六进制、无符号十进制类型的数据。

【例 3.3】 格式字符%d、%ld 和列宽的使用。

```
# include "stdio. h"
main()
{   int a = 123;
    long b = 123456;
    printf("a = % d,a = % 5d,a = % - 5d,a = % 2d\n",a,a,a,a);
    printf("b = % ld,b = % 8ld,b = % 5ld\n",b,b,b);
}
```

程序运行结果为

a = 123,a = □□123,a = 123□□,a = 123
b = 123456,b = □□123456,b = 123456

【例 3.4】 格式字符%d、%o、%x、%u 的使用。

```
# include "stdio. h"
main()
{   int a = 20;
    int b = - 1;
    printf(" % d, % o, % x, % u\n",a,a,a,a);
    printf(" % d, % o, % x, % u \n",b,b,b,b);
}
```

程序运行结果为

20,24,14,20
1,37777777777,ffffffff,4294967295

对于整数,当使用八进制、十六进制和无符号形式输出数据时,一律按照无符号形式。无符号形式是指,不论是正数还是负数,系统一律当作无符号整数来输出。不论采用哪种输出形式,数据在内存的二进制序列是确定的。

使用 printf()实现实型数据的输出时,应该根据数据的类型和输入输出的形式,使用合适的格式字符(如表 3.3 和表 3.4 所示)。

表 3.3 实型数据格式字符

函数	数据类型	格式	含 义
printf	float,double	%f	以小数形式输出实数(保留 6 位小数)
	float,double	%e	以指数形式输出实数(小数点前有且仅有一位非 0 的数字)
scanf	float	%f	以小数或指数形式输入一个单精度实数
		%e	
	double	%lf	以小数或指数形式输入一个双精度实数
		%le	

表 3.4 常用的附加说明符

附加说明符	说 明
m(列宽)	按宽度 m 输出。若 m>数据长度,左补空格,否则按实际位数输出
一m(列宽)	按宽度 m 输出。若 m>数据长度,右补空格,否则按实际位数输出
.n(小数位数)	在 f 前,指定 n 位小数
	在 e 或 E 前,指定 n−1 位小数(VC 环境下,是 n 位小数)

【例 3.5】 格式字符%m.nf 的使用。

```
# include "stdio.h"
main()
{    float f = 123.456;
     double d1,d2;
     d1 = 1111111111111.111111111;
     d2 = 2222222222222.222222222;
     printf("%f,%12f,%12.2f,%−12.2f,%.2f\n",f,f,f,f,f);
     printf("d1 + d2 = %f\n",d1 + d2);
     printf("%e,%10.3e,%−10.3e,%.2e\n",f,f,f,f,f);
}
```

程序运行结果为

123.456001,□□123.456001,□□□□□□123.46,123.46□□□□□□,123.46
d1 + d2 = 3333333333333.333000
1.234560e + 002,1.235e + 002,1.235e + 002,1.23e + 002

3.2.2　scanf 输入函数

scanf()函数的作用:按指定的格式从键盘读入数据,并将数据存入地址列表指定的内存单元中。一般调用格式:

scanf("格式字符串",地址列表);

例如:scanf("a = %d,b = %d\n",&a,&b);

1．地址列表

地址列表是由若干地址组成的列表,可以是变量的地址或其他地址。C 语言中变量的地址通过取地址运算符"&"得到,表示形式为:& 变量名。例如,变量 a 的地址为 &a。

2．格式字符串

格式字符串同 printf()函数类似,由普通字符和格式说明符组成。普通字符,即需原样输入的字符。格式说明符同 printf()函数相似。

【例 3.6】 输入函数 scanf 的应用举例。

```
# include "stdio.h"
main()
{    int a,b,c;
     scanf("%d,%d",&a,&b);
     c = a + b;
     printf("c = %d\n",c);
}
```

则在执行程序时,在执行的界面上输入 3,4 ↙,这样 a 和 b 的值分别为 3 和 4。

说明:

(1) 格式字符串中的普通字符必须原样输入。例如:

```
scanf("a = % d,b = % d",&a,&b);        //输入时应用如下形式:a = 3,b = 4 ↙
```

但如果没有任何间隔,输入数据时需要以空格、Enter 键、Tab 键间隔,例如:

```
scanf(" % d % d",&a,&b);               //输入时应用如下形式:3    4 ↙
```

这样,a 和 b 就会得到 3 和 4。

(2) 地址列表中的每一项必须为地址。例如:

```
scanf("a = % ,b = % ",&a,&b);
```

不能写成:

```
scanf("a = % d,b = % d",a,b);
```

虽然在编译时不会出错,但是得不到正确的输入数据。

3.2.3　字符和字符串的输入和输出

上面已经介绍了格式化输入函数 scanf()和格式化输出函数 printf()的基本使用,下面介绍字符数据的输出和输入函数: putchar()和 getchar()。

1. 字符型数据的输入和输出(%c)

字符型数据的输入输出既可以使用%c 格式符,也可以使用 putchar()和 getchar()函数。

【例 3.7】　格式字符%c 的使用。

```
# include "stdio. h"
main()
{    char c = 'A';
     int i = 65;
     printf("c = % c, % 5c, % d\n",c,c,c);
     printf("i = % d, % c",i,i);
}
```

程序运行结果为

```
c = A,□□□□A,65
i = 65,A
```

需要强调的是,在 C 语言中,整数可以用字符形式输出,字符数据也可以用整数形式输出。将整数用字符形式输出时,系统首先求该数与 256 的余数,然后将余数作为 ASCII 码,转换成相应的字符输出。

2. 字符串数据输出(%s)

【例 3.8】　格式字符%s 的使用。

```
# include "stdio. h"
main()
```

```
{   printf("%s,%5s,%-10s","Internet","Internet","Internet");
    printf("%10.5s,%-10.5s,%4.5s\n","Internet","Internet","Internet");
}
```

程序运行结果为

Internet,Internet,Internet□□,□□□□□Inter,Inter□□□□□,Inter

可以使用%s 格式符输出字符串常量。

注意：系统输出字符和字符串时，不输出单引号和双引号。

3. 字符输入函数 getchar

字符型数据的输入输出还可以使用 putchar()和 getchar()函数完成。使用它们时一定要使用文件包含：**♯include"stdio.h"**或**♯include＜stdio.h＞**。

getchar()函数的功能是从键盘读入一个字符，是无参函数。一般调用格式：

getchar()

说明：

（1）getchar()函数一次只能接收一个字符，即使从键盘输入多个字符，也只接收第一个。空格和转义字符都作为有效字符接收。从键盘上输入的字符不能带单引号，输入以Enter 键结束。

（2）接收的字符可以赋给字符型变量或整型变量，也可以不赋给任何变量，作为表达式的一部分。

4. 字符输出函数 putchar

putchar()函数的功能是向显示器输出一个字符。一般调用格式：

putchar(参数)

其中，参数可以是整数类型表达式，一般为算术表达式。例如：

```
putchar('a')                //输出字符 a
putchar(65)                 //输出 ASCII 码为 65 的字符 A
putchar('a'+2)              //输出字符 c
putchar('\n')               //输出一个换行符
```

说明：

（1）putchar()函数一次只能输出一个字符，即该函数有且只有一个参数。

（2）putchar()函数可以输出转义字符。

【例 3.9】　从键盘上输入一个大写字符，输出对应的小写字符。

```
♯include "stdio.h"
main()
{   char c1,c2;
    c1=getchar();            //从键盘输入字符直到按 Enter 键结束
    c2=c1+32;
    putchar(c2);             //输出运算结果
}
```

【例 3.10】 程序举例,输入三角形边长,求三角形面积。

```
# include "math. h"
# include "stdio. h"
main()
{   float a,b,c,s,area;
    scanf("%f,%f,%f",&a,&b,&c);
    s = 1.0/2 * (a + b + c);
    area = sqrt(s * (s - a) * (s - b) * (s - c));
    printf("a = %7.2f, b = %7.2f, c = %7.2f, s = %7.2f\n",a,b,c,s);
    printf("area = %7.2f\n",area);
}
```

输入:3,4,6↙

输出:a=　　　3.00,b=　　　4.00,c=　　　6.00　　s=　　　6.50
　　　area=　　　5.33

在使用 scanf()和 printf()实现数据的输入和输出时,还要注意以下几点。

(1) 格式字符一定要小写(e、x 除外),否则将不是格式字符,而是作为普通字符处理。

例如:`printf("%D",123);`　　　　　//输出结果为:%D

(2) 格式说明与输出项从左向右一一对应,两者的个数可以不相同,若输出项个数多于格式说明个数,输出项右边多出的部分不被输出,若格式说明个数多于输出项个数,格式控制字符串中右边多出的格式说明部分将输出与其类型对应的随机值。例如:

```
printf("%d  %d",1,2,3);        //输出结果为 1  2
printf("%d  %d  %d",1,2);      //输出结果为 1  2  随机值
```

(3) 格式控制字符串可以分解成几个格式控制字符串。例如:

`printf("%d%d\n",1,2);`等价于 `printf("%d""%d""\n",1,2);`

(4) 在格式控制字符串中,两个连续的%只输出一个%。例如:

`printf("%f%%",1.0/6);`　　　　　//输出结果为 0.166667%

(5) 格式说明与输出的数据类型要匹配,否则得到的输出结果可能不是原值。

(6) 格式字符串中的普通字符必须原样输入。例如:

`scanf("a = %d,b = %d",&a,&b);`　　　　//输入时应用如下形式:a = 3,b = 4↙

(7) 地址表列中的每一项必须为地址。例如:

`scanf("a = %d,b = %d",&a,&b);`　　　　//不能写成:scanf("a = %d,b = %d",a,b);

虽然在编译时不会出错,但是得不到正确的输入数据。

(8) 在用"%c"格式输入字符时,空格和转义字符都作为有效字符输入。例如:

`scanf("%c%c%c",&ch1,&ch2,&ch3);`　//输入:A□↙

字符 A 赋给变量 ch1,空格赋给变量 ch2,回车赋给变量 ch3。

(9) 输入数据时不能指定精度。例如:

`scanf("%lf,%lf",&x,&y);`　　　　//不能写成:scanf("%8.3lf,%.4lf",&x,&y);

（10）输入数据时，遇空格、回车、跳格（Tab）、宽度结束或非法输入时该数据输入结束。

例如：

```
scanf("%d%c%lf",&a,&ch1,&x);        //输入:1234w12h.234
```

变量 a 的值为 1234，变量 ch1 的值为 w，变量 x 的值为 12.00。

由于遇空格数据输入结束，所以用 scanf()函数不能输入含有空格的字符串。

3.3　上机实践

1. 上机实践的目的要求

（1）进一步熟悉 C 语言的基本语句。

（2）掌握赋值语句的使用。

（3）掌握输入输出函数的格式及应用。

2. 上机实践内容

（1）格式符的使用。

```
# include "stdio.h"
main()
{    int a = 1234;
     float b = 123.456;
     printf("%2d,%2.1f",a,b );
}
```

程序运行结果为

```
1234,123.5
```

（2）整型数据和字符型数据在一定范围内可通用。

```
# include "stdio.h"
main()
{    int i = 65;
     char ch = 'A';
     printf("i = %d ch = %c\n",i,ch);
     printf("i = %c ch = %d\n",i,ch);
}
```

（3）格式输入输出函数的使用。

```
# include "stdio.h"
main()
{    int a,b,c;
     scanf("%d%d%d",&a,&b,&c);
     printf("a = %d,%d == %d",a,b,c);
}
```

运行时按以下方式输入 a,b,c 的值：3□4□5↙

A = 3,4 == 5(输出 a,b,c 的值)

习题

一、选择题

1. putchar()函数可以向终端输出一个(　　　)。
   A. 整型变量的值　　　　　　　　　　B. 实型变量的值
   C. 字符串　　　　　　　　　　　　　D. 字符或字符型变量的值

2. printf()函数中用到格式符%5s,其中,数字5表示输出的字符串占用5列,如果字符串长度大于5,则输出方式为(　　　);如果字符串长度小于5,则输出方式为(　　　)。
   A. 从左起输出该字符串,右补空格　　B. 按原字符长从左向右全部输出
   C. 右对齐输出该字符串,左补空格　　D. 输出错误信息

3. 已有定义"int a=−2"和输出语句"printf("%8lx",a);",以下叙述正确的是(　　　)。
   A. 整型变量的输出格式只有%d一种
   B. %x是格式符的一种,它使用于任何一种类型数据
   C. %x是格式符的一种,其变量的值按十六进制输出,但%8lx是错误的
   D. %8lx不是错误的格式符,其中数字8规定了输出字符的宽度

4. 已有如下定义和输入语句,若要求 a1,a2,c1,c2 的值分别为 10,20,A 和 B,当从第一列开始输入数据时,正确的数据输入方式是(　　　)。

```
int a1,a2;char c1,c2;
scanf("%d%c%d%c",&a1,&c1,&a2,&c2);
```

   A. 10A□20B↙　　　　　　　　　　B. 10□A□20□B↙
   C. 10A20B↙　　　　　　　　　　　D. 10A20□B↙

5. 已有如下定义和输入语句,若要求"a1,a2,c1,c2"的值分别为"10,20,A,B",当从第一列开始输入数据时,正确的数据输入方式是(　　　)。

```
int a1,a2;char c1,c2;
scanf("%d%d",&a1, &a2);
scanf("%c%c",&c1, &c2);
```

   A. 1020AB↙　　　　　　　　　　　B.10□20↙ AB↙
   C. 10□□20□□B↙　　　　　　　　D. 1020□AB↙

6. 有输入语句"scanf("a=%d,b=%d,c=%d",&a,&b,&c);",为使变量 a 的值为1,b 的值为 3,c 的值为 2,从键盘输入数据的正确形式应当是(　　　)。
   A. 132↙　　　　　　　　　　　　　B. 1,3,2↙
   C. a=1□b=3□c=2↙　　　　　　　　D. a=1,b=3,c=2↙

7. 已有定义"int x; float y;"且执行"scanf("%3d%f",&x,&y);"语句时,从第一列开始输入数据,1234□678↙,则 x 的值为(　　　),y 的值为(　　　)。
   A. 1234　　　B. 123　　　C. 45　　　D. 345
   E. 4.000000　F. 46.000000　G. 678.000000　H. 123.000000

8. 根据定义和数据输入方式,输入语句的正确形式为( )。

已有定义：float f1,f2；

数据的输入方式：4.52↙

3.5↙

    A. scanf("%f,%f",&f1,&f2)；   B. scanf("%f%f",&f1,&f2)；

    C. scanf("%3.2f %2.1f",&f1,&f2)；D. scanf("%3.2f%2.1f",&f1,&f2)；

9. 以下说法正确的是( )。

    A. 输入项可以是一个实型常量,如"scanf("%f",=3.5)；"

    B. 只有格式控制,没有输入项,也可以进行正确的输入,如 scanf("a=%d,b=%d")；

    C. 当输入一个实型数据时,格式部分应规定小数点后的位数,如 scanf("%5.1f",&x)；

    D. 当输入一个数据时,必须指明变量的地址,如"scanf("%d",&x)；"

二、程序设计题

1. 从键盘输入半径,计算圆的面积和周长,输出时要求取小数点后两位数字。

2. 输入一个华氏温度,要求输出摄氏温度,公式为 $c=5(f-32)/9$,输出时要求有文字说明。

3. 用 getchar()函数读入两个字符给 c1,c2,然后分别用 putchar()函数和 printf()函数输出这两个字符,并思考以下问题。

(1) 变量 c1,c2 应定义为字符型还是整型? 或二者皆可?

(2) 要求输出 c1 和 c2 值的 ASCII 码,应如何处理? 用 putchar()函数还是 printf()函数?

(3) 整型变量与字符型变量是否在任何情况下都可以互相代替? 如"char c1,c2；"与"int c1,c2；"是否无条件等价?

第4章 选择结构程序设计

选择结构的功能是根据所指定的条件是否满足,从给定的两组操作中选择其一。本节将详细介绍如何使用 C 语言实现选择结构。

4.1 if 语句

在 C 语言中选择结构使用 if 语句来实现。if 语句的主要功能是根据判定条件的结果成立与否从一条或多条语句中选择一条执行。

4.1.1 if 语句的三种形式

if 语句有以下三种格式:单分支、双分支、多分支。

1. 单分支 if 语句

一般形式为

if(表达式)语句;

执行过程:当表达式值为非 0,执行语句;当表达式值为 0,什么也不执行。其流程图见图 4.1。

例如:

if (x > y) printf(" % d", x);

【**例 4.1**】 输入两个实数,按其值由小到大次序输出这两个数。

```
# include "stdio. h"
main()
{    float a,b,t;
     scanf(" % f, % f", &a,&b);
     if(a > b){t = a; a = b; b = t;}
     printf(" % .2f, % .2f",a,b);
}
```

2. 双分支 if 语句

一般形式为

if(表达式)   语句 1;

else　语句 2;

执行过程：当表达式值为非 0,执行语句 1;当表达式值为 0,执行语句 2。其流程图见图 4.2。

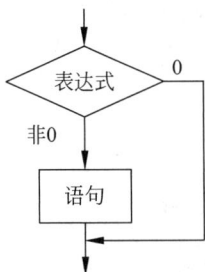

图 4.1　单分支选择流程图　　　　　图 4.2　双分支选择流程图

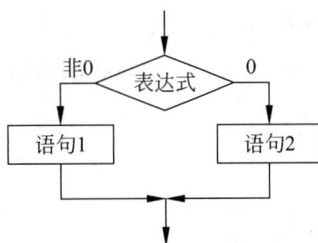

这里的语句 1 和语句 2 也称为内嵌语句,只允许是一条语句,若需要多条语句,应该用花括号括起来组成复合语句。

【例 4.2】　输入一个数,判断它是否能被 3 整除。若能则打印"YES",否则打印"NO"。

```
# include "stdio. h"
main()
{    int n;
     scanf(" % d",&n);
     if(n % 3 == 0) printf("YES\n");
     else printf("NO\n");
}
```

3. 多分支 if 语句

一般形式为

```
if(表达式 1)        语句 1;
else if (表达式 2)  语句 2;
else if (表达式 3)  语句 3;
       ⋮            ⋮
else if(表达式 n)   语句 n;
else               语句 n + 1;
```

流程图见图 4.3。

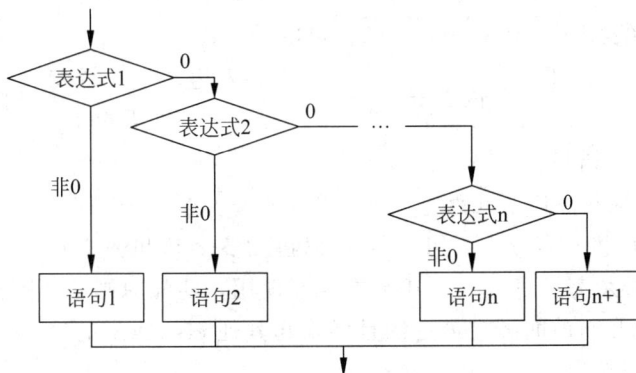

图 4.3　多分支选择流程图

执行过程：

（1）从上向下逐一对 if 后面的表达式进行检测。

（2）当某一个表达式的值为非 0 时，则执行与此有关的子句中的语句。

（3）如果所有表达式的值都是 0，则执行最后的 else 子句。

（4）如果没有最后的那个 else 子句，那么将不进行任何操作。

【例 4.3】　输入一个百分制成绩，输出对应的总评成绩。

```c
# include "stdio. h"
main()
{   int score;                      //定义整型变量记录分数
    scanf(" % d",&score);           //接收分数
    if (score < 60)
        printf("不及格\n");          //分数小于 60 分输出"不及格"
    else if(score < 70)
        printf("及格\n");            //分数大于或等于 60 分且小于 70 分输出"及格"
    else if(score < 80)
        printf("中\n");              //分数大于或等于 70 分且小于 80 分输出"中"
    else if(score < 90)
        printf("良\n");              //分数大于或等于 80 分且小于 90 分输出"良"
    else
        printf("优\n");              //分数大于或等于 90 分且小于或等于 100 分输出"优"
}
```

4.1.2　if 语句的嵌套

if 语句的嵌套解决了多分支选择结构问题，即在一个 if 语句中又可以包含一个或多个 if 语句。下面列举几种嵌套的 if 语句。

```
if(表达式 1)                          if(表达式 1)
    if(表达式 2)    ┐                     {if(表达式 2)   ┐内嵌 if
        语句 1      │                         语句 1}    ┘
    else           │内嵌 if             else
        语句 2      ┘                        语句 2

if(表达式 1)                          if(表达式 1)
    语句 1                                if(表达式 2)   语句 1  ┐内嵌 if
else                                      else         语句 2  ┘
    if(表达式 3)    ┐                     else
        语句 2      │内嵌 if                 if(表达式 3)   语句 3  ┐内嵌 if
    else           │                         else         语句 4  ┘
        语句 3      ┘
```

使用 if 语句时应注意以下几点。

（1）if 嵌套语句和 if 多分支语句一样，可以包括多个 if 和多个 else。其中，else 允许单独存在，每个 else 必须有且只有一个 if 与之匹配使用。匹配原则是：从前往后为每个 else 找匹配的 if，else 总是与前面离它最近的且尚未与其他 else 匹配的 if 匹配。if 可以单独使用，构成 if 单分支语句。

（2）在书写习惯上，if 嵌套和 if 多分支语句从外向内，每一条 if 语句相对于外一层 if 语句要左缩进一个 Tab 空格，从而使得整体结构清晰。

（3）表达式可以是逻辑表达式、关系表达式或算术表达式。

例如：

```
if (a&&b) printf ("o.k");
if (a>b) …
if (3) …
if ('a'+88) …
```

（4）if 和 else 后面的语句可以是任意语句。若语句不止有一条，则必须用{ }括起来。在{ }外不加分号。

（5）if(x)与 if(x!=0)等价；if(!x)与 if(x==0)等价。

【例 4.4】 已知一分段函数：

$$y = \begin{cases} -1 & (x < 0) \\ 0 & (x = 0) \\ 1 & (x > 0) \end{cases}$$

编一程序，输入一个 x 值，输出 y 值。有以下几种写法，请判断哪些是正确的？

程序 1：

```
main()
{   int x, y;
    scanf("%d",&x);
    if (x<0) y= -1;
    else if (x= =0) y=0;
    else y=1;
    printf ("x=%d, y=%d\n", x, y);
}
```

程序 2： 将程序 1 的 if 语句改为

```
main()
{   int x, y;
    scanf("%d",&x);
    if (x>=0)
        if (x>0) y=1;
        else   y=0;
        else   y=-1;
    printf ("x=%d, y=%d\n", x, y);
}
```

程序 3： 将程序 1 的 if 语句改为

```
main()
{   int x,y;
    scanf("%d",&x);
    y= -1;
        if(x!=0)
        if(x>0)   y=1;
        else   y=0;
    printf("x=%d,y=%d\n",x,y);
}
```

程序 4： 将程序 1 的 if 语句改为

```
main()
{   int x,y;
    scanf("%d",&x);
    y=0;
    if(x>=0)
        if(x>0) y=1;
        else   y=-1;
    printf("x=%d,y=%d\n",x,y);
}
```

4.1.3 条件运算符

C 语言中提供的唯一的三目运算符就是条件运算符"?:"，它的运算对象有三个。条件运算符的语法格式是：

表达式 1?表达式 2:表达式 3

执行过程：先求解表达式 1，若非 0(真)，则值为表达式 2 的值，否则为表达式 3 的值。
例如：

max = a > b? a:b; 当 a > b 时 max←a，否则 max←b。

条件运算符的结合方向为右结合。

例如：

a > b? a:c > d？c:d 相当于 a > b? a:(c > d? c:d)

条件运算符的优先级低于逻辑运算符、关系运算符和算术运算符；高于赋值运算符和逗号运算符。

【例 4.5】 输入一个字符，判别它是否为大写字母。如果是，将它转换成小写字母；如果不是，不转换。然后输出最后得到的字符。

```
# include "stdio.h"
main()
{    char ch;
     scanf("% c",&ch);
     ch = (ch > = 'A'&&ch < = 'Z')?(ch + 32):ch;
     printf("% c",ch);
}
```

4.2　switch 语句

虽然用 if 语句可以解决多分支问题，但如果分支较多，嵌套的层次就多，会使程序冗长、可读性降低。C 语言提供了专门用于处理多分支情况的语句——switch 语句，使用该语句编写程序可使程序的结构更加清晰，增强可读性。switch 语句的一般形式为

```
switch (表达式)
{    case 常量表达式 1：语句 1；[break; ]
     case 常量表达式 2：语句 2；[break; ]
                ⋮
     case 常量表达式 n：语句 n；[break; ]
     default：语句 n + 1；[break; ]
}
```

执行过程：当表达式的值与某一个 case 后面的常量表达式的值相等时，就执行此 case 后面的语句。若所有的 case 中的常量表达式的值都没有与表达式的值匹配，则执行 default 后面的语句。但是 case 后面的语句中有 break 和没有 break，在执行时值是不同的。

说明：

(1) switch 和各 case 后面常量表达式的值必须为整型、字符型或枚举型。

(2) 各 case 后面常量表达式的值必须互不相同。

(3) case 后面的语句可以是任何语句，也可以为空，但 default 的后面不能为空。若为复合语句，则花括号可以省略。

(4) 若某个 case 后面的常量表达式的值与 switch 后面圆括号内表达式的值相等，就执行该 case 后面的语句，执行完后若没有遇到 break 语句，不再进行判断，接着执行下一个 case 后面的语句。若想执行完某一语句后退出，必须在语句最后加上 break 语句。

（5）多个 case 可以共用一组语句。

（6）switch…case 语句可以嵌套，即一个 switch…case 语句中又含有 switch…case 语句。

【例 4.6】　编写程序，输入一个百分制的成绩，输出对应的五分制成绩。百分制和五分制成绩的转换规则如下：90～100 为 A，80～89 为 B，70～79 为 C，60～69 为 D，0～59 为 E。

```
# include "stdio.h"
main()
{    int score;                    //定义整型变量 score 记百分制成绩
     char g;                       //定义字符型变量 g 记五分制成绩
     scanf("%d",&score);
     switch (score/10)
     {    case 10:
          case 9: g = 'A';break;
          case 8: g = 'B'; break;
          case 7: g = 'C'; break;
          case 6: g = 'D'; break;
          default : g = 'E'; break;
     }
     printf("%c",g);
}
```

【例 4.7】　查询自动售货机中商品的价格。假设自动售货机出售 4 种商品：薯片、巧克力、可乐和矿泉水，售价分别是每份 3.0 元、4.0 元、2.5 元和 1.5 元。在屏幕上显示如下。

```
1—薯片
2—巧克力
3—可乐
4—矿泉水
0—退出
```

用户可以连续查询商品的价格，当查询次数超过 5 次时，自动退出查询。如果不到 5 次，用户可以选择退出。当用户输入编号 1～4 时，显示相应商品的价格；输入 0 时退出查询，如果输入其他编号，显示价格为 0。

```
# include "stdio.h"
main()
{    int x,i;
     float p;
     for(i = 1;i < = 5;i++)
     {    printf("\n 1—薯片");
          printf("\n 2—巧克力");
          printf("\n 3—可乐");
          printf("\n 4—矿泉水");
          printf("\n 0—退出");
          printf("\n 请选择商品:");
          scanf("%d",&x);
          if(x = = 0)break;
          switch (x)
          {    case 1: p = 3.0;break;
               case 2: p = 4.0;break;
               case 3: p = 2.5;break;
               case 4: p = 1.5;break;
```

```
        default: p = 0;break;
    }
    printf("商品的价格是:%.1f",p);
    }
}
```

4.3 上机实践

1. 上机实践的目的要求

（1）掌握 if 语句的使用。

（2）掌握 switch 语句的使用。

2. 上机实践内容

（1）输入三个数，按由小到大的顺序输出。

```
#include "stdio.h"
main()
{   int a,b,c,t;
    scanf("%d,%d,%d",&a,&b,&c);
    if(a>b){t=a;a=b;b=t;}
    if(a>c){t=a;a=c;c=t;}
    if(b>c){t=b;b=c;c=t;}
    printf("%d<%d<%d",a,b,c);
}
```

程序运行结果为

输入　10,3,6↙
输出　3<6<10

注意：两个变量内容互换时，应该引入一个中间变量 t，协助完成两变量值的互换。

（2）输入一个整数，判断该数是奇数还是偶数。

```
#include "stdio.h"
main()
{   int a;
    scanf("%d",&a);
    if(a%2==0)
        printf("Tne a is even.\n");
    else
        printf("Tne a is odd.\n");
}
```

（3）计算分段函数的值。

$$y = f(x) = \begin{cases} 0 & (x < 0) \\ \dfrac{4x}{3} & (0 \leqslant x \leqslant 15) \\ 2.5x - 10.5 & (x > 15) \end{cases}$$

```
# include "stdio.h"
main()
{    float x, y;
     scanf("%f",&x);
     if (x < 0)
         y = 0;
     else if (x <= 15)
         y = 4 * x/3;
     else
         y = 2.5 * x - 10.5;
     printf("f(%.2f) = %.2f\n", x, y);
}
```

(4) 输入一个年份,判断该年份是否是闰年。

```
# include "stdio.h"
main()
{    int year, leap;
     scanf("%d",&year);
     if (year % 4 == 0)
     {    if (year % 100 == 0)
          {    if (year % 400 == 0)
                   leap = 1;
               else
                   leap = 0;
          }
          else
               leap = 1;
     }
     else
          leap = 0;
     if(leap)
          printf("%d is",year);
     else
          printf("%d is not",year);
     printf(" a leap year.\n");
}
```

(5) 输入一个形式如"操作数 运算符 操作数"的四则运算表达式,输出运算结果。

```
输入:3.1 + 4.8
输出:7.9
# include "stdio.h"
main()
{    char oper;
     float value1,value2;
     scanf("%f%c%f",&value1,&oper,&value2);
     switch(oper)
     {    case '+':
               printf(" = %.2f\n",value1 + value2);break;
          case '-':
               printf(" = %.2f\n",value1 - value2);break;
          case '*':
               printf(" = %.2f\n",value1 * value2);break;
          case '/':
```

```
        printf(" = %.2f\n",value1/value2);break;
    default:
        printf("Unknown operator\n"); break;
    }
}
```

习题

一、选择题

1. 表达式"10!＝9;"的值为(　　)。

　　A. true　　　　　　B. 非零值　　　　C. 0　　　　　　　D. 1

2. 当 a＝3,b＝2,c＝1 时,表达式 f＝a＞b＞c 的值是(　　)。

　　A. 1　　　　　　B. 0　　　　　C. true　　　　　D. false

3. 若已知 a＝10,b＝20,则表达式!a＜b 的值是(　　)。

　　A. 0　　　　　　B. 1　　　　　C. 真　　　　　D. 假

4. 判断变量 ch 中的字符是否为大写字母,最简单的表达式是(　　)。

　　A. ch＞='A'&&ch＜='z'　　　　　　B. A＜=ch＜=Z

　　C. 'A'＜=ch＜='z'　　　　　　　　D. ch＞=A && ch＜= z

5. 下列与表达式"b=(a＜0?−1：a＞0?1：0)"的功能等价的选项是(　　)。

```
A. b = 0;                         B. if(a>0)b = 1;
   if(a>= 0)                         else if(a<0)b = −1;
   if(a>0) b = 1;                    elseb = 0
   else b = −1;

C. if(a)                          D. b = −1;
   if(a<0) b = −1;                   if(a)
   else if(a>0)b = 1;                if(a>0)b = 1;
   else b = 0;                       else if(a==0)b = 0;
                                     else b = −1;
```

6. 设有定义"int a＝1,b＝2,c＝3;",以下语句中执行效果与其他三个不同的是(　　)。

　　A. if(a＞b)　c＝a,a＝b,b＝c;　　B. if(a＞b){c＝a,a＝b,b＝c;}

　　C. if(a＞b)　c＝a; a＝b; b＝c;　　D. if(a＞b){c＝a; a＝b; b＝c;}

7. 有以下程序段：

```
int a,b,c;
a = 10;b = 50;c = 30;
if(a>b)a = b,b = c,c = a;
printf("a = %d b = %d c = %d\n",a,b,c);
```

程序的输出结果是(　　)。

　　A. a＝10 b＝50 c＝10　　　　　B. a＝10 b＝50 c＝30

　　C. a＝10 b＝30 c＝10　　　　　D. a＝50 b＝30 c＝50

8. 有以下程序段：

```
#include "stdio.h"
```

```
main()
{    int x = 1,y = 2,z = 3;
     if(x > y)
     if(y > z) printf("%d",++z);
     else printf("%d",++y);
     printf("%d\n",x++);
}
```

程序运行的结果是(   )。

    A. 331   B. 41   C. 2   D. 1

二、程序分析题

1. 以下程序的输出结果是(   )。

```
#include "stdio.h"
main()
{    int x = 3,y = 1,z = 1;
     if(x = y + z)
          printf("* * * *");
     else
          printf("# # # #");
}
```

2. 运行下面的程序两次,如果从键盘上分别输入 6 和 4,则输出结果是(   )。

```
#include "stdio.h"
main()
{    int x;
     scanf("%d",&x);
     if(x++ > 5) printf("%d",x);
     else  printf("%d\n",x--);
}
```

3. 以下程序的输出结果是(   )。

```
#include "stdio.h"
main()
{    float x = 2,y;
     if(x < 0) y = 0;
     else if(x < 10) y = 1.0/10;
     else y = 1;
     printf("%.1f\n",y);
}
```

4. 以下程序的输出结果是(   )。

```
#include "stdio.h"
main()
{    int a = 2,b = - 1,c = 2;
     if(a < b)
     if(b < 0) c = 0;
     else c++;
     printf("%d\n",c);
}
```

5. 以下程序的输出结果是(　　　)。

```
# include "stdio.h"
main()
{    int a = 10,b = 4,c = 3;
     if(a < b) a = b;
     if(a < c) a = c;
     printf("%d,%d,%d\n",a,b,c);
}
```

6. 以下程序的输出结果是(　　　)。

```
# include "stdio.h"
main()
{    int x = 1,a = 0,b = 0;
     switch(x)
     {    case 0: b++;
          case 1: a++;
          case 2: a++;b++;
     }
     printf("a = %d,b = %d\n",a,b);
}
```

三、程序设计题

1. 输入三个单精度数,输出其中的最小值。

2. 输入三角形的三边长,输出三角形的面积。

3. 用 if…else 结构编写一个程序,求一元二次方程 $ax^2 + bx + c = 0$ 的根。

4. 用 switch…case 结构编写一程序,输入月份 1~12 后,输出该月的英文名称。

5. 假设某高速公路的一个收费站的收费标准为小型车 15 元/车次、中型车 35 元/车次、大型车 50 元/车次、重型车 70 元/车次。编写程序,首先在屏幕上显示如下:

1—小型车
2—中型车
3—大型车
4—重型车

然后请用户选择车型,根据用户的选择输出应交的费用。

第5章

循环结构程序设计

5.1　循环结构概述

计算机的优势就在于它可以不厌其烦地重复工作,而且还不出错(只要程序编写正确)。其实,表示循环结构语句的语法并不难掌握,关键是如何使用循环程序设计的思想去解决实际问题。

首先,提出一个实际问题。

问题:在屏幕上输出整数 1~20,每两个整数中间空一个格。

也许有的读者会这样来解决这个问题:

```
main()
{  printf("1 2 3 4 5 6 7 8 9 10 11 12 13 14 15 16 17 18 19 20\n");
}
```

毫无疑问,这个程序的语法是对的,它能够顺利地通过编译,也能够完成题目的要求,但是这绝对不是一个好的程序,因为程序设计者没有掌握程序设计思想。如果题目是要求输出 1~2000,那又如何呢? 对循环程序设计来说,首先要掌握的是思想,而不是语法,只要是重复的工作,就要想办法用循环语句实现。这个问题的解决思路应该是:从输出 1 开始,每次输出一个比前一次大 1 的整数,重复 20 次。哪怕是只重复 10 次或者 5 次,都是"重复"。重复就要使用循环结构。

5.2　循环语句

循环语句主要有三种:while、do…while 和 for 语句。

5.2.1　while 语句

while 语句的一般形式为

```
while(表达式)
    循环体语句;
```

其中,表达式可以是任意类型,一般为关系表达式或逻辑表达式,其值为循环条件。循环体语句可以是任何语句。

while 语句的执行过程如下。

（1）计算 while 后面圆括号中表达式的值,若其结果为非 0,转(2);否则转(3)。

（2）执行循环体,转(1)。

（3）退出循环,执行循环体下面的语句。

其流程图见图 5.1。

while 语句的特点:先判断表达式,后执行循环体。实现的是当型循环。

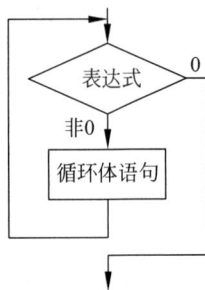

【例 5.1】 用 while 语句解决"1+2+3+…+100"的问题。

```
# include "stdio. h"
main()
{    int i = 1,s = 0;
     while (i <= 100)
     {    s = s + i;
          i++;
     }
     printf(" % d ",s);
}
```

图 5.1 while 循环流程图

说明:

（1）由于 while 语句是先判断表达式后执行循环体,所以循环体有可能一次也不执行。

（2）循环体可以是任何语句。如果循环体不是空语句,不能在 while 后面的圆括号后加分号(;)。

（3）在循环体中要有使循环趋于结束的语句。

【例 5.2】 用下列公式计算 π 的值。

$$\pi = 4 \times \left(\frac{1}{1} - \frac{1}{3} + \frac{1}{5} - \frac{1}{7} + \cdots \pm \frac{1}{n} \right) \quad （精度要求为 < 10^{-4}）$$

```
# include "math. h"              //程序中用到求绝对值函数 fabs()
# include "stdio. h"
main()
{    int n = 1,t = 1;
     float pi = 0;
     while(fabs(t * 1.0/n)> = 1e - 4)      //控制循环的条件是当前项的精度
     {    pi += t * 1.0/n;                 //将当前项累加到 pi 中
          t = - t;                         //得到下一项的符号
          n += 2;                          //得到下一项的分母
     }
     printf("pi = % f\n",4 * pi);
}
```

程序运行结果为 pi = 3.141397,由于循环的次数不够多,所以计算出来的值精度不够高。本例题中求实型数据的绝对值用 fabs()函数。

5.2.2 do…while 语句

do…while 语句的一般形式为

do
    循环体语句;
while(表达式);

其中,表达式可以是任意类型,一般为关系表达式或逻辑表达式,其值为循环条件。循环体语句可以是任意语句。

do…while 语句的执行过程如下。

（1）执行循环体,转（2）。

（2）计算 while 后面圆括号中表达式的值,若其结果为非 0,转（1）;否则转（3）。

（3）退出循环,执行循环体下面的语句。

其流程图见图 5.2。

do…while 语句的特点：先执行循环体,后判断表达式,实现直到型循环。

说明：

do…while 语句最后的分号（;）不可少,否则将出现语法错误。

循环体中要有使循环趋于结束的语句。

由于 do…while 语句是先执行循环体,后判断表达式,所以循环体至少执行一次。

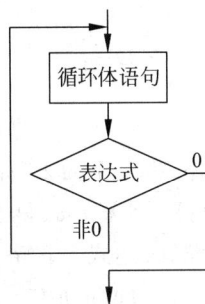

图 5.2　do…while 循环流程图

【**例 5.3**】　用 do…while 语句解决"1+2+3+…+100"的问题。

```
#include "stdio.h"
main()
{    int i = 1,s = 0;
     do
     {    s = s + i;
          i++;
     } while (i < = 100);
     printf(" % d ",s);
}
```

5.2.3　for 语句

for 语句的一般形式为

for(表达式 1; 表达式 2; 表达式 3)
　　循环体语句;

其中,循环体语句可以是任意语句。三个表达式可以是任意类型,一般来说,表达式 1 用于给某些变量赋初值,表达式 2 用于说明循环条件,表达式 3 用于修正某些变量的值。

for 语句的执行过程如下。

（1）计算表达式 1,转（2）。

（2）计算表达式 2,若其值为非 0,转（3）;否则转（5）。

（3）执行循环体,转（4）。

（4）计算表达式 3,转（2）。

（5）退出循环,执行循环体下面的语句。

其流程图见图 5.3。for 语句的特点：先判断表达式，后执行循环体。

【例 5.4】　用 for 语句解决"1＋2＋3＋…＋100"的问题。

```
# include "stdio.h"
main()
{   int i,s = 0;
    for(i = 1;i <= 100;i++)
        s = s + i;
    printf("% d",s);
}
```

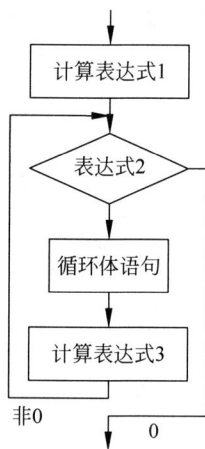

图 5.3　for 循环流程图

注：for 语句中的表达式 1 可以省略，挪到上面去，表达式 3 可以省略，挪到下面来，如下形式：i＝1；for(；i＜＝100；){ s＋s＋i；i＋＋；}。这种形式显然和 while 语句很相似。最后，表达式 2 也可以省略，表达式 2 省略表示 for 语句的判定条件永远为真。如上面的程序可以改成如下。

```
# include "stdio.h"
main()
{   int i = 1,s = 0;
    for(;;)
    {   s = s + i;
        i++;
        if(i > 100) break;
    }
}
```

5.2.4　循环的应用

【例 5.5】　输入若干名学生的某门课程成绩，求总成绩和平均成绩。

凡是题目没有明确说明是几个学生，均需要约定何种条件停止循环，一般取一个非法数作为结束条件，本例采用输入负数成绩作为停止循环的条件。

```
# include "stdio.h"
main()
{   int s,sum,n;
    float average;
    n = 0;
    sum = 0;
    scanf("% d",&s);              //接收用户输入的一个成绩
    while(s >= 0)                 //当成绩大于或等于零时,进行循环
    {   sum = sum + s;            //累加
        n++;                      //计数
        scanf("% d",&s);
    }
    average = sum/(float)n;
    printf("sum = % d,average = % f\n",sum,average);
}
```

【例 5.6】　输入一正整数，计算并显示该整数的各位数字之和。例如，整数 1987 各位

数字之和是 $1+9+8+7=25$。

```c
#include "stdio.h"
main()
{   long i,sum;
    int k;
    scanf("%ld",&i);
    sum = 0;
    while(i!= 0)
    {   k = i%10;
        sum = sum + k;
        i = i/10;
    }
    printf("\nsume is %d",sum);
}
```

【例 5.7】 用 for 语句解决 $1-\dfrac{1}{2}+\dfrac{1}{3}-\dfrac{1}{4}+\cdots+\dfrac{1}{n}$ 的问题。

```c
#include "stdio.h"
main()
{   int i,n;
    float sum,t = 1.0;
    scanf("%d",&n);              //接收用户输入的一个整数
    for(i = 1,sum = 0.0;i <= n;i++)   //循环
    {   sum = sum + t/i;          //累加
        t = - t;
    }
    printf("sum = %f\n",sum);
}
```

5.3 循环的嵌套

循环语句的循环体中又包含循环语句,这种结构称为循环语句的嵌套。三种循环语句都可以互相嵌套,并且可以嵌套多层。

【例 5.8】 循环嵌套举例。

```c
#include "stdio.h"
main()
{   int i,j,s = 0;
    for(i = 1;i <= 10;i++)
    for(j = 1;j <= 10;j++)
        s++;
    printf("s = %d\n",s);
}
```

程序运行结果为

s = 100

该程序是一个双重循环,外循环为 for(i=1; i<=10; 1++),要重复执行 10 次,内循环为 for(j=1; j<=10; j++),也要重复执行 10 次。

由于 s 的初始值为零,而只要执行一次 s++语句,则 s 的值就加 1,因此,s 的值就是

s++被执行的次数。循环嵌套最内层的语句 s++；被执行的次数就是两个循环语句循环次数的乘积,即 10 乘以 10,故是 100。

而此时的 i 和 j 的值,在执行完循环语句后分别为 11。循环语句中的循环控制变量的值,一般都是使循环不再进行的下一个值。

【例 5.9】 输出如下九九乘法表。

```
1*1=1
1*2=2  2*2=4
1*3=3  2*3=6    3*3=9
1*4=4  2*4=8    3*4=12  4*4=16
1*5=5  2*5=10   3*5=15  4*5=20   5*5=25
1*6=6  2*6=12   3*6=18  4*6=24   5*6=30   6*6=36
1*7=7  2*7=14   3*7=21  4*7=28   5*7=35   6*7=42   7*7=49
1*8=8  2*8=16   3*8=24  4*8=32   5*8=40   6*8=48   7*8=56   8*8=64
1*9=9  2*9=18   3*9=27  4*9=36   5*9=45   6*9=54   7*9=63   8*9=72  9*9=81
#include "stdio.h"
main()
{    int i,j;
    for(i=1;i<=9;i++)
    {    for(j=1;j<=i;j++)
            printf("%d*%d=%-4d",j,i,i*j);
        printf("\n");
    }
}
```

该程序是一个双重循环,外循环为 for(i=1; i<=9; i++){…},外循环体重复执行 9 次,每次循环 i 的值分别为 1、2、3、4、5、6、7、8、9。外循环体的最后一部分为打印一个换行符,由此可以断定该程序打印了 9 行,第一行打印的 i 值均为 1,第二行打印的 i 值均为 2,第三行打印的 i 值均为 3,…,第九行打印的 i 值均为 9。内循环为 for(j=1; j<=i; j++){…},内循环体为"打印 j,i,i*j"。第 i 次外循环,内循环体循环 i 次,每次循环打印一次,但不换行。内循环结束后,执行打印操作,完成换行。

每一次外循环,内循环要由始至终循环一遍。双重循环是从外循环开始,于外循环结束。内循环完全嵌套在外循环内。

5.4 控制转移语句

5.4.1 break 语句

break 语句的一般形式为

break;

break 语句的功能:用于 switch 语句时,退出 switch 语句,程序转至 switch 语句下面的语句;用于循环语句时,退出包含它的循环体,程序转至循环体下面的语句。

【例 5.10】 判断输入的正整数是否为素数,如果是素数,输出 Yes,否则输出 No。

```
#include "stdio.h"
main()
```

```
{    int m,i;
     scanf("%d",&m);
     for(i=2;i<=m-1;i++)
         if(m%i==0)break;
     if(i>=m)printf("Yes");
     else  printf("No");
}
```

5.4.2 continue 语句

continue 语句的一般形式为

continue;

continue 语句的功能：结束本次循环，跳过循环体中尚未执行的部分，进行下一次是否执行循环的判断。在 while 语句和 do…while 语句中，continue 把程序控制转到 while 后面的表达式处，在 for 语句中 continue 把程序控制转到表达式 3 处。

【例 5.11】 输出 100～200 中不能被 7 整除的数。

```
#include "stdio.h"
main()
{    int n;
     for(n=100;n<=200;n++)
     {    if (n%7==0) continue;
          printf("%d\n",n);
     }
}
```

5.5 上机实践

1. 上机实践的目的要求

（1）掌握 while 语句和 do…while 语句、for 语句。
（2）掌握三种循环语句的应用算法。
（3）掌握编译预处理命令的使用。

2. 上机实践内容

（1）求 1!+2!+3!+…+50!。

```
#include "stdio.h"
main()
{    double sum=0.0,t=1.0;
     int i;
     for(i=1;i<=50;i++)
     {    t=t*i;sum=sum+t;}
     printf("sum=%le\n",sum);
}
```

程序运行结果为

sum = 3.103505e + 064

注意：for(i＝1；i＜＝50；i＋＋)循环控制 i 从 1 到 50，t＝t＊i 的功能是求各个数的阶乘，而 sum＝sum＋t 实现各个阶乘的累加。

（2）求 $1+\dfrac{1}{3!}+\dfrac{1}{5!}+\dfrac{1}{7!}+\cdots+\dfrac{1}{21!}$。

```
# include "stdio.h"
main()
{   double sum = 0.0,t = 1.0;
    int i;
    for(i = 1;i < = 21;i++)
    {   t = t * i;
        if(i % 2)sum = sum + 1.0/t;
    }
    printf("sum = % lf\n",sum);
}
```

程序运行结果为

sum = 1.175201

注意：for(i＝1；i＜＝50；i＋＋)控制 i 的取值范围，sum 是奇数倒数的累加，要定义成 double 类型。i%2 的功能是判断 i 是否是奇数。

（3）请列出所有的个位数是 6，且能被 3 整除的两位数。

```
# include "stdio.h"
main()
{   int i;
    for(i = 10;i < = 99;i++)          //i 在 10～99,步长为 1
        if(i % 10 == 6&&i % 3 == 0)   //如果 i 的个位数是 6,且 i 能被 3 整除
    printf(" % 3d",i);
}
```

程序运行结果为

36 66 96

两位的十进制数是 10～99，从这些数中找出个位数是 6，且能被 3 整除的数，就是对 10～99 的每个数都要进行判断，一个也不能少，这属于穷举类型题。

（4）打印 100～200 所有的素数，并统计个数。

```
# include "stdio.h"
main()
{   int m,i,n = 0;
    for(m = 100;m < = 200;m++)
    {   for(i = 2;i < = m - 1;i++)
            if(m % i == 0)break;
        if(i > = m)
            printf(" % d,",m),n++;
    }
    printf("\n\n % d\n",n);
}
```

这个程序是双重循环，外循环控制 m 从 100 到 200，内循环判定 m 是否是素数。

（5）求出 Fibonacci 数列的前 20 项。Fibonacci 数列可以用数学上的递推公式来表示。

```
//F1 = 1
//F2 = 1
//Fn = Fn-1 + Fn-2    (n≥3)
# include "stdio.h"
main()
{   int j,f1,f2;
    f1 = 1;f2 = 1;
    printf("\n%10d%10d",f1,f2);          //输出序列的前两个值
    for(j = 2;j <= 10;j++)                //从3到20循环
    {   f1 = f1 + f2;                     //求最新的数列值覆盖f1
        f2 = f2 + f1;                     //求第二新的数列值覆盖f2
        printf("%10d%10d",f1,f2);        //输出f1和f2
        if(j % 2 == 0)
        printf("\n");                     //每输出4个数字换行
    }
}
```

程序运行结果为

1	1	2	3
5	8	13	21
34	55	89	144
233	377	610	987
1597	2584	4181	6765

（6）输入 10 个学生的某课程成绩，输出最高成绩、最低成绩、不及格人数、优良率。

```
# include "stdio.h"
main()
{   int max,min;
    int s,i,n60 = 0,n80 = 0;
    float yl;
    scanf("%d",&s);
    max = min = s;
    if(s < 60)n60++;
    if(s >= 80)n80++;
    for(i = 1;i < 10;i++)
    {   scanf("%d",&s);
        if(s < 60)n60++;
        if(s >= 80)n80++;
        if(s > max)max = s;
        if(s < min)min = s;
    }
    yl = n80/10.0 * 100.0;
    printf("max = %d,min = %d,不及格人数：%d, 优良率：%f%%\n",max,min,n60,yl);
}
```

（7）译密码。为了使电文保密，往往按一定规律将其转换成密码，收报人再按约定的规律将其译回原文。例如，A→E，B→F，a→e 等，将"China!"转换为"Glmre!"。

```
# include "stdio.h"
main()
{   char c;
    while((c = getchar())!= '\n')
```

```
{   if((c>='a'&&c<='z')||(c>='A'&&c<='Z'))
    c=c+4;
    if(c>'Z'&&c<='Z'+4)
    c=c-26;
    printf("%c",c);
}
}
```

习题

一、选择题

1. 若有定义"int x=5,y=4;"则下列语句中错误的是(　　　)。

　　A. while(x=y) 5;　　　　　　　　　　B. do x++ while(x==10);

　　C. while(0);　　　　　　　　　　　　D. do 2;while(x==y);

2. 程序的输出结果为(　　　)。

```
#include "stdio.h"
main()
{   int i,j;
    for(i=1;i<=3;i++)
    for(j=10;j>1;j-=4);
    printf("%d",i*j);
}
```

　　A. 30　　　　　　　B. 10　　　　　　　C. -8　　　　　　　D. -4;

3. 设"int i;",则语句"for(i=0；i<=20；i++) if(i%3) break;"的循环次数是(　　　)。

　　A. 1　　　　　　　B. 2　　　　　　　C. 3　　　　　　　D. 4

4. 以下语句的输出结果为(　　　)。

```
for(i=1;i<=10;i++)
{   if(i%3||i%2==0)continue;
    printf("%d",i);
}
```

　　A. 123　　　　　　B. 3456789　　　　　C. 39　　　　　　　D. 36

5. 设i=10,则执行循环"while(i-->5);"后 i 的值为(　　　)。

　　A. 1　　　　　　　B. 2　　　　　　　C. 3　　　　　　　D. 4

6. 执行语句"for(n=1；++n<5；) printf("%d",n);"后,程序输出结果为(　　　)。

　　A. 123　　　　　　B. 234　　　　　　C. 345　　　　　　D. 456

7. 程序的输出结果为(　　　)。

```
#include "stdio.h"
main()
{   int i;
    float sum;
    for(sum=1.0,i=1;i<5;i++)
        sum += 1/i;
```

```
        printf("% f",sum);
}
```

A. 1   B. 2   C. 2.0   D. 3.083333

8. 程序的输出结果为(　　)。

```
#include "stdio.h"
main()
{   int i,j,k,t = 0;
    for(i = 1;i < 5;i++)
    for(j = 1;j <= 3;j += 2)
    for(k = 10;k > - 2;k -= 4)
        t++;
    printf("% d",t);
}
```

A. 12   B. 24   C. 36   D. 48

9. 若有定义"int x,y;",则循环语句"for(x=0,y=0;(y!=123)||(x<4);x++);"
的循环次数为(　　)。

A. 无限次   B. 不确定次   C. 4 次   D. 3 次

10. 若有定义"int a=1,b=10;",执行下列程序段后,b 的值为(　　)。

```
do {b -= a;a++;}while(b-- < 0);
```

A. 9   B. −2   C. −1   D. 8

11. 与 for(　;0;　)等价的为(　　)。

A. while(1)   B. while(0)   C. break   D. continue

二、程序分析题

1. 以下程序的输出结果是(　　)。

```
#include "stdio.h"
main()
{   int i,sum;
    for(i = 10,sum = 3;i >= - 3;i--)
        sum += i;
    printf("% d\n",sum);
}
```

2. 以下程序的输出结果是(　　)。

```
#include "stdio.h"
main()
{   int a,b;
    for(a = 1,b = 1;a < 100;a++)
    {   if(b > 20) break;
        if(b % 3 == 1)
        {   b += 3;
            continue;
        }
    b -= 5;
    }
    printf("% d\n",b);
}
```

3. 以下程序的输出结果是(　　)。

```c
# include "stdio.h"
main()
{   int n = 3748,a;
    a = n % 10;
    printf(" % d",a);
    n/ = 10;
    while(n)
    {   a = n % 10;
        printf(" % d",a);
        n/ = 10;
    }
}
```

4. 以下程序的输出结果是(　　)。

```c
# include "stdio.h"
main()
{   int n = 50,i,sum = 10;
    i = 1;
    while(sum < n)
    {   sum += i;i++;   }
        printf(" % d",sum);
}
```

5. 以下程序的输出结果是(　　)。

```c
# include "stdio.h"
main()
{   int n = 10,i,sum = 10;
    i = 1;
    do
    {   sum += i;
        i++;
    }while(sum < n);
    printf(" % d",i);
}
```

6. 以下程序的输出结果是(　　)。

```c
# include "stdio.h"
main()
{   int i,sum = 0;
    for(i = 20;i > = - 3;i -= 5)
        sum += i;
    printf("sum = % d,i = % d",sum,i);
}
```

7. 以下程序的输出结果是(　　)。

```c
# include "stdio.h"
main()
{   int i,sum = 0;
    for(i = 1;i < 10;i++)
        if(i % 2)sum += i;
    printf("sum = % d,i = % d",sum,i);
}
```

8. 以下程序的输出结果是( )。

```
# include "stdio.h"
main()
{    int i,t = 1;
    for(i = 1;i < = 6;i++)
        if(i % 3)t * = i;
    printf("t = % d,i = % d",t,i);
}
```

9. 以下程序的输出结果是( )。

```
# include "stdio.h"
main()
{    int i,t = 1;
    for(i = 1;i < = 6;i++)
        if(i % 2 == 0)t * = i;
    printf("t = % d,i = % d",t,i);
}
```

10. 以下程序的输出结果是( )。

```
# include "stdio.h"
main()
{    int i,t = 1;
    for(i = 10;i > = 6;i -= 2)
        if(i % 3!= 2)t * = i;
    printf("t = % d,i = % d",t,i);
}
```

11. 以下程序的输出结果是( )。

```
# include "stdio.h"
main()
{    int x = 23;
    do
    { printf(" % d",x -- );
    }while(!x);
}
```

三、填空题

1. 本程序实现判断 m 是否为素数,如果是素数输出 1,否则输出 0。

```
# include "stdio.h"
main()
{    int m,i,y = 1;
    scanf(" % d",&m);
    for(i = 2;i < = m/2;i++)
    if(_____)
    {    y = 0;
        break;
    }
    printf(" % d\n",y);
}
```

2. 下列程序的功能是输出 1～100 能被 7 整除的所有整数。

```
# include "stdio. h"
main()
{    int i;
     for(i = 1;i < = 100;i++)
     { if(i % 7)
     _____;
     printf(" % 5d",i);
     }
}
```

3. 输入若干字符数据,分别统计其中 A,B,C 的个数。

```
# include "stdio. h"
main()
{    char c;
     int k1 = 0,k2 = 0,k3 = 0;
     while((c = getchar())!= '\n')
     {    _____
         {   case 'A': k1++;break;
             case 'B': k2++;break;
             case 'C': k3++;break;
         }
     }
     printf("A = % d,B = % d,C = % d\n",k1,k2,k3);
}
```

4. 下面程序的功能是从键盘输入若干学生的成绩,统计并输出最高成绩和最低成绩,当输入负数时结束输入。

```
# include "stdio. h"
main()
{    float x,max,min;
     scanf(" % f",&x);
     max = x;
     min = x;
     while( _____ )
     {    if( x > max) max = x;
          if ( x < min) min = x;
          scanf(" % f",&x);
     }
     printf("max = % f   min = % f\n",max,min);
}
```

四、程序设计题

1. 输入两个正整数,输出它们的最大公约数和最小公倍数。

2. 求 $S_n = a + aa + aaa + \cdots + aa \cdots a$(最后一项为 n 个 a)的值,其中 a 是一个数字。例如：$2 + 22 + 222 + 2222 + 22222$(此时 n＝5),n 的值从键盘输入。

3. 打印出所有的"水仙花数"。"水仙花数"是指一个三位数,其各位数的立方和等于该数本身。例如,$153 = 1^3 + 5^3 + 3^3$,则 153 是一个水仙花数。

4. 计算 $\sum\limits_{k=1}^{100} \dfrac{1}{k} + \sum\limits_{k=1}^{50} \dfrac{1}{k^2}$。

5. 编写程序按下列公式计算 e 的值(精度要求为 $<10^{-6}$)。

$$e = 1 + \frac{1}{1!} + \frac{1}{2!} + \frac{1}{3!} + \cdots + \frac{1}{n!}$$

6. 有一篮子苹果,两个一取余一,三个一取余二,四个一取余三,五个一取刚好不剩,问篮子中至少有多少个苹果?

7. 输入 10 个整数,统计并输出正数、负数和零的个数。

第6章

数组

输入 100 个学生的"C 程序设计"课程的成绩,将这 100 个分数从小到大输出。在程序设计中,数据都是存放在变量里才能进行操作的,那么这 100 个数如何存储?初学者可能会想象定义 100 个整型变量"int a1,a2,a3,…,a100;",这样要写 100 个变量,而且在程序设计中可不能用省略号!如果需要处理的成绩更多,那又如何操作呢?更何况仔细想想如何对这 100 个成绩排序呢?如果是 1000 个、10 000 个数据呢?看来用简单变量是解决不了的,因此,引入数组这个概念。

6.1 一维数组

6.1.1 一维数组的定义

一维数组定义的一般形式为:

类型标识符　数组名[常量表达式];

其中,类型标识符表示数组的数据类型,即数组存放的数据类型,可以是任意数据类型,如整型、实型、字符型等。常量表达式可以是整型,其值表示数组存放数据的个数,即数组长度。数组名要遵循标识符的命名规则。

例如:int a[10];

定义了一个一维数组,数组名为 a,数据类型为整型,数组中可以存放 10 个整型数据。组成数组的每个数据称为数组的元素。

例如,上述定义的数组 a 中有 10 个元素 a[0]、a[1]、a[2]、a[3]、a[4]、a[5]、a[6]、a[7]、a[8]、a[9]。

说明:

(1) 不允许对数组的大小做动态定义。例如,下面对数组的定义是错误的。

int n = 10,a[n];

(2) 数组元素的下标从 0 开始。例如,数组 a 中的数组元素是 a[0]~a[9]。

(3) C 语言对数组元素的下标不做越界检查。数组 a 中虽然不存在数组元素 a[10],但在程序中使用并不做错误处理,所以在使用数组元素时要特别小心。

(4) 数组在内存分配到的存储空间是连续的,数组元素按其下标递增的顺序依次占用相应字节的内存单元。数组所占字节数为 sizeof(类型标识符)×数组长度。例如,数组 a 占用连续 20B 存储空间,为其分配的内存见图 6.1。

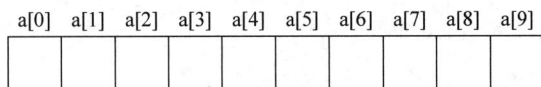

a[0]	a[1]	a[2]	a[3]	a[4]	a[5]	a[6]	a[7]	a[8]	a[9]

图 6.1　一维数组内存分配

(5) 一条语句可以同时定义多个数组,还可以同时定义数组和变量,例如:

float a[10],b[20],c,d;

6.1.2　一维数组元素的引用

一维数组元素的下标表示形式为:

数组名[表达式]

其中,表达式的类型任意,一般为算术表达式,其值为数组元素的下标。用下标法引用数组元素时,数组元素的使用与同类型的普通变量相同。

若有定义"int a[10],i=3;",则下列对数组元素的引用都是正确的。

```
a[i]              //表示 a[3]
a[++i]            //表示 a[4]
a[3*2]            //下标为 6 的数组元素
```

【例 6.1】　建立一个数组,数组元素 a[0]~a[9]的值为 0~9,然后按逆序输出。

```
#include "stdio.h"
main()
{    int i,a[10];
     for(i=0;i<=9;i++) a[i]=i;
     for(i=9;i>=0;i--) printf("%3d",a[i]);
}
```

6.1.3　一维数组的初始化

1. 全部元素初始化

在对全部数组元素初始化时,可以不指定数组长度。下面对数组 a 的初始化是等价的。

```
int a[10]={0,1,2,3,4,5,6,7,8,9};
int a[ ]={0,1,2,3,4,5,6,7,8,9};
```

a[0]~a[9]的值分别为 0,1,2,3,4,5,6,7,8,9。

2. 部分元素初始化

对数组元素部分初始化时,数组的长度不能省略,并且是按照下标顺序把初始值依次赋值给前面的元素,没有被赋值的数组元素,数值型数组时值为 0,字符型数组时值为'\0'。例如,"int a[10]={1,2};",a[0]的值为 1,a[1]的值为 2,a[2]~a[9]的值都为 0。

【例 6.2】　已有 10 个整数,求它们当中的最小值。

```
#include "stdio.h"
```

```
main()
{    int i,m;
     int a[10] = {8,2,4,6,7,1,0,85,32,54};
     m = a[0];
     for(i = 1;i < 10;i++)
         if(a[i]< m)m = a[i];
     printf("min = % d\n",m);
}
```

6.1.4 一维数组应用举例

【例6.3】 利用冒泡法,对数组中的6个元素按从小到大输出。

```
# include "stdio. h"
main()
{    int a[6] = {6,10,7,11,9,0};              //定义数组a同时赋初值
     int i,j,t;
     for(i = 0;i < 5;i++)                     //排序
        for(j = 0;j < 6 - i;j++)
          if(a[j]> a[j + 1])
            { t = a[j];a[j] = a[j + 1];a[j + 1] = t; }
     printf("排序后的数据是:\n");
     for(i = 0;i < = 5;i++)                   //输出排好序的数组元素
         printf(" % 4d",a[i]);
     printf("\n");
}
```

程序运行结果为

```
0,6,7,9,10,11
```

程序中使用了一维数组存放要排序的数据,排序的结果仍存放在该数组中。定义一个整型数组 a 后,在内存中开辟 6 个连续的内存单元,用于存放数组 a 的 6 个元素的值,数组元素由数组名和下标唯一确定,数组 a 的 6 个元素在内存中的值如图 6.2 所示。

a[0]	a[1]	a[2]	a[3]	a[4]	a[5]
6	10	7	11	9	0

图 6.2　数组元素的存储

在程序中使用数组,可以让一批类型相同的变量使用同一个数组变量名,用下标来相互区分,其优点是表达简洁,便于使用循环结构。

下面介绍冒泡法排序的思想:将相邻两个数进行比较,小数放在前面,大数放在后面,排序的算法步骤如下。

(1) 将第 1 个数和第 2 个数进行比较,如果第 1 个数大于第 2 个数,则将两数交换,否则不变。用相同的方法处理第 2 个数和第 3 个数,第 3 个数和第 4 个数,…,第 $n-1$ 个数和第 n 个数。这样可将最大数放在最后。

(2) 除最后一个数外,前面 $n-1$ 个数按步骤(1)的方法,将次大数放在倒数第二的位置。

(3) 按照步骤(2)每次减少一个元素,重复步骤(1) $n-1$ 遍后,最后完成递增序列的排序。

排列过程如图 6.3 所示。在图 6.3 中共有 6 个数,第一次将第 1 个数 6 与第 2 个数 10 进行比较,6 比 10 小,不需交换;第二次将 10 与 7 进行比较,10 比 7 大,两数交换位置;第

三次将 10 与 11 进行比较……如此进行 5 次比较,将最大数"沉底",最小数上升浮起。然后对余下的前 5 个数继续进行第二轮比较,得到次最大数。如此进行,共经过 5 轮比较,使 6 个数按由小到大的顺序排列。在比较过程中第一轮经过了 5 次比较,第二轮经过了 4 次比较……第五轮经过了 1 次比较。如果需要对 n 个数进行排序,则要进行 n−1 轮的比较,每轮分别要经过 n−1,n−2,n−3,…,1 次比较。

	原始数据	第1次	第2次	第3次	第4次	第5次
a[0]	6	6	6	6	6	6
a[1]	10	10	7	7	7	7
a[2]	7	7	10	10	10	10
a[3]	11	11	11	11	9	9
a[4]	9	9	9	9	11	0
a[5]	0	0	0	0	0	11

第一轮比较

	原始数据	第1次	第2次	第3次	第4次
a[0]	6	6	6	6	6
a[1]	7	7	7	7	7
a[2]	10	10	10	9	9
a[3]	9	9	9	10	0
a[4]	0	0	0	0	10

第二轮比较

	原始数据	第1次	第2次	第3次
a[0]	6	6	6	6
a[1]	7	7	7	7
a[2]	9	9	9	0
a[3]	0	0	0	9

第三轮比较

	原始数据	第1次	第2次
a[0]	6	6	6
a[1]	7	7	0
a[2]	0	0	7

第四轮比较

	原始数据	第1次
a[0]	6	0
a[1]	0	6

第五轮比较

图 6.3 冒泡法数组元素排序过程

【例 6.4】 利用冒泡法,对任意个数的数组排序。

```
#define N 10
#include "stdio.h"
main()
{   int a[N],i,j,t;
```

```
    for(i = 0;i < N;i++)
        scanf(" % d",&a[i]);
    for(i = 0;i < N - 1;i++)
        for(j = 0;j < N - 1 - i;j++)
            if(a[j]> a[j + 1])
            { t = a[j];a[j] = a[j + 1];a[j + 1] = t; }
    for(i = 0;i < N;i++)
        printf(" % 3d",a[i]);
}
```

【例 6.5】　用数组来处理 Fibonacci 数列。

```
# include "stdio. h"
main()
{    int i;
     int f[20] = {1,1};
     for(i = 2;i < 20;i++)
         f[i] = f[i - 2] + f[i - 1];
     for(i = 0;i < 20;i++)
     {    if(i % 5 == 0)printf("\n");
          printf(" % 10d",f[i]);
     }
}
```

程序运行结果为

```
    1           1          2          3          5
    8          13         21         34         55
   89         144        233        377        610
  987        1597       2584       4181       6765
```

6.2　二维数组

6.2.1　二维数组的定义

二维数组定义的一般形式为

类型标识符 数组名[常量表达式 1][常量表达式 2];

其中,常量表达式 1 的值是行数,常量表达式 2 的值是列数。

例如:int a[3][4];

定义了一个整型的二维数组,数组名为 a,行数为 3,列数为 4,共有 12 个元素,分别为 a[0][0],a[0][1],a[0][2],a[0][3],a[1][0],a[1][1],a[1][2],a[1][3],a[2][0],a[2][1], a[2][2],a[2][3]。

C 语言中,对二维数组的存储是按行存放的,即按行的顺序依次存放在连续的内存单元中。例如,二维数组 a 的存储顺序如图 6.4 所示。

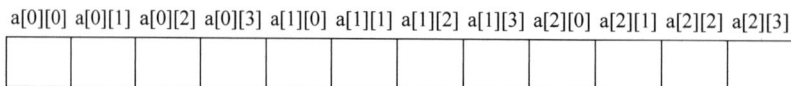

a[0][0] a[0][1] a[0][2] a[0][3] a[1][0] a[1][1] a[1][2] a[1][3] a[2][0] a[2][1] a[2][2] a[2][3]

图 6.4　二维数组 a 的存储顺序

　　C 语言对二维数组的处理方法是将其分解成多个一维数组。如图 6.5 所示可以加强读者对二维数组的理解。

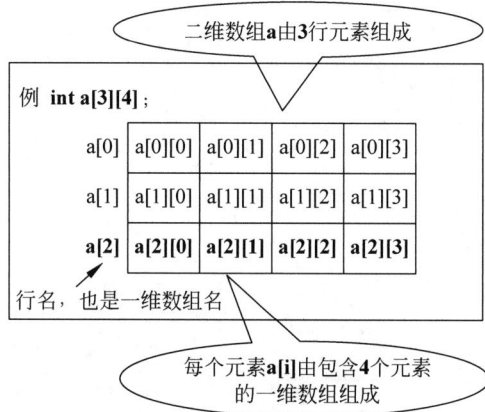

图 6.5　二维数组的组成

　　在二维数组中,a[0]、a[1]、a[2]组成的一维数组在内存中并不存在,它们只是表示相应行的首地址。

6.2.2　二维数组的初始化

1. 全部元素初始化

　　全部元素初始化时,第一维的长度即行数可以省略,第二维的长度即列数不能省略。初始值可以用花括号分行赋初值,也可以整体赋初值。

　　例如,下列初始化是等价的。

```
int a[3][4] = {{1,2,3,4},{5,6,7,8},{9,10,11,12}};
int a[ ][4] = {{1,2,3,4},{5,6,7,8},{9,10,11,12}};
int a[ ][4] = {1,2,3,4,5,6,7,8,9,10,11,12};
```

2. 部分元素初始化

　　部分元素初始化时,若省略第一维的长度,必须用花括号分行赋初值。没初始化的元素,数值型数组时值为 0,字符型数组时值为'\0'。

　　例如,下列初始化是等价的。

```
int a[3][4] = {1,2,3,4,0,5};
int a[3][4] = {{1,2,3,4},{0,5}};
int a[ ][4] = {{1,2,3,4},{0,5},{0}};
```

6.2.3　二维数组应用举例

　　二维数组元素的下标表示形式为

数组名[表达式1][表达式2]

其中,表达式 1 和表达式 2 的类型任意,一般为算术表达式。表达式 1 的值是行标,表达式

2 的值是列标。

【例 6.6】 找出 3×4 矩阵中最大的数,并输出其行号和列号。

```c
# include "stdio. h"
main()
{    int i, j, row = 0, col = 0, max ;
     int a[3][4] = {{5,2,0,9},{3,7,12,6},{10,4,1,8}};
     max = a[0][0];
     for(i = 0; i < 3; i++)
        for(j = 0; j < 4; j++)
           if(a[i][j] > max)
           {   max = a[i][j];
               row = i;
               col = j;
           }
     printf("max = % d\n", max);
     printf("max = a[ % d][ % d]\n", row, col);
}
```

C 语言支持多维数组,最常见的是二维数组,主要用于表示二维表和矩阵。

【例 6.7】 输出杨辉三角形的前 10 行。

分析:可以用二维数组 a 来存放数据,对数组中的每一个元素 a[i][j],若 j>i,则 a[i][j]的值不用;若 j==0 或 j==i,a[i][j]=1,否则 a[i][j]=a[i-1][j]+a[i-1][j-1]。

```c
# define N 10
# include "stdio. h"
main()
{    int i, j, a[N][N];
     for(i = 0; i < N; i++)
     for(j = 0; j <= i; j++)
     if(j == 0 || j == i) a[i][j] = 1;
     else a[i][j] = a[i - 1][j] + a[i - 1][j - 1];
     for(i = 0; i < 10; i++)
     {   for(j = 0; j <= i; j++)
             printf(" % 4d", a[i][j]);
         printf("\n");
     }
}
```

运行结果为

```
1
1
1   2   1
1   3   3   1
1   4   6   4   1
1   5   10  10   5    1
1   6   15  20  15    6   1
1   7   21  35  35   21   7   1
1   8   28  56  70   56  28   8   1
1   9   36  84 126  126  84  36   9  1
```

6.3 字符数组

字符数组就是类型为 char 的数组,同其他类型的数组一样,字符数组既可以是一维的,也可以是多维的。

字符串指若干有效字符的序列,可以包括字母、数字、转义字符等,字符串用'\0'作为结束标志,如字符串常量"China\0"。在 C 语言中没有字符串变量,字符串的存储使用字符数组。字符数组就是用来存放字符数据的数组。在字符数组中,每个元素只能存放一个字符。

6.3.1 字符数组的定义

一维字符型数组定义的一般形式为

char 数组名[常量表达式];

例如:char str[6];
字符数组 str 有 6 个元素,分别为 str[0],str[1],str[2],str[3],str[4],str[5]。
字符数组中的一个元素存放一个字符,如字符数组 str 只能存放 6 个字符。
二维字符型数组定义的一般形式为

char 数组名[常量表达式 1][常量表达式 2];

例如:char b[3][4];
由于字符型、整型是互相通用的,因此也可以改写为

int b[3][4];

6.3.2 字符数组的初始化

有两种方法对字符数组进行初始化。

1. 逐个字符赋值,对数组元素赋值,与数值数组相同

例如:char a[5] = {'0','1','2','3','4'};   //将 5 个字符分别赋给 a[0]~a[4]5 个元素
再如:char b[5] = {'0','1','2'};   //将 3 个字符分别赋给 b[0]~b[2],其余元素是'\0'
同样,可以定义和初始化二维字符数组。例如:

char a[2][3] = {{'0','1','2'},{'3','4','5'}};
char b[ ][3] = {{'0','1','2'},{'3','4','5'}};

2. 用字符串为字符数组赋初值

例如(以下三种方式等价):

char ch[6] = {"Hello"};
char ch[6] = "Hello";
char ch[ ] = "Hello";

再如：

```
char s1[5] = { 'C', 'h', 'i', 'n', 'a' };
char s2[10] = { 'C', 'h', 'i', 'n', 'a' };   等价于:char s2[10] = "China";
char s3[ ] = {'C', 'h', 'i', 'n', 'a', '\0' };   等价于:char s3[ ] = "China";
```

注意：

（1）作为字符串进行存储时，字符串与字符数组的长度可以不等，系统自动加'\0'作为结束标志。

（2）不能写成 char s1[5] = "China"；用字符串作初值时，数组的长度应足够大以便能容纳全部字符和'\0'。

（3）也不能写成 char s1[80],s2[80]；s1= "China"；s2=s1；因为数组名是地址，是个常量，不能被赋值。

6.3.3　字符数组的输入和输出

字符串的输出可以使用 printf()用%c 依次输出字符串中的每个字符，用%s 一次输出整个字符串，用 puts()完成字符串的输出。

字符串的输入可以使用 scanf()的%s 整体输入字符串，gets()完成字符串的输入。

1．用%c 依次输出字符串中的每个字符

```
# include "stdio.h"
# include "string.h"
main()
{    int i;
     char s[80] = "China";
     for(i = 0;s[i]!= '\0';i++)
         printf(" % c",s[i]);
}
```

2．用%s 一次输出整个字符串，遇到'\0'结束

```
# include "stdio.h"
# include "string.h"
main()
{    char s1[80] = "C Language",s2[80] = "Program";
     printf(" % s",s1);
     printf(" % s",s2);
}
```

运行结果为：C LanguageProgram

3．使用 puts()函数一次输出整个字符串

puts()的功能：将一个以'\0'为结束符的字符串输出到终端(一般指显示器)，并将'\0'转换为回车换行。一次只输出一个字符串。

```
# include "stdio.h"
# include "string.h"
```

```
main()
{    char s1[80] = "C Language";
     puts(s1);
     puts("Programe");
}
```

运行结果为

```
C Language
Programe
```

4. 使用 scanf()的%s 整体输入字符串,以空格或按 Enter 键结束

```
# include "stdio.h"
# include "string.h"
main()
{    char st[15];
     scanf("%s",st);
     printf("%s\n",st);
}
```

第一次运行程序:

```
China ↙
China
```

再次运行程序:

```
this is a book ↙
this
```

注意:字符串不能包括空格。

5. 使用 gets()函数输入字符串,只以按 Enter 键结束输入

gets()的功能是从终端(一般指键盘)输入一个字符串,存放到以参数字符串指针为起始地址的内存单元。返回值是字符串在内存中存放的起始地址。

```
# include "stdio.h"
# include "string.h"
main()
{    char st[15];
     gets(st);
     printf("%s\n",st);
}
```

第一次运行程序:

```
China ↙
China
```

再次运行程序:

```
this is a book ↙
this is a book
```

6. scanf()的%s 与 gets()函数的区别

使用 scanf()的%s 整体输入,以空格或按 Enter 键结束。

使用 gets() 函数，只以按 Enter 键结束输入。

6.3.4　常用字符串处理函数

字符串运算函数的使用：♯include < string. h >。

1. 求一个字符串的实际长度函数：strlen()

格式：`strlen(字符数组名)`

```
# include "stdio. h"
# include "string. h"
main()
{    int m,n ,i;
     char st[80] = "C language";
     m = strlen(st);
     n = sizeof(st);
     printf("m is % d\nn is % d\n",m,n);
     for(i = 0;i < m;i++)
       printf(" % c",st[i]);
  }
```

程序的运行结果：

```
m is 10
n is 80
C language
```

2. 字符串复制函数：strcpy()

格式：`strcpy (s1,s2)`

```
# include "stdio. h"
# include "string. h"
main()
{   char s1[80];
    strcpy(s1,"C Language");
    puts(s1);
    strcpy(&s1[1],&s1[2]);
    puts(s1);
    strcpy(s1,"China");
    puts(s1);
}
```

程序的运行结果：

```
C Language
CLanguage
China
```

3. 字符串连接函数：strcat()

格式：`strcat (s1,s2);`
功能：把 s2 所指的字符串(包括串结束标志'\0')连接到 s1 所指的字符串的有效字符

后面。s1 要足够大,即从 s1 所指的字符串的结束标志'\0'处存放 s2 所指的字符串。

```
# include "stdio.h"
# include "string.h"
main()
{    char s1[30] = "My name is ",s2[10] = "Wang";
     strcat(s1,s2);
     puts(s1);
     puts(s2);
}
```

运行结果:

```
My name is Wang
Wang
```

4. 两个字符串的比较函数:strcmp()

格式:strcmp(s1,s2)

功能:比较 s1 和 s2 所指的两个字符串的大小。

若字符串 s1＝s2,函数返回值为 0。

若字符串 s1＞s2,函数返回值为正数。

若字符串 s1＜s2,函数返回值为负数。

字符串比较的规则:比较两个字符串中从左到右依次对应字符的 ASCII 码值。

```
char s[80] = "IBM";
int n;
if(strcmp(s, " COMPUTER ")> 0)   n = 1;
if(strcmp(s, " COMPUTER ") == 0) n = 0;
if(strcmp(s, " COMPUTER ")< 0)   n = - 1;
```

【例 6.8】 有三个字符串,找出其中最大者。

```
# include "stdio.h"
# include "string.h"
main()
{    char string[20],str[3][20];
     int i;
     for(i = 0;i < 3;i++)   gets(str[i]);
     if(strcmp(str[0],str[1])> 0)strcpy(string,str[0]);
     else strcpy(string,str[1]);
     if(strcmp(str[2],string)> 0)strcpy(string,str[2]);
     printf("\nThe largest string is:\n % s\n",string);
}
```

6.4 上机实践

1. 上机实践的目的要求

(1)掌握一维数组的定义及使用。

(2)掌握结构体变量的定义。

(3)掌握 C 语言函数的定义。

（4）掌握 C 语言指针的定义及使用。

2. 上机实践内容

编写程序，输入 10 个学生某课程的成绩，求平均分和最高分。

```
#include "stdio.h"
#define N 10
main()
{    int i,a[N],max;
     float avg = 0;
     for(i = 0;i < N;i++)                    //将成绩循环读入到数组 a 中
         scanf("%d",&a[i]);
     max = a[0];
     for(i = 0;i < N;i++)
     {    avg = avg + a[i];
          if(a[i]> max)max = a[i];
     }
     avg = avg/N;
     printf("%5d,%.2f",max,avg);
}
```

习题

一、选择题

1. 能对一维数组正确初始化的语句是（　　　）。
    A. int a[6]={6};
    B. int a[6]={1…3};
    C. int a[6]={ };
    D. int a[6]=(0,0,0);
2. 下列能正确定义一维数组 a 的语句是（　　）。
    A. int a(10);
    B. int n=10,a[n];
    C. int n;　　scanf("%d",&n);
    D. #define N 10
        int a[n];
        　　　　　　　　　　　　int a[N];
3. 有定义语句"int a[10];"，则下列对 a 中数组元素正确引用的是（　　　）。
    A. a[10/2−5]　　　　B. a[10]　　　　C. a[4.5]　　　　D. a(10)
4. 有定义语句"char array[]="China";"，则数组 array 所占用的空间为（　　　）。
    A. 4B　　　　　　B. 5B　　　　　　C. 6B　　　　　　D. 7B
5. 合法的数组定义语句是（　　）。
    A. int a[]="string";
    B. int a[5]={0,1,2,3,4,5};
    C. char a="string";
    D. char a[]="string";
6. 有定义语句"int a[5],i;"，输入数组 a 的所有元素的语句应为（　　）。
    A. scanf("%d%d%d%d%d",a[5]);
    B. scanf("%d",a);
    C. for(i=0;i<5;i++)　scanf("%d",&a[i]);

D. for(i＝0；i＜5；i＋＋)　scanf("％d",a[i]);

7. 以下能正确定义二维数组的语句为(　　)。

    A. int a[][];   B. int a[][4];

    C. int a[3][];   D. int a[3][4];

8. 有数组定义"int a[3][4];",则对 a 中数组元素的引用正确的是(　　)。

    A. a[3][1]   B. a[2,1]   C. a[3][4]   D. a[3−1][4−4]

9. 下列对字符数组 s 的初始化不正确的是(　　)。

    A. char s[5]="abc";   B. char s[5]={'a','b','c','d','e'};

    C. char s[5]="abcde";   D. char s[ ]= "abcde";

10. 判断字符串 s1 与 s2 是否相等,应当使用的语句是(　　)。

    A. if(s1＝＝s2)   B. if(s1＝＝s2)

    C. if(s1[ ]=s2[ ])   D. if (strcmp(s1,s2)＝＝0)

11. 下列程序段的运行结果为(　　)。

```
char s[ ] = "ab\0cd";  printf("％s",s);
```

    A. ab0   B. ab   C. abcd   D. ab cd

二、程序分析题

1. 以下程序的输出结果是(　　)。

```
# include "stdio. h"
main()
{   int a[3][3] = {{1,2},{3,4},{5,6}};
    int i,j,s = 0;
    for(i = 0;i < 3;i++)
      for(j = 0;j <= i;j++)
        s += a[i][j];
    printf("％d\n",s);
}
```

2. 以下程序的输出结果是(　　)。

```
# include "stdio. h"
main()
{   int i,c;
    char num[ ][5] = { "CDEF","ACBD"};
    for(i = 0;i < 4;i++)
    {   c = num[0][i] + num[1][i] − 2 * 'A';
        printf("％3d",c);
    }
}
```

3. 以下程序的输出结果是(　　)。

```
# include "stdio. h"
main()
{   char a[ ] = "*****";
    int i,j,k;
    for(i = 0;i < 5;i++)
    {   printf("\n");
```

```
        for(j = 0;j < i;j++) printf(" % c",' ');
        for(k = 0;k < 5;k++) printf(" % c",a[k]);
    }
}
```

三、程序设计题

1. 输入 10 个整型数并存入一维数组,求出输出值和下标都为奇数的元素个数。

2. 有 5 个学生,每个学生有 4 门课程,将有不及格课程的学生成绩输出。

3. 从键盘上输入一个字符串,统计字符串中的字符个数。不允许使用求字符串长度函数 strlen()。

4. 从给定数组中删除一个指定元素,该元素的值为 13。

5. 输入一行字符,统计其中有多少个单词,单词之间用空格分隔开。

第7章

函数

解决复杂问题时,通常会把一个大的问题分解为若干小问题,小问题再进一步分解成更小的问题,这就是程序的模块化设计思想。而整个问题的编程对于 C 语言来讲,就是每个模块可以对应一个函数,用 main() 函数调用解决问题的小函数,而这些函数又可以调用解决问题的更小的函数。可以说 C 程序的全部工作都是由各种各样的函数完成的,C 语言也称为函数式语言。由于采用了函数模块式的结构,C 语言易于实现结构化程序设计,使程序的层次结构清晰,便于程序的编写、阅读和调试。

7.1 函数的概念

模块化程序设计的基本思想是将一个大的程序按功能分割成一些小模块。各模块相对独立、功能单一、结构清晰、接口简单。这样可以控制程序设计的复杂性,缩短开发周期,避免程序开发的重复劳动,易于维护和功能扩充。开发方法是自上向下、逐步分解、分而治之。

C 是模块化程序设计语言。C 程序中必须有且只能有一个名为 main 的主函数,C 程序的执行总是从 main() 函数开始,在 main() 中结束。C 程序结构如图 7.1 所示。

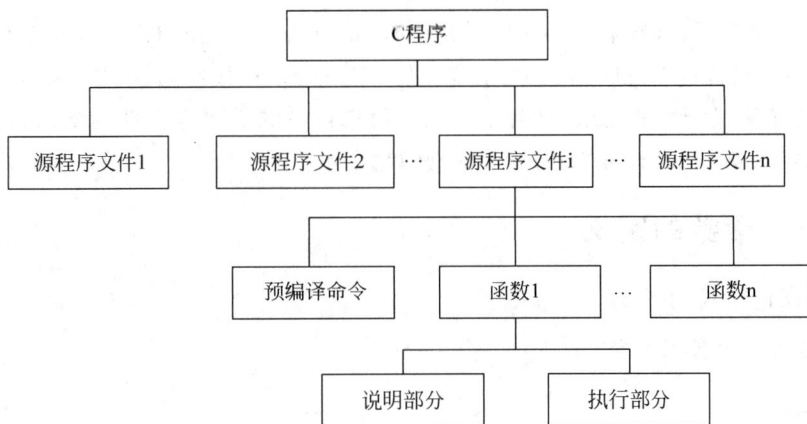

图 7.1 C 程序结构

【例 7.1】 C 程序的组成。

```c
# include "stdio.h"
printstar()                                    //定义 pirntstar()函数
{   printf("* * * * * * * * * * *\n");
}
```

```
printmessage()                                 //定义 printmessage()函数
{   printf("How are you!\n");
}
main()
{   printstar();                               //调用 printstar()函数
    printmessage();                            //调用 printmessage()函数
    printf(" *  *  *  *  *  *  *  *  *  *\n");  //调用 printf()函数
}
```

程序运行结果为

```
 *  *  *  *  *  *  *  *  *  *
How are you!
 *  *  *  *  *  *  *  *  *  *
```

本例题程序由三个函数组成：主函数 main()、printstar()和 printmessage()。其中，printstar()和 printmessage()都是用户定义的函数，分别用来输出一行星号和一行信息；printf()是系统提供的库函数。由上面的例题可以看出：

（1）一个 C 程序文件由一个或多个函数组成。一个 C 程序文件是一个编译单位，即以文件为单位进行编译，而不是以函数为单位进行编译。

（2）C 程序的执行总是从主函数 main()开始，完成对其他函数的调用后再返回到主函数 main()，最后由主函数 main()结束整个程序。一个 C 源程序必须有也只能有一个主函数 main()。

（3）所有函数都是平行的，即在定义函数时是互相独立的，一个函数并不从属于另一函数，即函数不能嵌套定义，但可以嵌套调用，还可以自己调用自己，但不能调用 main()函数。

7.2　函数的定义和调用

从用户的角度看，函数有两种：系统库函数（即标准函数）和用户自定义函数。前面使用的 printf()函数就是系统库函数，由系统提供，用户可以直接使用它们。库函数虽然有很多，但不能完全满足用户的需求，这时就要根据用户自身的需要定义新的函数，这样的函数就是用户自定义函数，如前面的 printstar()函数。

7.2.1　函数的定义

函数定义的格式如下。

```
类型标识符 函数名(形式参数表)
{
    函数体
}
```

说明：

（1）"类型标识符"说明了函数返回值（即函数值）的类型，它可以是前面章节介绍的各种数据类型。若函数无返回值，则函数的类型为"void"；若函数值类型为整型（int）时，可以省略，也就是说，函数类型默认是整型。

（2）"函数名"是函数存在的标识符，要符合标识符命名的规定，不能与系统关键字同名。

（3）"形式参数表"用于指明函数调用时，调用函数传递给该函数的数据类型和数据个数。形式参数表中的参数可以有多个，相邻参数间用逗号","间隔；若没有参数则形式参数表为空或用"void"表示，但函数名后"（）"必须存在，例如：

```
void Hello()
{    printf ("Hello,world \n");
}
```

Hello()函数是一个无参函数，当被其他函数调用时，输出 Hello world 字符串。

（4）形式参数表中的每个参数都必须进行类型定义，格式是：

类型 1　参数 1,类型 2　参数 2,…

其放在"（）"内，或者放在函数名下面。

（5）"函数体"就是函数的功能。由若干语句组成，包括说明语句和可执行语句；函数体中可以没有语句，但花括号不可以省略。

（6）函数不允许嵌套定义。即在一个函数的函数体内不能再定义另一个函数。

（7）一个函数的定义，可以放在程序中的任意位置，主函数 main()之前或之后。

【例 7.2】　定义一个求最大值的函数。

例如，有参函数定义（现代风格）：

```
int max( int x, int y)
{       int z;
        z = x > y?x:y;
        return(z);
}
```

例如，有参函数定义（传统风格）：

```
int max(x, y)
int x;
int y;
{       int z;
        z = x > y?x:y;
        return(z);
}
```

例如，错误的有参函数定义：

```
int max( int x, y)                        //因为每个形参都需要单独定义
{       int z;
        z = x > y?x:y;
        return(z);
}
```

7.2.2　函数的调用

【例 7.3】　通过函数调用，从键盘输入两个数，求它们的和。

```
# include "stdio. h"
main()
{    int a,b,c;
```

```
        int sum(int x,int y);                //函数声明
        scanf("%d,%d",&a,&b);                //输入两个数 a、b
        c = sum(a,b);                        //调用函数，返回值赋给 c
        printf("sum = %d\n.",c);             //输出结果和
}
int sum(int x,int y)                         //定义一个求和函数
{   int z;
    z = x + y;                               //求和
    return z;                                //返回结果
}
```

程序运行结果为

输入　6,9↙
输出　sum = 15

以例题 7.3 为例，分析一下函数的调用过程：在 main()主函数中，当程序运行到 c = sum(a,b)语句时，暂停主函数的运行，调用 sum()函数；将实参 a 和 b 的值传递给形参 x 和 y，如图 7.2 所示；并执行 sum()函数中的语句，执行到最后一句 return z 时，结束函数调用；带着函数的返回值 z，返回到 main()主函数中调它的地方；再从先前暂停的位置继续执行将返回值赋给变量 c，输出和。

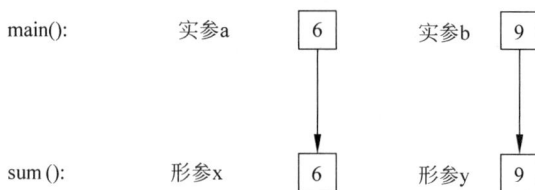

图 7.2　例 7.3 中的参数传递

如果是调用无参函数，则实际参数表可以没有，但括号不能省略，如 printstar()。在函数定义时出现的是形式参数表（形参），而调用时出现的是实际参数表（实参），正确理解它们的区别是非常重要的。

1. 函数的形参与实参

函数的参数分为形参和实参两种。形参出现在函数定义中，在整个函数体内都可以使用，离开该函数则形参不能使用。实参出现在主调函数中，进入被调函数后，实参也不能使用。形参和实参的功能是实现数据传递。在发生函数调用时，主调函数把实参的值传递给被调函数的形参，从而实现主调函数向被调函数的数据传递。

函数的形参和实参具有以下特点。

（1）实参可以是常量、变量、表达式、函数等。无论实参是何种类型，在进行函数调用时，它们都必须具有确定的值，以便把这些值传递给形参。因此，应预先用赋值、输入等办法，使实参获得确定的值。

（2）形参只有在被调用时才分配内存单元；调用结束时，即刻释放所分配的内存单元。因此，形参只有在该函数内有效。调用结束返回到主调用函数后，则不能再使用形参变量。

（3）实参对形参的数据传递是单向的，即只能把实参的值传递给形参，而不能把形参的值反向地传递给实参。

（4）实参和形参占用不同的内存单元，即使同名也互不影响。

（5）在调用时函数的实参和对应的形参个数和类型必须一致。

函数调用时把实参的值单向传递给形参——单向值传递，这时形参的改变不影响实参，实参与形参分别占用自己的内存单元；被调函数调用结束后，实参仍保留并维持原值，形参单元被释放。函数参数值的其他传递方式将在 7.2.4 节讲述。

2．函数调用的方式

按函数调用在程序中出现的位置来分，有以下三种调用方式。

（1）函数语句。

把函数调用作为一个语句。例如，"printf（"%d",a）；scanf（"%d",&b）；"，这时一般不要求函数返回值，只要求函数完成一定的操作。

（2）函数表达式。

函数调用出现在一个表达式中，这种表达式称为函数表达式。这时要求函数返回一个确定的值以参加表达式的运算。例如：

c = sum(a,b)

函数 sum()是表达式的一部分，把函数的返回值赋给 c。

（3）函数实参。

函数调用作为另一个函数调用的实参。这种情况是把该函数的返回值作为实参进行传递，因此要求该函数必须是有返回值的函数。例如，sum（sum（a,b），c）。

【例 7.4】 把例 7.3 改成求三个数的和。

```
# include "stdio.h"
sum (int x,int y)                       //x、y 是形参
{    return x + y;                      //将 z 的值作为函数 sum()的值
}
main()
{    int a,b,c,d;
     scanf("%d,%d,%d",&a,&b,&c);
     d = sum(sum (a, b),c);             //求 a、b、c 的和
     printf("sum = %d\n",d);
}
```

主函数中语句"d=sum(sum（a,b），c)；"的执行方式为：先调用一次函数 sum(a,b)求 a 和 b 的和，将调用的返回值作为实参，再次调用该函数，最后该函数返回值就是三个数的和。本程序中函数 sum()被调用了两次。

3．函数的返回值与函数类型

函数的返回值（函数值）是指函数被调用之后，执行被调函数体中的程序段所取得的并返回给主调函数的值。函数的返回值是通过函数中的 return 语句获得的。return 语句有以下两种格式。

格式 1：

return (表达式)；

或

```
return 表达式;
```

先求解表达式的值,再返回其值。一般情况下,表达式的类型与函数类型一致,如果不一致,以函数类型为准。

格式 2:

```
return;
```

功能是从被调用函数返回到主调函数的调用点,无返回值或者返回一个不确定的值。

这里 return 语句有两个作用:一是结束函数的执行;二是带着运算结果返回主调函数。

【例 7.5】 通过函数调用,从键盘输入两个整型数据,求它们的平均值。

```
# include "stdio.h"
main()
{   float avg(int x,int y);                 //对函数 avg()的原型声明
    int a = 3,b = 4;
    printf("avg = %.2f\n.",avg(a,b));
}
float avg(int x,int y)
{   return(x + y)/2;
}
```

程序运行结果为

```
avg = 3.00.
```

为什么程序的结果不是 3.5 呢? 函数值的类型以定义为准。

【例 7.6】 定义一个判断奇偶数的函数,偶数时值是 1,奇数时值是 0。

```
int even(int n)
{   if(n % 2 == 0) return 1;
    else      return 0;
}
```

函数中出现了两个 return 语句,执行时根据条件选择其中的一个,它们的作用相同,即结束函数的运行,并回送结果。

【例 7.7】 说明 void 关键字的作用。

```
void f1()
{   printf("hello!\n.")
}
main()
{   int a;
    a = f1();                           //编译出错,应改为 f1();
}
```

函数 f1()定义为空类型,在主函数中使用语句 a=f1();是错误的。因为函数 f1()没有返回值,不能在主调函数中使用被调函数的函数值。为了使程序有良好的可读性并减少出错,凡不要求返回值的函数都应定义为空类型 void。

7.2.3　函数的原型声明

在一个函数中调用另一个函数(即被调用函数)需要具备哪些条件呢?

(1) 首先被调用函数必须是已经存在的函数。

(2) 如果调用的是库函数,应该在本程序开头用♯include命令将调用有关库函数时所用到的信息包含到本程序中,如♯include"stdio.h"。

(3) 如果调用的是自己定义的函数,而且该函数与调用它的函数(即主调函数)在同一个文件中,应该在主调函数中对被调用函数进行"原型声明"。函数原型声明有以下两种形式。

① 类型标识符 函数名(参数类型1,参数类型2,…);
② 类型标识符 函数名(参数类型1 参数1,参数类型2 参数2,…);

例如:

```
int sum(int, int) ;
int sum(int x, int y) ;
```

C语言规定,以下几种情况可以不用在主调函数中对被调用函数进行声明。

(1) 如果被调用函数的函数值是整型或字符型,可以不必进行声明。

(2) 如果被调用函数的定义出现在主调函数之前,可以不必进行声明,因为编译是从上向下扫描的。

(3) 如果已在所有函数定义之前(在程序的开头),在函数的外部进行了函数声明,则在各个函数中不必对所调用的函数再进行声明。

(4) 对库函数的调用不需要再声明,但必须把该函数的头文件用♯include命令包含在程序头部。

7.2.4　函数的参数传递

函数调用时实参与形参的传递方式有两种:值传递方式和地址传递方式。

1. 值传递方式

前面已经介绍过这种方式——单向值传递。这种方式的特点是:形参是函数中的局部变量。实参可以是常量、变量、函数、数组元素或表达式。

在函数调用时,值传递方式只是把实参的值传递给形参,实参与形参占用不同的内存单元;调用结束后,实参仍保留并维持原值,形参单元被释放。在调用过程中,形参的改变并不影响实参。

数组元素作实参,采用的也是单向值传递方式。

【例7.8】　通过函数调用交换两个变量的值。

```
♯include "stdio.h"
void swap(int x,int y)                    //将参数声明为值传递方式
{   int temp;
    temp = x;x = y;y = temp;
    printf("x = % d,y = % d\n",x,y);
```

```
}
main()
{    int a = 3,b = 5;
     swap(a,b);                                    //调用函数 swap()
     printf("a = % d,b = % d",a,b);
}
```

程序运行结果为

```
x = 5,y = 3
a = 3,b = 5
```

函数调用时,函数 swap()中的形参 x、y 在接收了实参 a、b 的值后,经过运算发生了交换,由于形参和实参分别占用自己的存储空间,所以实参 a、b 的值在调用前后并没有发生改变。若形参和实参同名,也不会相互影响,因为它们是不同的变量。

数组元素作为函数实参时,参数的传递方式与普通变量是完全相同的,在发生函数调用时,把作为实参的数组元素的值传递给形参,实现单向值传递,例 7.9 说明了这种情况。

【例 7.9】 判断一个整数数组中各元素的值,若大于 0 则输出该值,若小于或等于 0 则输出 0。

```
♯ include "stdio. h"
void fun(int n)
{    if(n > 0)
         printf(" % d ",n);
     else
         printf(" % d ",0);
}
main()
{    int a[5],i;
     for(i = 0;i < 5;i++)
     {    scanf(" % d",&a[i]);
          fun(a[i]);                              //数组元素作为函数实参
     }
}
```

程序运行结果为

```
输入   1 2 - 3 4 - 5↙
输出   1 2   0 4   0
```

程序中首先定义了一个无返回值函数 fun(),并定义其形参 n 为整型变量。在函数体中根据 n 值输出相应的结果;在 main()函数中用一个 for 语句输入数组各元素,每输入一个就以该元素作实参调用一次 fun()函数,即把 a[i]的值传递给形参 n,供 fun()函数使用。

用数组元素作实参时,只要数组类型和函数的形参类型一致即可,并不要求函数的形参也是下标变量。换句话说,对数组元素的处理是按普通变量对待的。

2. 地址传递方式

把实参地址传递给形参——地址传递方式,这种方式的特点是:形参是数组或指针(指针将在第 9 章中介绍)。实参要求是数组名。

用数组名作函数参数,参数的传递就是地址传递。因为数组名代表了数组的起始地址,所以是把数组的起始地址传递给了形参数组,实际上是形参数组和实参数组为同一数组,共同使用一段内存空间,被调用函数中对形参数组的操作其实就是对实参数组的操作,它能影响实参数组的元素值,即形参的改变影响实参。

值传递与地址传递的区别主要是看传递的是参数的值还是参数的地址。

【例 7.10】 用冒泡法对数组中 10 个整数按由小到大的顺序排序。

```c
# include "stdio.h"
void sort(int b[10])                        //将参数声明为地址传递方式
{   int i,j,t;
    for(j = 0;j < 9;j++)
    for(i = 0;i < 9 - j;i++)
    if(b[i] > b[i + 1])
    { t = b[i];b[i] = b[i + 1];b[i + 1] = t; }
}
main()
{   int a[10],i;
    for(i = 0;i < 10;i++)
    scanf("% d",&a[i]);
    sort(a);                                //实参 a 必须是数组名
    for(i = 0;i < 10;i++)
    printf("% d ",a[i]);
}
```

程序运行结果为

输入　　1 2 3 5 4 6 8 7 10 9↙
输出　　1 2 3 4 5 6 7 8 9 10

从以上例题程序可以得到:

(1)用数组名作函数参数,应该在主调函数和被调用函数中分别定义数组,例7.10 中 b 是形参数组名,a 是实参数组名,分别在其所在函数中定义,不能只在一方定义。

(2)实参数组与形参数组类型应一致,如不一致,结果将出错。

(3)实参数组和形参数组大小可以一致也可以不一致,C 编译对形参数组大小不做检查,只是将实参数组的首地址传给形参数组,两个数组共占同一段内存单元。

(4)形参数组也可以不指定大小(动态数组),在定义数组时在数组名后面跟一个空的方括号,为了在被调用函数中处理数组元素的需要,可以另设一个参数,传递数组元素的个数。

【例 7.11】 动态数组的使用。输入学生几门课的成绩,求平均分。

```c
# define M 5
# include "stdio.h"
float comput(int st[],int n);               //计算平均分 comput()函数的声明
main()
{   int i,stu[M];
    float avg;
    for(i = 0;i < M;i++)
        scanf("% d",&stu[i]);
    avg = comput(stu,M);
    printf("avg = % .2f",avg);
}
float comput(int st[],int n)                //函数定义,动态数组 st 作为函数形参
```

```
{    int i,sum = 0;
     float avg;
     for(i = 0;i < n;i++)
         sum = sum + st[i];
     avg = (float)sum/n;
     return avg;
}
```

在函数 comput() 中的形参定义中使用了动态数组,在函数调用参数传递时,动态数组的长度由实参数组长度而定(长度相同),只是在形参中增加一个传递数组元素个数的参数,增加参数传递的灵活性。

可以用多维数组名作为实参和形参,在被调用函数中对形参数组定义时可以指定每一维的大小,也可以省略第一维的大小说明。

【例 7.12】 有一个 3×4 的矩阵,求其中的最大元素。

```
//用多维数组名作实参和形参
#include "stdio.h"
max(int array[ ][4])
{    int i,j,k,max;
     max = array[0][0];
     for(i = 0;i < 3;i++)
     for(j = 0;j < 4;j++)
     if(array[i][j]> max) max = array[i][j];
     return(max);
}
main()
{    static int a[3][4] = {{1,3,5,7},{2,4,6,8},{15,17,34,12}};
     printf("max is % d.\n",max(a));
}
```

程序运行结果为

```
max is 34.
```

以上例题程序中,用二维数组名 array 作为函数的形参,在函数调用时实参也必须是数组名,实参数组 a 把数组的起始地址传递给形参,在调用期间形参和实参共用一段存储空间。

7.2.5　函数的嵌套调用和递归调用

1. 函数的嵌套调用

函数的嵌套调用就是一个函数在被调用时,该函数又调用了其他函数。C 语言允许嵌套调用,但不允许嵌套定义。

【例 7.13】 函数的嵌套调用。

```
#include "stdio.h"
void f2()                                        //定义 f2()函数
{    printf("22222222\n");
}
void f1()
{    printf("11111111\n");
```

```
        f2();                                  //调用 f2()函数
}
main()
{   f1();                                      //调用 f1()函数
    printf("33333333\n ");
}
```

程序运行结果为

```
11111111
22222222
33333333
```

C 语言不能嵌套定义函数,但可以嵌套调用函数。

图 7.3 是一个两层嵌套调用的示例,即 main()函数调用 f1()函数,f1()函数调用 f2()函数,执行的顺序如图中数字所示。嵌套调用的执行原则是:要先执行完被调用函数,才能返回到函数调用点的下一条语句继续执行。

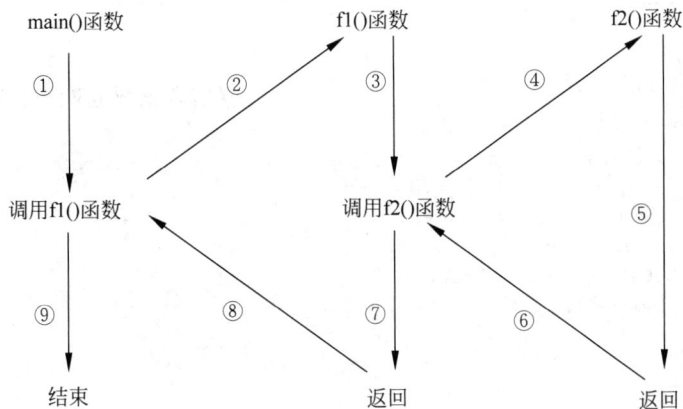

图 7.3　嵌套调用示例

【例 7.14】　设计有 5 个学生三门课的成绩,首先输入成绩,然后计算学生平均分,最后输出结果。可以运用嵌套调用和菜单方式设计程序。

本例题共包含 5 个函数,它们的调用关系如图 7.4 所示。

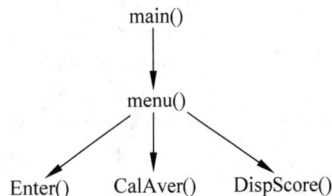

图 7.4　学生成绩计算函数调用结构

//学生成绩计算程序,1:输入学生的姓名和成绩,2:计算平均成绩,3:输出成绩

程序如下。

```
# include "stdio. h"
# include "stdlib. h"
# define M 3
# define N 4

int Enter(char name[M][20],float score[M][N]);      //函数声明
void DispScore(char name[ ][20],float score[ ][N]);  //函数声明
void CalAver(float score[ ][N]);                     //函数声明
int menu( int sel);
```

```c
char name[M][20];
float score[M][N];                          //函数声明

main()                                      //主函数定义,主要输出菜单
{   int sel;
    for(;;)                                 //死循环,通过 break 语句结束循环
    {   printf(" ********* MENU ************ \n\n");
        printf("    1. Enter new record\n");
        printf("    2. Browse all record\n");
        printf("    3. comput average\n");
        printf("    4. Quit\n");
        printf(" ************************** \n");
        printf("\n Enter you choice(1~4):");  //提示输入选项
        scanf(" % d",&sel);                  //输入选择项
        if(sel < 0||sel > 4)                 //选择项不为 1~4 则重新输入
            break;
         else
           menu(sel);
    }
 }
menu(int sel)                               //菜单函数定义,主要调用其他子函数
{   //char name[M][20];
    //float score[M][N];
    switch(sel)
        { case 1:Enter(name,score);break;
          case 2:DispScore(name,score);break;
          case 3:CalAver(score);break;
          case 4:exit(0);
        }
    return 0;
 }
int Enter(char name[M][20],float score[M][N])   //输入数据函数定义
{   int i,j;
    for(i = 0;i < M;i++)
    {   printf("Student % d name:",i + 1);
        scanf(" % s",name[i]);
        printf("Student % d 4 scores:",i + 1);
        for(j = 0;j < N;j++)
            scanf(" % f",&score[i][j]);
    }
    return 0;
  }
void DispScore(char name[ ][20],float score[ ][N])   //输出数据函数定义
{   int i,j;
    for(i = 0;i < M;i++)
    {   printf(" % s",name[i]);
        for(j = 0;j < N;j++)
            printf(" % 8.2f",score[i][j]);
        printf("\n ");
    }
}
void CalAver(float score[ ][N])             //计算平均分函数定义
{   float sum,aver;
    int i,j;
```

```
for(i = 0;i < N;i++)
{    sum = 0;
     for(j = 0;j < M;j++)
          sum = sum + score[j][i];
     aver = sum/M;
     printf("Average score of course % d is % 8.2f ",i + 1,aver);
}
}
```

2．函数的递归调用

一个函数除了可以调用其他函数外，C语言还支持函数直接或间接地调用自己，这就是函数的递归调用，带有递归调用的函数也称为递归函数。

【例7.15】 用递归计算n!。

```
# include "stdio. h"
long pow(int n)
{    if(n == 1) return 1;                    //递归结束条件
     else return n * pow(n - 1);             //pow()递归调用自己
}
main()
{    int n;
     long y;
     scanf(" % d",&n);
     y = pow(n);
     printf(" % d!= % ld\n",n,y);
}
```

求n!有两种方法：递推法和递归法。

使用循环解决的是递推法：

```
for(i - 1,pow - 1,i <= n;i++) pow - pow * i;
```

例7.15中使用的是递归法。

下面分析一下上面例题程序的执行过程，设n的值是3。

首先主函数main()在语句y＝pow(n)中对函数pow()开始进行第一次调用，由于实参n＝3，进入函数pow后，形参n＝3，不等于1，因此应该执行3 * pow(2)。

为了计算pow(2)，将引起对函数pow()的第二次递归调用，重新进入函数，形参n＝2，不等于1，应该执行2 * pow(1)。

为了计算pow(1)，将引起对函数pow()的第三次递归调用，重新进入函数，形参n＝1，满足递归终止条件，执行语句return 1;返回调用点（即回到第二次调用层）执行2 * pow(1)＝2 * 1＝2，完成第二次调用，返回结果pow(2)＝2，返回到第一次调用层；接着执行3 * pow(2)＝3 * 2＝6，最后返回主函数。

以上递归调用的执行和返回过程可用图7.5表示。

从图7.5可以看出，递归调用实际上是一种特殊的嵌套调用，特殊在每次嵌套调用的是同一个函数，但每次调用时，给出的参数n不同，好像是同一个函数做不同的事情。例如，第一次调用的形参n＝3，第二次调用的形参n＝2，第三次调用的形参n＝1。虽然每次调用的是同一个函数，但处理的数据不同。递归的返回与嵌套调用的返回类似，也是逐层返回。

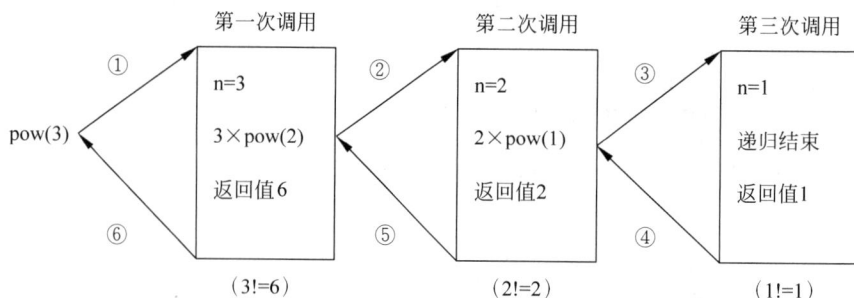

图 7.5   例 7.11 的函数调用过程

图 7.5 中的数字序号表明了该递归调用的进入和返回次序。

递归调用的过程可分为如下两个阶段。

第一个阶段称为"递推"：将原问题不断地分解为新问题，逐渐地从未知的方向向已知的方向推测，最终达到递归结束条件，这时递推阶段结束。

第二个阶段称为"回归"：从递归结束条件出发，按照递推的逆过程，逐一求值回归，最后到达递推的开始处，结束回归阶段，完成递归调用。

使用递归编程有两个关键：一是递归出口，即递归结束的条件，到何时不再递归下去；二是递归的表达式，如 pow(n)=n * pow(n−1)。

使用递归的方法编写的程序简洁清晰，但程序执行起来在时间和空间上开销较大，这是因为递归的过程中占用较多的内存单元存放"递推"的中间结果。

7.3 变量的作用域和存储类别

变量的作用域是指变量能被使用的程序范围。根据变量定义的位置不同，其作用域也不同，据此将 C 语言中的变量分为局部变量和全局变量。

7.3.1 局部变量和全局变量

1. 局部变量

在一个函数体内定义的变量是局部变量(包括形参)，它的作用域是定义它的函数，也就是说，只有该函数才能使用它定义的局部变量，其他函数不能使用这些变量。所以局部变量也称为"内部变量"。至此前面程序中用到的变量定义全都是在函数体的内部，全都是局部变量。局部变量可以避免各个函数之间的变量相互干扰，尤其是同名变量。

C 语言还允许在复合语句内定义作用域是复合语句的局部变量，它只限于复合语句内。

【例 7.16】 复合语句内的局部变量的作用域。

```
# include "stdio. h"
main()
{    int x,y,z;                              //main()内的局部变量 x、y、z
     x = 1;
     y = ++x;
     z = ++y;
```

```
    {   int x = 3, y = 4;                        //复合语句内的局部变量 x、y
        printf("x = % d, y = % d, z = % d\n ", x, y, z);
        z++;
    }
    printf("x = % d, y = % d, z = % d\n ", x, y, z);
}
```

程序运行结果为

```
x = 3, y = 4, z = 3
x = 2, y = 3, z = 4
```

程序中定义了复合语句内的局部变量 x、y,它们的作用域是复合语句内,若和函数内的局部变量同名,在复合语句内的复合语句的局部变量优先。

关于局部变量的作用域还要说明以下几点。

(1) 主函数 main()中定义的局部变量,也只能在主函数中使用,其他函数不能使用。同时,主函数也不能使用其他函数中定义的局部变量。因为主函数也是一个函数,与其他函数是平行关系。

(2) 形参变量是局部变量,属于被调用函数;实参变量则是调用函数的局部变量。

(3) 允许在不同的函数中使用相同的变量名,它们代表不同的对象,分配不同的单元,互不干扰,也不会发生混淆。

(4) 在复合语句中也可定义变量,其作用域只在复合语句范围内。

2. 全局变量

为解决多个函数间的变量共用,C 语言允许定义全局变量。定义在函数体外而不属于任意函数的变量称为全局变量。其作用域是:从全局变量的定义位置开始,到本程序文件结束。全局变量可被作用域内的所有函数直接引用,所以全局变量又称为外部变量。全局变量不属于任何一个函数。

全局变量与局部变量的定义格式完全相同,只是定义位置不同。它既可以定义在程序的开头,也可以定义在两函数的中间或程序尾部,只要在函数外部即可。

全局变量可加强函数模块之间的数据联系,但是又使函数要依赖这些变量,因而使得函数的独立性降低。从模块化程序设计的观点来看这是不利的,因此在不必要时尽量不要使用全局变量。

【例 7.17】 全局变量的定义与说明。

```
# include "stdio. h"
int vs( int xl, int xw)
{   extern int xh ;                          //对全局变量 xh 的说明
    int v ;
    v = xl * xw * xh ;                       //直接使用全局变量 xh 的值
    return v ;
}
main()
{   extern int xw, xh ;                      //对全局变量的说明
    int xl = 5 ;                             //对局部变量的定义
    printf("xl = % d, xw = % d, xh = % d\nv = % d", xl, xw, xh, vs(xl, xw)) ;
```

```
}
int xl = 3, xw = 4, xh = 5 ;                        //对全局变量 xl、xw、xh 的定义
```

程序运行结果为

```
xl = 5, xw = 4, xh = 5
v = 100
```

程序中全局变量在最后定义,因此在前面函数中对要用的全局变量必须进行说明。全
局变量说明的一般形式为

extern　数据类型　全局变量[,全局变量2,…];

由于全局变量和局部变量作用域不同,允许它们同名。当两者同名时,在对应的函数中
全局变量不起作用。

【例 7.18】 全局变量与局部变量同名。

```
# include "stdio. h"
int y = 5;
void f1()
{    y = 10;                               //给全局变量 y 赋值,f1()中没有定义该变量
     printf("y = % d\n",y);
}
main()
{    int y = 3;                            //定义局部变量 y
     f1();
     printf("y = % d\n",y);               //输出的是 main()内的局部变量 y
}
```

程序运行结果为

```
y = 10
y = 3
```

在同一个程序文件中,全局变量 y 与 main()内的局部变量 y 同名,则在 main()内局部
变量优先。

7.3.2　变量的存储类别

从变量值存在的时间(即生存期)角度来分,可以分为静态存储和动态存储。静态存储
是指在程序运行期间分配固定的存储空间的方式。而动态存储则是在程序运行期间根据需
要进行动态的分配空间的方式。

先看一下内存中供用户使用的存储空间的情况,这个存储空间可分为以下三部分。

(1) 程序区(放代码)。

(2) 静态存储区(放数据)。

(3) 动态存储区(放数据)。

数据分别存放在静态存储区和动态存储区中。静态存储区用于存放静态型变量,这些
变量在程序编译阶段就已被分配内存并一次性地进行初始化了,以后不再进行变量的初始
化工作;动态存储区用于存放动态型变量,这些变量在函数调用阶段进行内存分配,函数调
用结束后将自动释放其所占用的内存空间。

静态存储区存放全局变量和局部静态变量(由 static 说明)。

在动态存储区中存放以下数据。

(1)函数形参变量。在调用函数时给形参变量分配存储空间。

(2)局部变量(未加上 static 说明的局部变量,即自动变量)

(3)函数调用时的现场保护和返回地址等。

在 C 语言中,对变量的存储类型说明有以下 4 种。

```
auto        自动变量
register    寄存器变量
extern      全局变量
static      静态变量
```

自动变量和寄存器变量属于动态存储方式,全局变量和静态变量属于静态存储方式。

1. 动态存储——自动变量

前面所讲的例题中函数定义的局部变量都是自动变量,只是省略了关键字 auto。当函数被调用时,自动变量临时被创建于动态存储区,函数执行完毕,自动撤销。自动变量的定义格式如下。

[auto] 数据类型 变量表;

关键字 auto 可以省略,若省略则默认为自动变量。例如:

int i,j,k; 等价于:auto int i,j,k;
char c; 等价于:auto char c;

自动变量的存储特点如下。

(1)函数被调用时分配存储空间,调用结束就释放。

(2)变量定义时不初始化,它的值是不确定的。

(3)由于自动变量的作用域和生存期都局限于定义它的函数内(或复合语句),因此不同的函数中允许使用同名的变量而不会混淆。即使在函数内定义的自动变量,也可与该函数局部的复合语句中定义的自动变量同名。

2. 静态存储——静态局部变量

如果希望局部变量的值在离开作用域后仍能保持,则将定义为静态局部变量。静态局部变量的定义格式如下。

static 数据类型 变量表;

静态局部变量的存储特点如下。

(1)静态局部变量属于静态存储。在程序执行过程中,即使所在函数调用结束也不释放。换句话说,在程序执行期间,静态局部变量始终存在。

(2)若定义时不初始化,初始值是 0,且每次调用它们所在的函数时,不再重新赋初值,只是保留上次调用结束时的值。

通过下面的例题了解静态局部变量的特点。

【例 7.19】 静态局部变量和动态局部变量的比较。

```c
# include "stdio.h"
int fun(int a)
{    static int c = 3;                    //定义静态局部变量 c
     auto int b = 0;                      //定义动态局部变量 b
     b = b + 1;
     c = c + 1;
     return (a + b + c);
}
main()
{    int a = 2, i;
     for(i = 0; i <= 2; i++)
     printf("%d   ", fun(a));
}
```

程序运行结果为

7   8   9

例 7.19 程序的执行过程是：在 main() 第一次调用函数 fun() 时，b＝0、c＝3，函数返回值是 a＋b＋c＝2＋1＋4＝7；由于变量 c 是静态局部变量，调用结束后并不释放仍可保留 4，而 b 是自动变量，调用结束后就释放了；第二次调用函数 fun() 时，b＝0、c＝4（上次调用结束时的值），函数返回值是 a＋b＋c＝2＋1＋5＝8；第三次调用函数 fun() 时，b＝0、c＝5（上次调用结束时的值），函数返回值是 a＋b＋c＝2＋1＋6＝9。

3. 寄存器存储——寄存器变量

一般情况下，变量的值都是存储在内存中的，为提高执行效率，C 语言允许将局部变量的值存放到寄存器中，这种变量就称为寄存器变量。定义格式如下。

register 数据类型 变量表;

例如：register int i;

【例 7.20】 求 1＋2＋3＋…＋1000。

```c
# include "stdio.h"
main()
{    register long i, s = 0;
     for(i = 1; i <= 1000; i++)
         s = s + i;
     printf("s = %ld\n", s);
}
```

程序运行结果为

s = 500500

本程序循环 1000 次，i 和 s 都将频繁使用，因此可定义为寄存器变量。

寄存器变量的存储特点如下。

(1) 只有动态局部变量才能定义成寄存器变量，即全局变量和静态局部变量不行。

(2) 允许使用的寄存器数目是有限的，不能定义任意多个寄存器变量。

全局变量属于静态存储方式。根据全局变量是否可以被其他程序文件中的函数使用，又把全局变量分为静态全局变量和非静态全局变量,使用 static 和 extern 关键字定义,当未对全局变量指定存储类别时,隐含为 extern 类别。

4. 静态全局变量

静态全局变量就是只允许被本程序文件中的函数访问,不允许被其他程序文件中的函数访问。定义格式为:

`static　数据类型　全局变量表;`

【例 7.21】　静态全局变量的作用域只是局限在定义它的文件中。

　　　　　f1.c　　　　　　　　　　　　　　f2.c

```
static int a = 2;
main()
{    sub();
     printf("% d",a);
}
```

```
extern int a;
void sub()
{    a = a + a;
 }
```

例 7.21 中,文件 f1.c 定义了静态全局变量 a,这就限制了 a 的作用域只是在 f1.c 内,即使在文件 f2.c 中加上对变量 a 的声明(extern int a;),也不能将 a 的作用域扩展到 f2.c 内,函数 sub 不能访问静态全局变量 a,本程序在编译时会报错。

5. 非静态全局变量

允许被本程序文件中的函数访问,也允许被其他程序文件中的函数访问的全局变量就是非静态全局变量。

定义时只要省略关键字 static 即可,全局变量隐含为 extern 类别。其他源文件中的函数访问非静态全局变量时,需要在访问函数所在的源程序文件中进行声明,格式为

`extern　数据类型　全局变量表;`

【例 7.22】　全局变量的作用域的扩展。

　　　　　f1.c　　　　　　　　　　　　　　f2.c

```
int a = 2;
main()
{    sub();
     printf("% d",a);
}
```

```
extern int a;
void sub()
{    a = a + a;
 }
```

例 7.22 中,文件 f1.c 定义了全局变量 a,a 的作用域是在 f1.c 内,但其他的程序文件也可以访问它,如在文件 f2.c 中加上对变量 a 的声明(extern int a;),将 a 的作用域扩展到 f2.c 内,函数 sub 能访问全局变量 a。

注意: 在函数内使用 extern 声明变量,表示访问本程序文件中的全局变量;而函数外(通常在文件开头)的 extern 声明变量,表示访问其他文件中的全局变量。

静态局部变量和静态全局变量同属静态存储方式,但两者区别较大。

(1) 定义的位置不同。静态局部变量在函数内定义,静态全局变量在函数外定义。

（2）作用域不同。静态局部变量属于局部变量，其作用域仅限于定义它的函数内；虽然生存期为整个源程序，但其他函数是不能使用它的。

静态全局变量在函数外定义，其作用域为定义它的源文件内；生存期为整个源程序，但其他源文件中的函数也是不能使用它的。

（3）初始化处理不同。静态局部变量，仅在第一次调用它所在的函数时被初始化，当再次调用定义它的函数时，不再初始化，而是保留上一次调用结束时的值。而静态全局变量是在函数外定义的，不存在静态局部变量的"重复"初始化问题，其当前值由最近一次给它赋值的操作决定。

7.4　内部函数和外部函数

一个 C 语言程序可以由多个程序文件组成，每个程序文件都可以包含若干函数，根据函数能否被其他程序文件调用，将函数区分为内部函数和外部函数。

7.4.1　内部函数

内部函数又称静态函数，只能被本程序文件中的其他函数调用，而不能被其他程序文件中的函数调用。定义时使用关键字 static，格式如下。

```
static 函数类型 函数名(形参表)
{      函数体      }
```

7.4.2　外部函数

外部函数就是可以被所有程序文件调用的函数。定义时使用关键字 extern，定义格式如下。

```
[extern]  函数类型  函数名(形参表)
{      函数体      }
```

函数的隐含类别为 extern 类别，所以本节之前定义的函数全都是外部函数。

外部函数是否可以被其他程序随便调用呢？还不行，因为函数也有一个作用域的问题，在前面章节中对被调用函数的原型声明，实际上就是扩展函数的作用域，要想被其他函数调用成功，还必须在其他程序文件中用函数原型对其进行声明。函数原型声明的格式如下。

```
[extern]  类型标识符  函数名(形参表);
```

7.4.3　多文件编译

大型的软件开发往往由多人进行，且源程序代码量非常大，为便于合作和管理，通常把源代码放在多个文件中，编译时分别进行，最后把目标文件连接成可执行文件。

但是一个 C 语言程序中只能有一个 main() 函数，程序的运行从 main() 函数开始，为了能调用写在其他文件模块中的函数，可以使用文件包含来解决。文件包含的格式如下。

```
#include"需要包含的文件名" 或 #include<需要包含的文件名>
```

7.5 上机实践

1. 上机实践的目的要求

（1）掌握函数的定义以及函数调用。

（2）掌握函数调用的两种参数传递形式的使用。

（3）掌握嵌套调用和递归调用。

（4）掌握全局变量和局部变量的使用。

（5）了解外部函数的使用。

2. 上机实践内容

（1）编程计算 $s = 1! + 2! + 3! + 4! + 5!$。

```c
# include "stdio. h"
long fun( int n)
{    long m = 1;
     int i;
     for( i = 1; i < = n; i++)
         m = m * i;
     return m;
}
main( )
{    int i;
     long s = 0;
     for( i = 1; i < = 5; i++)
         s = s + fun( i);
     printf("\ns = % ld\n", s);
}
```

程序运行结果为

s = 153

（2）编写函数计算某两个自然数之间所有自然数的和，主函数调用求 $1 \sim 50$、$50 \sim 100$ 的和。

```c
# include "stdio. h"
int fun( int a, int b)
{    int i;
     int sum = 0;
     for( i = a; i < = b; i++)
         sum += i;
     return sum;
}
main( )
{    printf(" % d\n", fun(50, 100));
     printf(" % d\n", fun(1, 50));
}
```

程序运行结果为

```
3825
1275
```

（3）编写判断素数的函数，求 high 以内的所有素数之和。

```
# include "stdio. h"
# include "math. h"
int fun( int m)                                    //此函数用于判别素数
{    int f = 1, i, k;
     k = sqrt(m);
     for(i = 2; i < = k; i++)
         if(m % i == 0) break;
     if(i > = k + 1)f = 1;
     else f = 0;
     return  f;
}
main()
{    int high, i;
     long s = 0;
     scanf(" % d",& high);
     for(i = 1; i < = high; i++)
         if(fun(i) == 1) s = s + i;
     printf("s = % d",s);
}
```

程序运行结果为

```
50 ↙
s = 329
```

（4）编写函数统计字符串中字母的个数。

```
# include "stdio. h"
int fun( char c)
{    if(c > = 'a'&& c < = 'z' || c > = 'A' && c < = 'Z')
     return(1);
     else   return(0);
}
main()
{    int i, num = 0;
     char str[255];
     gets(str);
     for(i = 0; str[i]!= '\0'; i++)
         if(fun(str[i])) num++;
     puts(str);
     printf("num = % d\n", num);
}
```

程序运行结果为

```
输入    1234abcd456 ↙
输出    num = 4
```

（5）编写函数求 X 的 Y 次幂。

```
# include "stdio. h"
double fun(double x, int y)
{    if(y == 1)   return x;
```

```
        else return x * fun(x, y - 1);
    }
main()
{   double x;
    int y;
    scanf(" % lf, % d",&x,&y);
    printf("x^y = % .2lf",fun(x,y));
}
```

程序运行结果为

输入　3.5,2 ✓

输出　x^y = 12.25

(6) 编写函数求二维数组(4×4)的转置矩阵,即行列互换。

```
# include "stdio. h"
# define N 4
int a[N][N];
void fun(a)
int a[4][4];
{   int i,j,t;
    for (i = 0;i < N;i++)
    for (j = i + 1;j < N;j++)
    {   t = a[i][j]; a[i][j] = a[j][i]; a[j][i] = t;
    }
}
main()
{   int i,j;
    for(i = 0;i < N;i++)
    for(j = 0;j < N;j++)
        scanf(" % d",&a[i][j]);
    fun(a);
    for(i = 0;i < N;i++)
    {   for(j = 0;j < N;j++)
            printf(" % 5d",a[i][j]);
        printf("\n");
    }
}
```

程序运行结果为

输入　1 2 3 4 5 6 7 8 9 10 11 12 13 14 15 16 ✓

输出　1 5 9 13

2 6 10 14

3 7 11 15

4 8 12 16

习题

一、选择题

1. 以下叙述错误的是( )。

　　A. 用户定义的函数中可以没有 return 语句

B. 用户定义的函数中可以有多个 return 语句,以便可以调用一次就返回多个函数值

C. 用户定义的函数中若没有 return 语句,则应当定义函数为 void 类型

D. 函数的 return 语句中可以没有表达式

2. 以下函数调用语句有几个参数?( )

```
fun1(1, x, fun2(a,b,c) ,(a+b,a-b));
```

    A. 4   B. 5   C. 6   D. 7

3. C 语言中,可用于说明函数的是( )。

    A. auto 或 static   B. extern 或 auto

    C. static 或 extern   D. auto 或 register

4. 调用函数时,基本类型变量作函数实参,它和对应的形参( )。

    A. 各自占用独立的存储单元   B. 共占用一个存储单元

    C. 同名时才能共用存储单元   D. 不占用存储单元

5. 以下对 C 语言函数的有关描述中,正确的是( )。

    A. 在 C 语言调用函数时,只能把实参的值传递给形参,形参的值不能传递给实参

    B. C 函数既可以嵌套调用又可以递归调用

    C. 函数必须有返回值,否则不能使用函数

    D. C 程序中有调用关系的所有函数必须放在同一个源程序文件中

6. 下面程序段中调用 fun() 函数传递实参 a 和 b:

```
main()
{   char a[10],b[10];
    fun(a,b);
     …
}
```

则在 fun() 函数首部中,对形参错误的定义是( )。

    A. fun(char a[10],b[10]){…}   B. fun(char a1[],char a2[]){…}

    C. fun(char p[10],char q[10]){…}   D. fun(char * s1,char * s2){…}

7. 有以下程序:

```
# include "stdio.h"
void  fun(int  p)
{   int d=2;
    p=d++;
    printf(" % d",p);
}
main()
{   int a=1;
    fun(a);
    printf(" % d\n",a);
}
```

程序运行后的输出结果是( )。

    A. 32   B. 12   C. 21   D. 22

8. 有以下程序：

```c
# include "stdio.h"
int a = 5;
void   fun(int b)
{   int a = 10;
    a += b;
    printf("%d",a);
}
main()
{   int c = 20;
    fun(c);
    a += c;
    printf("%d\n",a);
}
```

程序运行后的输出结果是（　　）。

  A. 3025   B. 3024   C. 30   D. 22

二、程序分析题

1. 以下程序的输出结果是（　　）。

```c
# include "stdio.h"
void fun(int x)
{   if(x > 0) putchar('0' + (x% 10));
    fun(x/10);
}
main()
{   printf("\n");
    fun(1234);
}
```

2. 以下程序的输出结果是（　　）。

```c
# include "stdio.h"
fun(char p[][10])
{   int n = 0,i;
    for(i = 0;i < 7;i++)
    if(p[i][0] ==  'T')n++;
    return n;
}
main()
{   char str[][10] = {"Mon","Tue","Wed","Thu","Fri","Sat","Sun"};
    printf("%d\n",fun(str));
}
```

3. 以下程序的输出结果是（　　）。

```c
# include "stdio.h"
long fib(int n)
{   if(n > 2)  return(fib(n - 1) + fib(n - 2));
    else  return(2);
}
main()
{   printf("%d\n",fib(3));
}
```

4. 以下程序的输出结果是( )。

```c
# include "stdio. h"
int a = 100;
fun(   )
{    int a = 10;
     printf("% d,",a);
}
main(   )
{    printf("% d,",a++);
     {    int a = 30;
          printf("% d,",a);
     }
     fun( );
     printf("% d",a);
}
```

5. 以下程序的输出结果是( )。

```c
# include "stdio. h"
fun( int p)
{    int k = 1;
     static t = 2;
     k = k + 1;
     t = t + 1;
     return(p * k * t);
}
main()
{    int x = 4;
     fun(x);
     printf("% d\n",fun(x));
}
```

三、填空题

1. 计算 10 名学生 1 门功课的平均成绩。

```c
# include "stdio. h"
float average(float array[10])
{    int i;
     float aver,sum = array[0];
     for(i = 1;i <= 9;i++)
          sum = _____ ;
     aver = sum/10 ;
     return( aver ) ;
}
main()
{    float score[10],aver;
     int i;
     for(i = 0;i < 10;i++)
     scanf("% f",&score[i]);
     aver = _____ ;
     printf("% f", aver);
}
```

2. 函数 fun()用于求一个 3×4 矩阵中最小元素。

```c
#include "stdio.h"
fun(int a[ ][4])
{   int i,j,k,min;
    min = a[0][0];
    for(i = 0;i < 3;i++)
    for(j = 0;j < 4;j++)
    if(_____)
    min = a[i][j];
    return(min);
}
```

3. 下面程序中,函数 fun()的功能是：把给定的两个字符串连接起来。

```c
#include "stdio.h"
void fun(s1,s2)
char s1[ ],s2[ ];
{   int i,j;
    i = 0;
    while(s1[i]!= '\0')
    i++;
    j = 0;
    while(s2[j]!= '\0')
    {   _____
        j++;
    }
    s1[i + j] = _____;
}
main()
{   char s11[30],s22[10];
    scanf("%s%s",s11,s22);
    fun(s11,s22);
    printf("%s",s11);
}
```

4. 下列程序的功能是给出圆的半径,求圆的周长并输出(显示两位小数)。

```c
#include "stdio.h"
#define  PI   3.14
main()
{   _____
    float r = 10,s;
    s = _____
    printf("s = %.2f\n",s);
}
float area(float x)
{   float s1;
    s1 = _____

    _____

}
```

5. 有 n 个数已经按由小到大次序排序后存放到数组 a 中,以下程序要输入一个数,要求按原来次序将它插入数组中,请填空。

```c
#include "stdio.h"
```

```
main()
{    int a[10] = {2,4,6,7,45,60,67};
     int x, i ,n = 6;
     scanf(" % d",&x);
     for(i = n;i > = 0;i -- )
         if(a[i]> x)
             a[i + 1] = a[i];
         else
             break;
         _____;
     n++;
     for(i = 0;i < = n;i++)
         printf(" % d",a[i]);
}
```

四、程序设计题

1. 写一个判断素数的函数,在主函数中输入一个整数,输出是否素数的信息。

2. 编写函数计算 $1-\dfrac{1}{3}+\dfrac{1}{5}-\dfrac{1}{7}+\cdots+(-1)^n\times\dfrac{1}{2n+1}$,用主函数调用它。

3. 将一个字符串中在另一个字符串中出现的字符删除。

4. 用牛顿迭代法求根。方程为 $ax^3+bx^2+cx+d=0$,系数 a、b、c、d 由主函数输入。求 x 在 1 附近的一个实根。求出根后,由主函数输出。

5. 某班有 5 名学生,三门课。分别编写三个函数实现以下要求。

(1) 求各门课的平均分。

(2) 找出有两门以上不及格的学生,并输出其学号和不及格课程的成绩。

(3) 找出三门课平均成绩在 85～90 分的学生,并输出其学号和姓名。

主程序输入 5 名学生的成绩,然后调用上述函数输出结果。

第 **8** 章

编译预处理

在 C 语言源程序中,凡是以"#"开头的均为预处理命令,一般都放在源文件的前面,函数之外。

预处理是指在进行编译的第一遍扫描(词法扫描和语法分析)之前所做的工作。预处理是 C 语言的一个重要功能,由预处理程序负责完成。对源文件进行编译时,系统将自动引用预处理程序对源程序中预处理部分做处理,处理完再自动进入对源程序的编译。

C 语言提供了多种预处理功能,主要有宏定义、文件包含、条件编译。

8.1 宏定义

在 C 语言源程序中允许用一个标识符来表示一个字符串,称为"宏"。被定义为"宏"的标识符称为"宏名"。在编译预处理时,对程序中所有出现的"宏名",都用宏定义中的字符串去代换,这称为"宏代换"或"宏展开"。

宏定义是由源程序中的宏定义命令完成的。宏代换是由预处理程序自动完成的。在 C 语言中,宏分为有参数和无参数两种。下面分别讨论这两种宏的定义和调用。

8.1.1 不带参数的宏定义

不带参数宏定义的一般形式为

#define 宏名 字符序列

其中,#define 是宏定义命令,宏名是一个标识符,字符序列可以是常数、表达式、字符串等。

功能:用指定的宏名代替字符序列。

例如:#define PI 3.14159

说明:

(1) 宏名一般用大写,以便阅读程序,但这并非规定,也可用小写。

(2) 在宏定义中,宏名的两侧至少各有一个空格。

(3) 宏定义不是 C 语句,不能在行尾加分号,如果加了分号,在预处理时连分号一起替换。一个宏定义要独占一行。

(4) 宏定义的位置任意,但一般放在函数外。

(5) 取消宏定义的命令是#undef,其一般形式为

#undef 宏名

（6）宏名的作用域为宏定义命令之后到本源文件结束，或遇到♯undef 结束。

（7）在程序中，若宏名用双引号括起来时，在宏替换时不进行替换处理。

（8）宏定义可以嵌套，即在一个宏定义的字符序列中可以含有前面宏定义中的宏名。在宏定义嵌套时，应使用必要的圆括号，否则有可能得不到所需的结果。

（9）宏替换只是进行简单的字符替换，不做语法检查。

（10）在一个源文件中可以对一个宏名多次定义，新的定义出现，就是对前面同名的宏定义的取消。

【例 8.1】　在宏定义中引用已定义的宏名。

```
#define N 2
#define M N+1
#define NUM 2 * M
# include "stdio.h"
main()
{   printf("NUM = % d\n",NUM);
}
```

程序运行结果为

```
NUM = 5               // NUM = 2 * N + 1
```

8.1.2　带参数的宏定义

带参数宏定义的一般形式为

♯define　宏名(形参表)　字符序列

其中，♯define 是宏定义命令，宏名是一个标识符，形参表是用逗号隔开的一个标识符序列，序列中的每个标识符都称为形式参数，简称形参。例如：

```
#define s(a,b) a>b?a:b        //s是宏名,a、b是形参,a>b?a:b是宏体
```

在程序中调用带参数宏的一般形式为：

宏名(实参表)

其中，实参表列是用逗号隔开的常量、变量或表达式。

【例 8.2】　带参数宏定义和使用。

```
# include "stdio.h"
#define P 3
#define S(a) P * a * a
main()
{   int ar;
    ar = S(3 + 5);
    printf("\n ar = % d",ar);
}
```

程序运行结果为

```
ar = 29
```

注意：

（1）带参数宏定义中，宏名和形参表之间不能有空格出现。

（2）带参数宏的展开，只是将实参作为字符串，简单地置换形参字符串，而不做任何语法检查，要注意用括号将整个宏和各参数全部括起来，用括号完全是为了保险一些。

若实参是表达式，宏展开之前不求解表达式，宏展开之后进行真正编译时再求解。

8.2　文件包含

文件包含是 C 预处理程序的另一个重要功能。文件包含的一般格式为

＃include "文件名"　　或　　＃include <文件名>

其中，＃include 是文件包含命令，文件名是被包含文件的文件名。例如：

```
# include "stdio.h"      //包含标准输入输出头文件
# include "math.h"       //包含数学函数头文件
# include "string.h"     //包含字符串处理函数头文件
```

功能：将指定的文件内容全部包含到当前文件中来，替换＃include 命令位置。

处理过程：编译预处理时，用被包含文件的内容取代该文件包含命令，编译时，再对"包含"后的文件作为一个源文件进行编译。

两种格式的区别如下。

＃include "文件名"：系统先在当前目录搜索被包含的文件，若没找到，再到系统指定的路径去搜索。

＃include <文件名>：系统直接到指定的路径去搜索。

被包含文件的类型：通常为以".h"为后缀的头文件（或称"标题文件"）和以".c"为后缀的源程序文件。既可以是系统提供的，也可以是用户自己编写的。

常用的系统提供的头文件如下。

```
stdio.h        标准输入输出头文件
string.h       字符串操作函数头文件
math.h         数学库函数头文件
conio.h        屏幕操作函数头文件
dos.h          DOS 接口函数头文件
alloc.h        动态地址分配函数头文件
graphics.h     图形库函数头文件
stdlib.h       常用函数库头文件
```

使用文件包含的目的是避免程序的重复书写，特别是能够使用系统提供的诸多的可供包含的文件。

若存在文件名为 Area.h，文件内容如下。

```
# define PI 3.1415926535
# define S(r) PI * r * r
```

【例 8.3】　文件包含。

```
# include "area.h"
# include "stdio.h"
```

```
main()
{   float a, area;
    a = 5;
    area = S(a);
    printf("r = % f\narea = % f\n",a,area);
}
```

在预处理时,将 area. h 的内容引入程序中,插入该命令行位置取代该命令行。

此时指定的文件和当前的源程序文件连成一个源文件。

说明:

(1) 一个♯include 命令只能指定一个被包含文件,用文件包含可实现文件的合并连接。

(2) 一个♯include 命令要独占一行。

(3) 文件包含可以嵌套,即在一被包含文件中又可以包含另一个文件。

被包含的文件必须存在,并且不能与当前文件有重复的变量、函数及宏名等。

8.3 条件编译

一般情况下,源程序中所有的行都参加编译。但是有时希望对其中一部分内容只在满足一定条件才进行编译,也就是对一部分内容指定编译的条件,这就是条件编译。

条件编译命令最常见的形式为

♯**ifdef 标识符**
程序段 1
♯**else**
程序段 2
♯**endif**

它的作用是:当标识符已经被定义过(一般是用♯define 命令定义),则对程序段 1 进行编译,否则编译程序段 2。

其中,♯else 部分也可以没有,即:

♯ifdef
程序段 1
♯endif

【例 8.4】 条件编译。

```
♯include "stdio. h"
♯define PI 3.1415926
♯define V(r) 4.0/3 * PI * (r) * (r) * (r)
main()
{   double r,v,s;
    scanf(" % lf",&r);
    ♯ifdef V
    v = V(r);
    printf("The V = % lf\n",v);
    ♯else
    s = 4 * PI * r * r;
    printf("Area = % lf\n",s);
```

```
        # endif
}
```

程序中,如果没有第 2 行的宏定义,即系统编译求球体表面积的那一段程序,计算体积的那段程序就不编译。

习题

一、选择题

1. 下面的叙述中不正确的是( )。

    A. 宏名无类型,其参数也无类型　　　B. 宏定义不是 C 语句,不必在行末加分号

    C. 宏替换只是字符替换　　　　　　　D. 宏定义命令必须写在文件开头

2. 有以下程序,程序运行后的输出结果是( )。

```
# include "stdio. h"
#define   f(x)   x*x*x
main()
{   int   a = 3,s,t;
    s = f(a + 1);
    t = f((a + 1));
    printf("% d,% d\n",s,t);
}
```

    A. 10,64　　　　　　B. 10,10　　　　　　C. 64,10　　　　　　D. 64,64

二、程序分析题

1. 以下程序的输出结果是( )。

```
# include "stdio. h"
# define  N   2
# define  M   N + 1
# define  NUM   2 * M + 1
main()
{   int i;
    for(i = 1;i < = NUM;i++);
    i -- ;
    printf("% d\n",i);
}
```

2. 以下程序的执行结果是( )。

```
# define PRINT(V)   printf("V =  % d\t",V)
main()
{   int a, b;
    a = 1; b = 2;
    PRINT(a);
    PRINT(b);
}
```

第 9 章

指针

指针是 C 语言的重要特色,使用指针可以:

- 使程序简洁、紧凑、高效。
- 得到多于一个的函数返回值。
- 有效地表示复杂的数据结构。
- 动态分配内存。
- 能方便地使用字符串、数组。
- 能直接处理内存地址,等等。

9.1 指针变量的定义和运算

9.1.1 指针的定义

指针是 C 语言中重要的概念,也是难理解的概念。要弄清 C 语言中指针的概念,必须首先了解计算机基本组成与计算机工作原理。计算机由输入设备、输出设备、内存储器、运算器、控制器 5 大部分组成。如图 9.1 所示,程序员编写 C 语言源程序,通过键盘输入内存中。然后对源程序编译、连接,当用户发出运行命令,计算机就按照程序的语句自动顺序执行,这就是计算机程序存储运行原理。

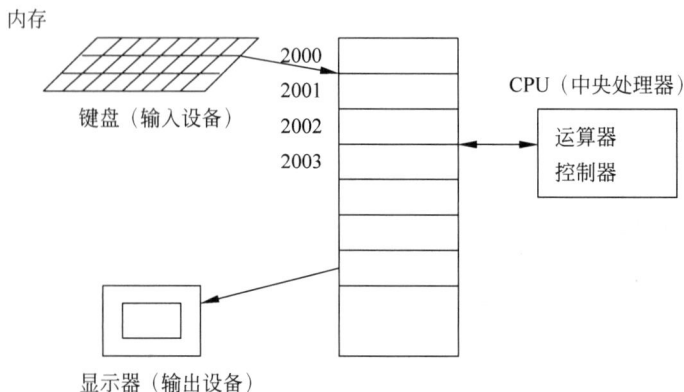

图 9.1 计算机基本组成

C 语言程序中的主函数、子函数存储在程序存储区,变量、常量、数组、结构体存储在数据存储区。程序存储区、数据存储区在内存中是以多个存储单元形式存放的,每个存储单元由一字节(8个二进制位)组成,每个存储单元都有地址,如图 9.1 所示的第一个存储单元的地址是 2000。

地址:变量、常量、数组、结构体通常占用连续多个存储单元,其地址为最前面存储单元的地址,即首地址,以后就称为"地址"。

指针:如变量 a 占有 2000、2001 两个连续的存储单元,则最前面的存储单元的地址 2000 就是变量 a 的地址,也是变量 a 的指针。

寻址:在计算机要把数据准确地输入到内存储器中,必须知道存储单元的地址,即通过地址找到存储单元,此过程称为"寻址"。这就如同将报纸投送到报箱中,而每个报箱都有报箱号一样。只有知道了报箱号(地址)才能将报纸(数据)投送到正确的报箱中。在计算机中寻址是由计算机地址总线自动完成的,地址相当于目的存储单元的"指向标",形象地将地址称为"指针"。

直接访问:在 C 语言中,访问变量可以通过变量名直接存取变量的值,叫作"直接访问",就是前几章所使用的访问变量方法。

间接访问:通过变量的指针间接存取变量的值,称为"间接访问"。变量的指针是常量,即变量一经定义,其地址就确定了。定义一个专门存放变量指针的变量称为指针变量。

9.1.2　指针变量

1. 指针变量的定义

语法格式为

类型标识符　　＊变量名;

例如:

```
int * p1, * p2;              //p1、p2 两个变量可以存储 int 型变量的地址
float * p3, * p4;            //p3、p4 两个变量可以存储 float 型变量的地址
```

其中,"＊"是一个标志,指示其后面变量是一个指针变量。

2. 指针变量的初始化

可以在定义的同时初始化,例如:

int a = 10, * p = &a;

也可以先定义再初始化,例如:

int a = 10, * p; p = &a;

【例 9.1】　指针变量定义和使用。

```
# include "stdio. h"
main( )
{    int a = 10;
     int * p;
     p = &a;
     printf(" % d, % d",a, * p);
}
```

程序运行结果为

10,10

3. 变量与指针

每个变量都有一个地址,变量地址是常量,变量地址也叫指针。可以定义一个变量,专门存放变量的地址(指针),该变量称为指针变量。如图 9.2 所示,定义变量 a 和指针变量 p。

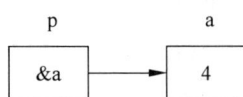

图 9.2 指针变量

```
int a = 4, * p = &a;
```

变量 a 为整型,p 为指针,其基类型为整型,即只能存放整型变量的指针。p 存放变量 a 的地址 &a,我们就形象地说 p 指向 a,或者说指针变量指向哪个变量,其含义就是指针变量存放着该变量的指针(地址)。

9.1.3 指针变量的运算

1. 有关指针的运算符: & , *

(1) & : 取地址运算符。&a 表示取变量 a 的地址。

(2) * : 指针运算符(取内容运算符)。 * p 表示取 p 所指向的变量的内容。

2. 指针变量可进行的操作

(1) 赋值:

```
int   a, * p1 = &a, * p2;   p2 = p1;
```

(2) 取内容:

```
* p1 = 5; ⟺ a = 5; printf(" % d", * p1);
```

(3) 增减:

```
p1++; p1 += 4; 常用于数组元素的引用。
```

(4) 比较:常用于数组各个元素地址的大小比较。

【例 9.2】 指针变量的引用。

```
# include "stdio. h"
main( )
{    int * var,ab;
     ab = 100;
     var = &ab;
     ab = * var + 10;
     printf(" % d\n", * var);
}
```

程序运行结果为

110

【**例 9.3**】 输入 a,b 两个实型数,通过指针的方法,降序输出 a,b。

```
# include "stdio. h"
main()
{   float * pa, * pb, * p,a,b;
    pa = &a;
    pb = &b;
    scanf("% f % f",pa,pb);
    if(a < b)
    {   p = pa;pa = pb;pb = p; }
    printf("% f, % f\n", * pa, * pb);
}
```

程序运行结果为

运行 1 输入 3 5↙
　　　输出 5.000000,3.000000
运行 2 输入 6 2
　　　输出 6.000000,2.000000

指针：一个变量的地址。

指针变量：专门存放变量地址的变量(存放的数据内容是地址)。

数据在内存中的地址是由编译器在编译阶段决定的,编程时,变量地址的具体值不可知,只能通过取地址符或数组名得到变量或数组的地址；一般情况下,编程人员不必关心数据在内存中的具体地址是多少。

例如：int a = 4, * p = &a;

a 为整型变量,p 为指针变量；p 存放变量 a 的地址 &a,我们就形象地说 p 指向 a,或者说指针变量指向哪个变量,其含义就是指针变量存放着该变量的指针(地址)。

前面讲过,函数实在参数向形式参数传递为单向值传递,即实参的值可以传递给形参,但形参的值不会影响实参的值。

【**例 9.4**】 指针作为函数的参数。

```
# include "stdio. h"
void swap(float p1,float p2)
{   float t;
    t = p1; p1 = p2; p2 = t;
    printf("p1 = % 3.1f,p2 = % 3.1f\n",p1,p2);
}
main()
{   float a,b;
    scanf("% f, % f",&a,&b);
    if(a > b)swap(a,b);
    printf("a = % 3.1f,b = % 3.1f\n",a,b);
}
```

程序运行结果为

输入　5.5,3.5↙
输出　p1 = 3.5,p2 = 5.5
　　　a = 5.5,b = 3.5

可以看出来,p1 和 p2 的值交换了,但是 a 和 b 的值并没有交换。

如果形参为指针变量,相对应的实参必须是变量的指针(地址)。变量的地址由调用程序的实参传递给被调用程序的形参,那么形参、实参的地址值是相等的,即形参、实参指向同一个变量。传递地址,即交换了 a 和 b 的值。

【例 9.5】 输入两个实数,通过子函数的方法,将这两个实数由小到大排序。

```
# include "stdio. h"
void swap(float * p1,float * p2)
{    float t;
     t = * p1; * p1 = * p2; * p2 = t;
}
main()
{    float a,b;
     scanf(" % f % f",&a,&b);
     if(a > b)swap(&a,&b);
     printf(" % f, % f\n",a,b);
}
```

主函数第二行,从键盘上输入两个变量 a、b,如果 a 小于或等于 b,if 语句条件不成立,则直接运行主程序最后一行输出 a、b,显然其值为由小到大。如果 a 大于 b,则 if 语句条件成立,执行语句 swap(&a,&b);调用子函数 swap()。调用后实参 &a、&b 传递给形参 p1、p2。注意,形参的定义必须分别进行,语句中

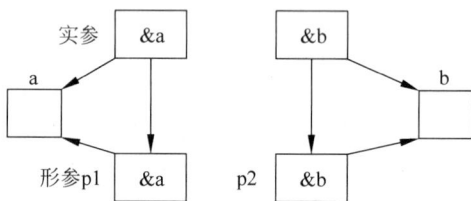

图 9.3   swap()函数实参、形参传递

"*"为定义形参指针变量 p1、p2 的标志,而不是运算符。传递的结果如图 9.3 所示。

实参 &a 传递给形参 p1,实参 &b 传递给形参 p2,即 p1 的值为 &a,p2 的值为 &b,由图 9.3 可知,p1 指向 a,p2 指向 b,则 * p1 与变量 a 等价,* p2 与变量 b 等价。子函数的第二行三条语句的功能为 * p1 与 * p2 值互换,等价于变量 a 与变量 b 互换。子函数遇到"}"返回主函数后,由于 a 与 b 的值已互换,显然 a 的值小于 b,输出的值由小到大。

指针变量作为子函数的形参,相对应的实参为主函数某个变量的指针(地址)。主函数调用子函数时,实参的指针值传送给形参,则实参、形参指向主函数中的同一变量,通过形参可以间接访问主函数的变量。在子函数中通过间接访问改变该变量的值,返回主函数后该变量值的变化得以保留。要实现变量在主函数和子函数中的双向传递,可以将变量的地址作为主函数调用语句的实参,指针变量作为子函数形参。函数调用时,实参的值传递给形参,形参指向了主函数中的变量,在子函数中就可通过形参间接访问主函数中的变量,从而实现该变量的双向传递。以下函数是求三个数的最大值和最小值。

9.2   数组与指针

9.2.1   指向数组元素的指针

数组由多个同类型数组元素组成。例如,语句"int a[10];"定义整型数组 a 由 10 个整型数组元素组成,分别为 a[0],a[1],…,a[9]。在 C 语言中,数组占用连续的存储单元,其各数组元素的地址分别为 &a[0],&a[1],&[2],…,&[9]。

如图 9.4 所示,根据 C 语言编译系统的规定,数组名为数组的首地址。a 为数组 a 的首地址。由于数组一经定义其存储位置就确定了,所以数组名 a 为常量,而数组元素 a[0] 则是变量。

数组元素 a[0] 的指针(地址)为 a,数组 a[1] 的地址就是 a+1,数组 a[2] 的地址为 a+2,数组 a[9] 的地址为 a+9。这里 a+1 并不是指地址 a 加上 1 个存储单元,而是指加上一个数组元素所占的存储单元。C 语言中,指针加 1,是由系统根据该指针的基类型,自动加上一个基类型变量所需的存储单元个数,这里的 1 不要认为是一个字节的存储单元,而是一个基类型量占用的存储空间。注意,由于数组名 a 为常量,所以"a++;"是不允许的。

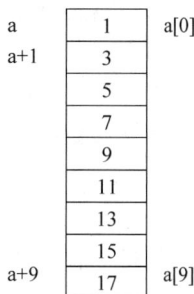

图 9.4 一维数组

9.2.2 通过指针引用数组元素

通过数组元素的指针(地址)可以间接访问数组元素,其一般形式为

*指针

例如,数组元素 a[2] 的指针为 a+2,通过指针访问数组元素的表达式为 *(a+2)。实际上,数组中的"[ ]"为变址运算符,"[ ]"前的等号为变址运算的首地址,"[ ]"中的表达式的值为变址运算的相对地址,例如,数组元素 a[2] 的地址为"[ ]"前的变址运算首地址 a 加上"[ ]"中的相对地址 2,即 a+2,然后再进行指针运算(间接访问运算)*(a+2)。

一般地,a[n] 与 *(a+n) 完全等价,其中,n 为数组元素的下标。注意,下标 n 不能超界。

【例 9.6】 通过数组名,输入数组,然后按逆序输出数组。

```
#include "stdio.h"
main()
{    int a[10],i;
     for(i=0;i<10;i++)
         scanf("%d",a+i);
     for(i=9;i>=0;i--)
         printf("%d",*(a+i));
     printf("\n");
}
```

通过循环语句输入各数组元素的值。输入函数 scanf() 的输入项为各数组元素的地址,所以写作 a+i,其与 &a[i] 完全等价。输出时,通过控制下标由 9 到 0 依次递减 1,从而实现逆序输出。由于 a+i 为各数组元素的地址,则 *(a+i) 就是该地址所对应的变量,该表达式与 a[i] 完全等价。

【例 9.7】 用指针变量,输入数组,然后按逆序输出。

```
#include "stdio.h"
main()
{    int a[10],i,*p;
     for(p=a,i=0;i<10;i++)
         scanf("%d",p++);
     for(p=a+9;p>=a;p--)
         printf("%d",*p);
```

```
        printf("\n");
}
```

由以上两例题可以看到指针可以进行加减运算。指向数组元素首地址的指针加 1,该指针就指向数组的下一个元素,指针减 1,则指针又指向首个数组元素。

设 p,q 为两个指向整型的指针变量,p 和 q 可以进行减操作,其逻辑意义是两指针指向的变量之间相差几个整型存储单元。p 和 q 还可以进行比较,如果 p 大于 q,则说明 p 所指向的变量的存储地址要大于 q 所指向的变量的存储地址。

9.2.3 用数组名作函数参数

数组名作为函数形式参数时,数组名代表一个数组的首地址。调用函数时,形式参数接收由实参传递过来的值,才有确定的值。当实参为主函数的数组名时,实参传给形参,形参也指向实参数组的首个元素。这样,实参、形参均指向同一个主函数数组。

【例 9.8】 编写一个求数组元素平均值的通用函数,调用该函数求两个长度不同数组的平均值。

```
# include "stdio. h"
float average( int a[ ], int n)
{    int i;
     float sum = 0.0;
     for( i = 0; i < n; i++)
         sum = sum + a[ i];
     sum = sum/n;
     return sum;
}
main( )
{    int a[5] = {1,2,3,4,5};
     int b[8] = {6,5,4,2,9,7,4,10};
     float x1, x2;
     x1 = average(a,5);
     x2 = average(b,8);
     printf(" % f\n", x1);
     printf(" % f\n", x2);
}
```

程序运行结果为

```
3.000000
5.875000
```

average()函数中有两个形式参数 a 和 n,其中,a 为数组名,n 为整型变量。在定义形式参数时,“[ ]”只是一个标志,表示“[ ]”前的形参 a 为数组名。此处也可以定义为 int * a,a 为指向整型变量的指针,同理,“ * ”为定义指针 a 时的标志。子函数语句块中,用循环语句将形参数组的第 0~n-1 个元素累加起来放到实型变量 sum 中,sum 除以 n 得到数组元素的平均值再赋给 sum,最后将 sum 的值作为函数值并返回主函数。主函数中定义两个数组,其长度不一样。第一次调用 average()函数时,数组名 a 作为函数的一个实参,数组长度 5 作为函数第二个实参。调用子函数 average(),实参的值单向传递给形参,所以形参 a 的值等于主函数中的实参 a,即形参 a 指向实参数组 a 的首地址,而形参 n 的值等于实参 5。

形参 a 为主函数数组 a 的首地址,长度 n 为 5,则算出的平均值 sum 是该数组的平均值。调用结束后,将函数返回值给变量 x1。第二次调用时,实参为数组名 b 和整型常量 8。调用时,实参的值单向传送给形参 a 和 n,则形参 a 就是主函数数组 b 的首地址,长度等于 8。函数调用结束后,子函数就将数组 b 的元素平均值计算出来,然后赋给变量 x2。本例的子函数可以计算任意长度整型数组的元素平均值,具有一般性。请设计一个函数,将任意长度的整型数组由小到大排序,进一步深入掌握这种方法。

9.2.4 二维数组与指针

1. 二维数组元素的地址(指针)

二维数组的地址比一维数组的地址要复杂一些。下面以二维数组 int a[3][4] 为例进行说明,如图 9.5 所示。二维数组 a 由三行元素组成,第 0 行 a[0][0]、a[0][1]、a[0][2]、a[0][3],第 1 行 a[1][0]、a[1][1]、a[1][2]、a[1][3],第 2 行 a[2][0]、a[2][1]、a[2][2]、a[2][3]。二维数组 a 的一行有 4 个元素,每一行的地址称为行地址,每个元素也有地址,称为元素地址。

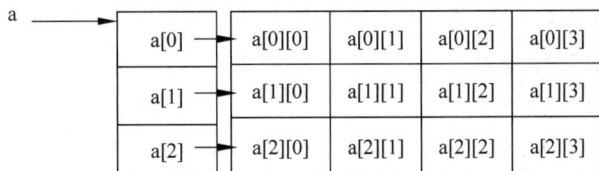

图 9.5 二维数组

C 语言管理二维数组地址分为行地址和元素地址。行地址加 1,就指向下一行的地址,可见行地址(指针)加 1 移动的是一行数组元素的地址空间。行指针(地址)指向一行元素,二维数组的一行为一维数组,行指针可以理解为指向一个一维数组的指针,该数组的长度为二维数组的列宽。C 语言规定二维数组名为数组首行行指针。上面的二维数组 a[3][4] 的第 0、1、2 行的行指针分别为 a、a+1、a+2。行指针进行指针运算或变址运算后,就是该行首个元素的指针。例如,a[0][0] 的指针为 a[0] 或 * a,a[1][0] 的指针为 a[1] 或 * (a+1),a[2][0] 的指针为 a[2] 或 * (a+2)。首列元素的指针加 1,就是下一列元素的指针。a[0][1] 的指针为 a[0]+1 或 * a+1,a[1][1] 的指针为 a[1]+1 或 * (a+1)+1,a[2][1] 的指针为 a[2]+1 或 * (a+2)+1。一般地,a[i][j] 元素的指针为 * (a+i)+j。a+i 为行地址,行地址进行指针运算 * (a+i) 为该行首列元素 a[i][0] 的指针,再加上 j 就是 a[i][j] 的指针。通过指针可访问该元素,故 * (* (a+i)+j) 与 a[i][j] 等价。

【例 9.9】 用指针法输入输出二维数组。

```c
# include "stdio. h"
main()
{   int i,j,a[3][4];
    for(i = 0;i < 3;i++)
    for(j = 0;j < 4;j++)
        scanf("% d",a[i] + j);          //或者 scanf("% d", * (a + i) + j);
    for(i = 0;i < 3;i++)
```

```
    {   for(j = 0;j < 4;j++)
            printf(" % d  ", * (a[i] + j));      //或者 printf(" % d  ", ( * (a + i) + j));
        printf("\n");
    }
}
```

输入函数 scanf()要求输入表列为地址表列,这里给出的 a[i]＋j 为 a[i][j]元素的指针。输出函数 printf()要求输出表列为数组元素,所以元素地址前应加上"间接访问"运算符 * (a[i]＋j)。

2. 指向一维数组的指针变量

指向一维数组的指针变量,可以看作指向二维数组的行指针,因为二维数组的一行是一个一维数组,其一般形式为

类型(* 指针变量)[列宽];

【例 9.10】　用指针变量输出二维数组的元素。

```
# include "stdio. h"
main()
{   int a[3][4] = {1,2,3,4,5,6,7,8,9,10,11,12};
    int ( * p)[4],i,j;
    p = a;
    for(i = 0;i < 3;i++)
    {   for(j = 0;j < 4;j++)
        printf(" % d   ", * ( * (p + i) + j));
        printf("\n");
    }
}
```

指针变量 p 指向一维数组,数组的长度为 4。二维数组 a 的列宽也为 4,所以 p 可以作为数组 a 的行指针。数组名 a 为数组 a 的第 0 行地址,语句"p＝a;"使指针 p 指向二维数组的首行。数组元素 a[i][j]可以通过 p 间接访问,其形式为 * (* (p+i)＋j)。

3. 用指向一维数组的指针作函数参数

用指向一维数组的指针作子函数形式参数,二维数组名作为主函数实在参数。主函数调用子函数时,实参值传递给形参,形参就指向主函数二维数组的首行,在子函数中就可以通过形参间接访问主函数二维数组元素了。

【例 9.11】　求一个 3×4 矩阵的最大值和最小值。

```
# include "stdio. h"
int max,min;
void max_min( int ( * p)[4],int n)
{   int i,j;
    max = min = ** p;
    for(i = 0;i < n;i++)
    for(j = 0;j < 4;j++)
    {   if( * ( * (p + i) + j) > max)max = * ( * (p + i) + j);
        if( * ( * (p + i) + j) < min)min = * ( * (p + i) + j);
    }
```

```
}
main()
{    int x[3][4] = {6,9,7,4,11,23,5,4,9,7,6,5};
     max_min(x,3);
     printf("max = % d,min = % d\n",max,min);
}
```

程序运行结果为

max = 23,min = 4

该程序求矩阵最大值和最小值是调用子函数 max_min() 完成的。形参 p 是指向一维整型数组的指针,该数组长度为 4,形参 n 用于接受二维数组的行数。最大值、最小值由全局变量 max、min 传回主函数。主函数调用 max_min() 函数时,二维数组行首地址 x 传递给形参 p,则子函数中的 ** p 就是数组元素 x[0][0],* (* (p+i)+j) 就是数组元素 x[i][j]。

9.3 字符串与指针

9.3.1 字符串的表示形式

字符串"China"在内存的存储形式如图 9.6 所示。

字符串都有一个结束标记符'\0'。C 语言规定标识一个字符串只需确定该字符串的首地址就可以了。因为自字符串首地址至字符串结束标记 '\0'之间的所有字符

C	h	i	n	a	\0

图 9.6 字符串

就是该字符串的全部内容。实际上,字符串在 C 语言编译系统中是用该字符串的首地址(指针)表示的。知道了字符串的首地址,就可以确定整个字符串。字符串总是从首地址开始,到结束标记'\0'结束。

【例 9.12】 字符串初始化与输入输出。

```
# include "stdio. h"
main()
{    char a[ ] = "China";
     char * p = "Beijing";
     char b[20];
     scanf("% s",b);
     printf("% s % s % s\n",a,p,b);
}
```

程序运行结果为

输入　WangFuJing↙
输出　China Beijing WangFuJing

程序第 1 行语句为定义一个字符数组并初始化。字符数组 a 的长度为字符串长度 5 位加上字符结束标志 1 位,共 6 位。程序第 2 行定义一个字符指针变量 p,该指针指向字符串常量"Beijing",即 p 存放着该字符串的首地址。第 3 行定义一个字符数组 b,用 scanf 语句从键盘中输入,字符串的输入格式符为"%s",其输入项为数组名(字符数组首地

址）。printf 语句的输出格式符为"％s"，输出项为字符串的首地址，可以是字符数组名、字符指针等。printf 语句从字符串的首地址开始输出所有字符，当遇到字符串结束标志'\0'时停止。

注意，以下语句是错误的。

```
char * p1;
scanf("% s",p1);
```

因为定义指针变量 p1 时，p1 没有赋初值，p1 内没有存放任何存储空间的地址。用 scanf 语句向没有确切地址的指针 p1 输入字符串是非法的。

```
char b[30];
b = "DaLian";
```

第 2 行语句是非法的。b 为字符数组的首地址。数组 b 在第 1 行定义时存储地址就已经确定，b 为常量，所以常量 b 不能再被赋值为"DaLian"的地址。正确的语句应改为

```
char * p1,a[30];
char b[30];
p1 = a;
scanf("% s",p1);
strcpy(b, "DaLian");
```

【例 9.13】　将字符数组 a 复制为字符数组 b。

```
# include "stdio.h"
main()
{   char a[20] = "Beijing China",b[20], * p1, * p2;
    p1 = a;p2 = b;
    for(; * p1!= '\0';p1++,p2++)
      * p2 = * p1;
    * p2 = '\0';
    printf("% s\n",b);
}
```

程序运行结果为

```
Beijing China
```

p1、p2 是指向字符型数据的指针变量。先使 p1 和 p2 的初值为字符串 a 和字符串 b 的首个字符的地址。* p1 最初的值为'B'，赋值语句"* p2= * p1"的作用是将字符'B'（a 串中的首个字符）赋给 p2 所指向的元素，即 b[0]。然后 p1 和 p2 分别加 1，指向其下面的一个元素，直到 * p1 的值为'\0'为止。循环结束，指针变量 p2 指向字符数组 b 中"Beijing China"的下一个字符，此处应为字符串的结束标记。

9.3.2　字符指针作函数参数

字符指针作函数参数，传递的是字符串的地址。通过字符地址可访问字符，地址加 1，可访问下一字符，直到访问的字符为字符串结束标志'\0'时为止。

【例 9.14】　用函数调用将一字符串复制到另一字符串的后面。

```
# include "stdio.h"
strcat1(char * a,char * b)
```

```
{    while( * a++);
     a--;
     while( * b)
          * a++ = * b++;
     * a = '\0';
}
main()
{    char a[20] = "China";
     char b[10] = "Beijing";
     strcat1(a,b);
     printf(" % s\n",a);
}
```

程序运行结果为

ChinaBejing

子函数 strcat1()形参为字符指针 a 和字符指针 b,当主
程序调用子程序后,指针 a 和指针 b 就分别指向主函数字符
数组 a 和字符数组 b 的首个元素,如图 9.7 所示。

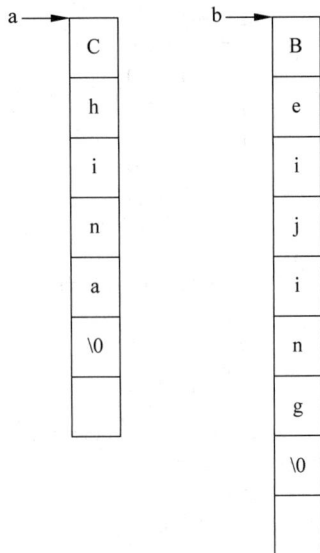

图 9.7　字符串连接

9.4　函数与指针

9.4.1　用函数指针变量调用函数

一个函数在编译时被分配给一个入口地址,这个入口地址就称为函数的指针。可以用
一个指针变量存放函数的指针,则该指针变量就指向函数,通过指针变量可以调用此函数。

定义指向函数指针变量的一般形式为

数据类型(* 指针变量名)(函数参数表列);

这里的数据类型是指函数返回值类型。* 指针变量名两侧的括号不能省略,否则会与
后面讲的返回指针值的函数混淆。第二对括号相当于函数名后的括号,函数参数表列指的
是指针所指向的函数的形参。C 语言规定函数名代表函数的入口地址。可以用赋值语句:

指针变量 = 函数名;

完成指针变量的赋值,这样指针变量就指向函数,通过指针变量就可以调用函数。其调用的
一般形式为

变量 = (* 指针变量)(函数实参表列);

【例 9.15】 求 a,b 中的大者以及小者。

```
# include "stdio. h"
main()
{    float min(float,float);
     float max(float,float);
     float ( * p)(float,float);
     float a,b,c,d;
     scanf(" % f, % f",&a,&b);
```

```
        p = max;
        c = ( * p)(a,b);
        d = max(a,b);
        printf("max: % f, % f\n",c,d);
        p = min;
        c = ( * p)(a,b);
        d = min(a,b);
        printf("min: % f, % f\n",c,d);
    }
    float max(float x,float y)
    {    float z;
        z = x > y?x:y;
        return z;
    }
    float min(float x,float y)
    {    float z;
        z = x < y?x:y;
        return z;
    }
```

程序运行结果为

```
输入  5.0,3.0
输出  max:5.0,5.0
      min:3.0,3.0
```

程序中主函数调用最大值函数和最小值函数分别求出 a,b 中的大者和小者。主函数第 3 行定义了一个函数指针 p,p 指向的函数的返回值为实型,函数有两个形参,其类型均为实型。语句"p＝max;"的作用是将函数 max()的入口地址赋给指针变量 p,p 指向 max()函数。接下来,分别用指针调用函数 max(),直接调用函数 max(),并将函数值分别赋给变量 c 和 d,从输出结果看变量 c 和 d 的值完全相同,均为 a、b 中的大者,即"(* p)(a,b)"与"max (a,b)"等价。同理,语句"p＝min;"的作用是 p 指向函数 min(),用指针调用函数"(* p)(a, b)"与直接调用"min(a,b)"的函数值 c、d 相等,均为 a、b 中的小者,这时"(* p)(a,b)"与 "min(a,b)"等价。

9.4.2 用指向函数的指针作函数参数值

子函数用指向函数的指针作形式参数,主函数调用该函数时,相应的实参为某个函数的指针(入口地址),常为函数名,因为函数名代表该函数的入口地址。

【例 9.16】 设计一个通用函数,求一次方程的根。

```
# include "stdio. h"
float fx1(float x)
{    float y;
    y = 2 * x + 4;
    return y;
}
float fx2(float x)
{    float y;
    y = x - 9;
    return y;
```

```
}
main()
{   float root(float ( * p)(float));
    float y1,y2;
    y1 = root(fx1);
    y2 = root(fx2);
    printf("y1:% f,y2:% f\n",y1,y2);
}
float root(float ( * p)(float))
{   float a,b,x;
    b = ( * p)(0.0);
    a = ( * p)(1.0) - b;
    x = - b/a;
    return x;
}
```

程序运行结果为

```
y1: - 2.000000    y2:9.000000
```

程序设计了一个通用的一元一次方程求根函数 root(),该函数只有一个指向函数的指针 p 作形参。程序主函数第一次调用 root() 时,其相应的实参为 fx1。子函数 root() 中的 (* p)(0.0),(* p)(1.0) 与 fx1(0.0),fx1(1.0) 等价。第二次调用 root() 时,实参为 fx2,子函数 root() 中的(* p)(0.0),(* p)(1.0) 与 fx2(0.0),fx2(1.0) 等价。

root() 函数的求根原理如下,一元一次方程的通式为

```
f(x) = a * x + b;
```

则"f(0.0)=a * 0.0+b,b=f(0.0); f(1.0)=a * 1.0+b,a=f(1.0)-b;"。
由此得到 a,b 的值。a * x+b=0,求出 x=-b/a 就是一元一次方程的根。

9.4.3 返回指针值的函数

函数值可以是整型、实型、字符型,当然也可以是某个变量的地址,即指针。相应地,函数定义时,函数的返回值为指针,return 后面是一个指针量。这种函数定义的一般形式为

类型名　* 函数名(形参表列)

类型名为返回指针的基类型。例如,函数返回一个整型变量的地址,定义形式为"int * 函数名(形参表列);"。

【例 9.17】 求 3×4 矩阵的最小值以及所在的行和列。

```
# include "stdio.h"
int * min(int ( * p)[4])
{   int * q;
    int i,j;
    q = * p;
    for(i = 0;i < 3;i++)
     for(j = 0;j < 4;j++)
       if( * ( * (p + i) + j)< * q) q = * (p + i) + j;
    return q;
}
```

```
main()
{    int a[3][4] = {1,2,3,4, - 4,9, - 9,7,2,4,6,5};
     int * pmin;
     int row,col,length;
     pmin = min(a);
     length = pmin - * a;
     row = length/4;
     col = length - 4 * row;
     printf("min = % d,row = % d,col = % d\n", * pmin,row,col);
}
```

程序运行结果为

min = - 9,row = 1,col = 2

主程序调用一个子程序 min()求出 3×4 矩阵中的最小值,但返回值不是最小值而是最小值数值元素的地址(指针)。主程序得到最小值数组元素地址后,不仅得到最小值,而且得到最小值所在的行下标和列下标。

子程序 min()的形参 p 为指向具有 4 个元素一维数组的指针。主程序调用子程序 min()时,相应的实参为二维数组名 a,a 为二维数组首行的行指针(指向二维数组的第 0 行,每行 4 个元素)。调用时,实参 a 传递给形参 p,则 p 就指向主程序二维数组 a 首行,* p 就是 a 数组 0 行 0 列元素 a[0][0]的指针。设 q 为指向矩阵(二维数组 a)最小值元素的指针,先假设 a[0][0] 为最小值元素,令 q= * p。用双重循环将矩阵的每个元素 * (* (p+i)+j)与最小值 * q 比较,如果小于最小值,则最小值指针 q 指向该元素,即"q= * (p+i)+j"。循环结束后,q 就指向了矩阵最小值。最后将 q 作为函数值返回主函数,并将函数值赋给指针 pmin。

9.5　指针数组与二级指针

9.5.1　指针数组的概念

指针数组的含义为:每个数组元素均为一个存放指针的指针变量。其一般形式为

类型名 * 数组名[数组长度];

例如: int * p[4];

由于[]比 * 优先级高,因此 p 先与[4]结合,形成 p[4]形式,p 为一个一维数组,长度为 4。p 前面的 * 为一个标志,说明后面的 p 是一个指针数组,基类型为整型。

指针数组比较适合于用来指向若干字符串,使字符串处理更加方便。从前面的内容可知,每个字符串在计算机内部均是用它的地址来标识的,将每个字符串的地址依次存入指针数组的数组元素中,数组元素则依次指向各字符串,如图 9.8 所示。

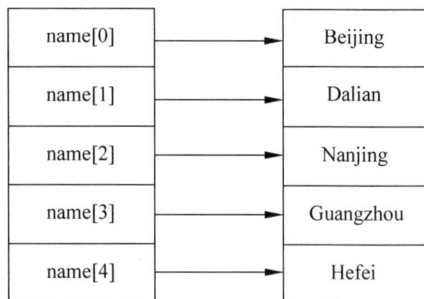

图 9.8　指针数组与字符串

【例 9.18】 将若干字符串按字母顺序(由小到大)输出。

```c
# include "stdio.h"
# include "string.h"
main()
{   void sort(char * name[],int n);
    void print(char * name[],int n);
    char * name[] = {"Beijing","Dalian","Najing","Guangzhou", "Hefei"};
    sort(name,5);
    print(name,5);
}
void sort(char * name[],int n)
{   char * t;
    int i,j,k;
    for(i = 0;i < n - 1;i++)
    {   k = i;
        for(j = i + 1;j < n;j++)
        if(strcmp(name[k],name[j])> 0) k = j;
        if(k!= i) { t = name[i]; name[i] = name[k]; name[k] = t;}
    }
}
void print(char * name[],int n)
{   int i;
    for(i = 0; i < n;i++)
        printf(" % s\n",name[i]);
}
```

程序运行结果为

```
Beijing
Dalian
Guangzhou
Hefei
Nanjing
```

在 main() 函数中定义指针数组 name,它有 5 个数组元素,其初值分别指向字符串
"Beijing""Dalian""Nanjing""Guangzhou""Hefei"的起始地址。sort() 函数的作用是对字符
串排序。sort() 函数的形参 name 为一指针数组名,相应的实参为主函数的指针数组名。调
用函数 sort() 后,实参传递给形参,形参 name 就和实参 name 指向同一个指针数组,形参 n
的值为 5,代表 name 数组的长度为 5。sort() 采用选择法排序方法,将字母顺序最小的字符
串的指针赋给 name[0]。然后,按字母顺序在余下
的 4 个字符串中找到最小字符串,并将该串的指针
赋给 name[1]。以此类推,指针数组 name 的元素
依次指向 5 个字符串,其中,name[0]指向的字符
串按字母顺序最小,name[4]指向的字符串最大。
如图 9.9 所示,print() 函数的作用是输出各字符
串。由于 name 指针数组所指向的字符串按字母
顺序由小到大排序,所以输出的结果满足题目
要求。

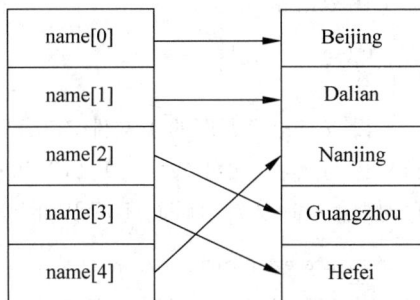

图 9.9 指针数组排序

9.5.2　二级指针

二级指针的一般形式为

类型名　＊＊指针名；

二级指针一般用于存放指针数组的数组名。由于指针数组每个元素均为指针,每个元素的地址就是指针的地址,即指向指针的指针。指针数组名是指针数组的首地址,故必须用二级指针存储。

【例 9.19】　使用二级指针输出字符串。

```
# include "stdio. h"
main()
{    char * name[] = {"Beijing", "Dalian", "Nanjing", "Guangzhou", "Hefei"};
     char ** p;
     int i;
     p = name;
     for(i = 0;i < 5;i++)
     {    p = name + i;
          printf(" % s\n", * p);
     }
}
```

程序运行结果为

```
Beijing
Dalian
Nanjing
Guangzhou
Hefei
```

p 是二级指针变量,即指向指针的指针变量。第一次执行循环体时循环变量 i 的值为 0,执行循环体"p＝name＋i;",p 指向 name[0], ＊p 则是 name[0]的值,用 printf 输出第一个字符串。循环体执行 5 次,依次输出 5 个字符串。

9.5.3　主函数与命令行参数

每个 C 语言程序总是有且仅有一个主函数 main(),它担负着程序起点的作用。
主函数的格式为

```
main(int argc,char * argv[])
{ … }
```

假设该 C 语言程序的源文件名为 EXMA1. C,编译、连接后得到可执行程序 EXMA1. EXE。执行程序时,输入文件名"EXAM1",该程序就运行了,文件名又可称为命令名。另外,执行程序时,输入命令名的后面还可以加上零至多个字符串参数,例如:

```
EXAM1 aaa bbb china
```

文件名以及后面的由空格隔开的字符串就称为命令行。C 程序主函数 main()括号里的信息为命令行参数。其中,argc 用于保存用户命令行中输入的参数的个数,命令名本身也作为一个参数,例子中的参数有三个,加上命令名,argc 的值为 4。argv[]是一个字符指针数组,它用于指向命令行各字符串参数(包括命令名本身)。对命令名,系统将会自动加上盘符、路径、文件名,而且变成大写字母串存储到 argv[0]中。其他命令行参数名将会自动依次存入到 argv[1],argv[2],…,argv[argc-1]中。本例中,argv[0]指向命令名参数"C:\TC\EXAM1.EXE",argv[1]指向参数"aaa",argv[2]指向参数"bbb",argv[3]指向参数"china"。

【例 9.20】 命令行参数简单示例。

```
main(int argc,char * argv[])
{    while( -- argc > = 0)
     puts(argv[argc]);
}
```

假定此程序经过编译连接,最后生成了一个名为 EXAM1.EXE 的可执行文件。如果在命令状态下,输入命令行为 EXAM1 horse house monkey donkey friends,则程序运行结果为

```
friends
donkey
monkey
house
horse
C:\TC\EXAM1.EXE
```

9.6 上机实践

1. 上机实践的目的要求

(1) 掌握数组与指针的关系,能够使用指针引用数组元素。
(2) 掌握字符串与指针的关系,能够使用指针引用字符串。
(3) 掌握结构与指针的关系,能够使用指针引用结构。
(4) 掌握指针作为函数参数,用以传递数组、字符数组、结构的指针,从而实现模块化处理。
(5) 了解函数指针、返回指针函数的使用方法。
(6) 了解指针数组、二级指针的使用方法。

2. 上机实践内容

(1) 输入实型数 a,b,c,要求按由大到小的顺序输出。

```
# include "stdio.h"
void swap(float * x,float * y)
{    float z;
     z = * x; * x = * y; * y = z;
}
main()
{    float a,b,c;
     scanf(" % f, % f, % f",&a,&b,&c);
```

```
        if(a < b)
        swap(&a,&b);
        if(a < c)
            swap(&a,&c);
        if(b < c)
            swap(&b,&c);
        printf("After swap: a = % f,b = % f,c = % f\n",a,b,c);
    }
```

程序运行结果为

输入　5.6,7.9, - 8.5
输出　After swap: a = 7.900000,b = 5.600000,c = - 8.500000

（2）编写一个通用的子函数，将一个一维数组进行逆序存储，即第一个元素与最后一个元素值互换，第二个元素与倒数第二个元素值互换，以此类推，直到每个数组元素均互换一次为止。

```
# include "stdio. h"
void afterward(float * x,int n)
{   float z;
    int i;
    for(i = 0;i < n/2;i++)
    {   z = * (x + i); * (x + i) = * (x + n - 1 - i); * (x + n - 1 - i) = z;     }
}
void printarray(float * x,int n)
{   int i;
    for(i = 0;i < n;i++)
        printf(" % .2f   ",x[i]);
    printf("\n");
}
main()
{   float a[10] = {1.,2.,3.,4.,5.,6.,7.,8.,9.,10.};
    afterward(a,10);
    printarray(a,10);
}
```

程序运行结果为

10.00　9.00　8.00　7.00　5.00　4.00　3.00　2.00　1.00

（3）从键盘上输入一行字符串，将其中的小写字母转换成大写字母并输出。

```
# include "stdio. h"
void upper(char * x)
{   while( * x)
    {   if( * x > = 'a'&& * x < = 'z') * x = * x - 'a' + 'A';
        x++; }
}
main()
{   char a[81];
    gets(a);
    upper(a);
    puts(a);
}
```

程序运行结果为

输入 ajdksj1234aBcd >>>
输出 AJDKSJ1234ABCD >>>

（4）编写一个通用的程序求 n×n 阶矩阵的对角线元素值之和。

```
# include "stdio. h"
int corner(int * x,int n)
{    int i,sum = 0;
     for(i = 0;i < n;i++)
     {    sum = sum + * (x + i);
          if(x + i!= x + n - 1 - i)sum += * (x + n - 1 - i);
          x = x + n;
     }
     return sum;
}
main()
{    int a[4][4] = {{1,3,4,5}, {4,6,7,8}, {1,2,3,4},{6,7,8,9}};
     int sum;
     sum = corner( * a,4);
     printf(" % d\n",sum);
}
```

程序运行结果为

39

（5）有 5 名学生学了 4 门课程，编写程序算出 4 门课程的总成绩，并按总成绩进行排序，然后打印出成绩表。

```
# include "stdio. h"
struct student
{    int num;
     char name[20];
     char sex;
     float s[4];
     float sum;
};
main()
{    void sum(struct student * ,int);
     void sort(struct student * ,int);
     void print(struct student * ,int);
     struct student a[5] = {11,"wang Li",'f',66.,76.,83.,61.,0.,
                            13,"wang Lin",'m',69.,74.,63.,91.,0.,
                            16,"Liu Hua",'m',86.,76.,93.,61.,0.,
                            14,"Zhang Jun",'m',66.,66.,83.,61.,0.,
                            22,"Xu Xia",'f',65.,76.,93.,68.,0.};
     sum(a,5);
     sort(a,5);
     print(a,5);
}
void sum(struct student * p,int n)
{    int i,j;
     float d;
     for(i = 0;i < n;i++)
     {    d = 0.0;
          for(j = 0;j < 4;j++)
```

```
        d += p -> s[j];
        p -> sum = d;
        p++;}
}
void sort(struct student  * p, int n)
{   struct student t;
    int i, j, k;
    for(i = 0; i < n - 1; i++)
    {   k = i;
        for(j = i + 1; j < n; j++)
        if((p + k) -> sum < (p + j) -> sum)k = j;
        if(k!= i)
        {   t = * (p + i); * (p + i) = * (p + k); * (p + k) = t;     }
    }
}
void print(struct student  * p, int n)
{   int i, j;
    for(i = 0; i < n; i++)
    {printf(" % - 10d % - 10s % 5c % 10.1f % 5.1f % 5.1f % 5.1f % 10.1f\n", p -> num, p -> name,
p -> sex, p -> s[0], p -> s[1], p -> s[2], p -> s[3], p -> sum);
    p++;
    }
}
```

程序运行结果为

16	Liu Hua	m	86.0 76.0 93.0 61.0	316.0
22	Xu Xia	f	65.0 76.0 93.0 68.0	302.0
13	wang Lin	m	69.0 74.0 63.0 91.0	297.0
11	wang Li	f	66.0 76.0 83.0 61.0	286.0
14	Zhang Jun	m	66.0 66.0 83.0 61.0	276.0

(6) 找出下面程序中的错误,请改正并上机调试出正确结果。

① main()
```
    {   int int x, * p;
        * p = &x;                          //错误。应改成:p = &x;
        scanf(" % d", &p);                 //错误。应改成:scanf(" % d", p);
        * p = * p + 20;
        printf(" % d", * p);
    }
```

请分析本题错误的原因。

② 输入实型数 a, b, 要求按由大到小的顺序输出。

```
# include "stdio. h"
void swap(float  * x, float  * y)
{   float z;
    z = * x;  * x = * y;  * y = z;
}
main()
{   float a, b, c;
    scanf(" % f % f % f", &a, &b);
    if(a < b)
    swap(a, b);                           //错误。应改成:swap(&a, &b);
    printf("After swap: a = % f, b = % f\n", a, b);
}
```

习题

一、选择题

1. 已知"int a,b, * p＝&a;",则下列语句中错误的是(   )。

    A. scanf("%d",&a);   B. scanf("%d",p);

    C. scanf("%d",&b);   D. scanf("%d",b);

2. 设有定义"int a[10], * p＝a;",对数组元素的正确引用是(   )。

    A. a[p]   B. p[a]   C. * (p+2)   D. p+2

3. 若有如下定义,则不能表示数组 a 元素的表达式是(   )。

int a[10] = {1,2,3,4,5,6,7,8,9,10}, * p＝a;

    A. * p   B. a[10]   C. * a   D. a[p−a]

4. 若有如下定义,则值为 3 的表达式是(   )。

int a[10] = {1,2,3,4,5,6,7,8,9,10}, * p＝a;

    A. p+＝2, * (p++)   B. p+＝2, * ++p

    C. p+＝3, * p++   D. p+＝2,++ * p

5. 设有定义"char a[10]＝"ABCD", * p＝a;",则 * (p+4)的值是(   )。

    A. "ABCD"   B. 'D'   C. '\0'   D. 不确定

6. 将 p 定义为指向含 4 个元素的一维数组的指针变量,正确语句为(   )。

    A. int (* p)[4];   B. int * p[4];

    C. int p[4];   D. int ** p[4];

7. 若有定义"int a[3][4];",则输入其 3 行 2 列元素的正确语句为(   )。

    A. scanf("%d",a[3,2]);   B. scanf("%d", * (* (a+2)+1));

    C. scanf("%d", * (a+2)+1);   D. scanf("%d", * (a[2]+1));

8. 设有定义"int a[10], * p＝a+6, * q＝a;",则下列运算哪种是错误的? (   )

    A. p−q   B. p+3   C. p+q   D. p＞q

9. 若有以下定义和说明:

```
# include "stdio.h"
fun(int * c) {...}
main()
{    int  ( * a)() = fun, * b(),w[10],c;
        …
}
```

在必要的赋值之后,对 fun()函数的正确调用语句是(   )。

    A. a＝a(w);   B. (* a)(&c)   C. b＝ * b(w)   D. fun(b)

10. 有以下函数:

```
char * fun(char * p)
{ return p;}
```

该函数的返回值是(　　)。

  A. 无确定的值　　　　　　　　　　B. 形参 p 中存放的地址值

  C. 一个临时存储单元的地址　　　　D. 形参 p 自身的地址值

11. 要求函数的功能是交换 x 和 y 的值,且通过正确函数调用返回交换结果。能正确执行此功能的函数是(　　)。

  A. funa(int * x,int * y)
```
    {    int * p;
         * p = * x; * x = * y; * y = * p;
    }
```
  B. funb(int x,int y)
```
    {    int t;
         t = x;x = y;y = t;
    }
```
  C. func(int * x,int * y)
```
    {    * x = * y; * y = * x;}
```
  D. fund(int * x,int * y)
```
    {    * x = * x + * y; * y = * x - * y; * x = * x - * y;}
```

二、程序分析题

1. 以下程序的输出结果是(　　)。

```
# include "stdio. h"
main()
{    int a[] = {1,3,5,8,10};
     int y = 1,x, * p;
     p = &a[1];
     for(x = 0;x < 3;x++)
         y += * (p + x);
     printf(" % d\n",y);
}
```

2. 下述程序的功能是(　　)。

```
# include "stdio. h"
main()
{    int i,a[10], * p = &a[9];
     for(i = 0;i < 10;i++) scanf(" % d",&a[i]);
     for(;p > = a;p -- ) printf(" % 3d", * p);
}
```

3. 以下程序的输出结果是(　　)。

```
# include "stdio. h"
main()
{    int a = 2, * p, ** pp;
     pp = &p;
     p = &a;
     a++;
     printf(" % d, % d, % d\n",a, * p, ** pp);
}
```

4. 下面程序的功能是(　　)。

```
# include "stdio.h"
ch(int * p1,int * p2)
{   int p;
    if( * p1 > * p2) {p = * p1; * p1 = * p2; * p2 = p;}
}
```

5. 以下程序的输出结果是(　　)。

```
# include "string.h"
# include "stdio.h"
main()
{    char a[10] = "ABCDEFG";
     fun(a);puts(a);
}
fun(char * s)
{    char t, * p, * q;
     p = s;q = s;
     while( * q) q++;
     q-- ;
     while(p < q)
     { t = * p; * p = * q; * q = t;p++;q-- ;}
}
```

6. 以下程序的输出结果是(　　)。

```
# include "stdio.h"
char * fun(char * s,char c)
{    while( * s&& * s!= c) s++;
     return s;
}
main()
{    char s[ ] = "abcdefg",c = 'c';
     printf(" % s",fun(s,c));
}
```

7. 以下程序的输出结果是(　　)。

```
# include "stdio.h"
int ast(int x,int y,int * cp,int * dp)
{     * cp = x + y;
      * dp = x - y;
}
main()
{    int a,b,c,d;
     a = 4;b = 3;
     ast(a,b,&c,&d);
     printf(" % d % d\n",c,d);
}
```

8. 以下程序的输出结果是(　　)。

```
# include "stdio.h"
main()
{    struct student
     {    char name[10];
```

```
        float k1;
        float k2;
    }a[2] = {{"zhang",100,70},{"wang",70,80}}, * p = a;
int i;
printf("\nname: % s total = % f",p -> name,p -> k1 + p -> k2);
printf("\nname: % s total = % f\n",a[1].name,a[1].k1 + a[1].k2);
}
```

9. 以下程序的输出结果是(　　　)。

```
# include "stdio. h"
main()
{    struct num { int x; int y; }sa[] = {{2,32},{8,16},{4,48}};
    struct num  * p = sa + 1;
    int x;
    x = p -> y/sa[0]. x * ++p -> x;
    printf("x = % d p -> x = % d",x,p -> x);
}
```

10. 以下程序的输出结果是(　　　)。

```
# include "stdio. h"
int aaa(char * s)
{    char  * p;
    p = s;
    while( * p++);
    return(p - s);
}
main()
{    int a;
    a = aaa("china");
    printf(" % d\n", a);
}
```

三、填空题

1. 下列程序的功能是从键盘输入若干字符(以回车键作为结束)组成一个字符串存入一个字符数组,然后输出该数组中的字符串。

```
# include "stdio. h"
main()
{    char str[81], * ptr;
    int i;
    for(i = 0; i < 80; i++)
    {    str[i] = getchar();
        if(str[i] ==  '\n') break;
    }
    str[i] = _____;
    ptr = str;
    while( * ptr) putchar(_____);
}
```

2. 下列程序的功能是输入一个字符串,然后再输出。

```
# include "stdio. h"
main()
```

```
{    char a[20];
     int i = 0;
     scanf("%s",_____);
     while(a[i]) printf("%c",a[i++]);
}
```

3. 把从键盘输入的小写字母变成大写字母并输出。

```
#include "stdio.h"
main()
{    char c, * ch = &c;
     while((c = getchar())!= '\n')
     { if(_____)
          putchar( * ch - 'a' + 'A');
       else
          putchar( * ch);
     }
}
```

4. 下列程序的功能是复制字符串 a 到 b 中。

```
#include "stdio.h"
main()
{    char   * str1 = a, * str2,a[20] = "abcde",b[20];
     char   a[20] = "abcde", * str1 = a, * str2,b[20];
     str2 = b;
     while(_____);
}
```

5. 本程序使用指向函数的指针变量调用函数 max()求最大值。

```
#include "stdio.h"
main()
{    int max();
     int   ( * p)();
     int a,b,c;
     p = _____;
     scanf("%d   %d",&a,&b);
     c = _____;
     printf("a = %d   b = %d   max = %d",a,b,c);
}
max(int x,int y)
{    int z;
     if(x > y)   z = x;
     else z = y;
     return(z);
}
```

6. 以下函数把 b 字符串连接到 a 字符串的后面,并返回 a 中新串的长度。

```
#include "stdio.h"
strcen(char a[ ],char b[ ])
{    int num = 0,n = 0;
     while( * (a + num)!= _____) num++;
     while(b[n])
     {    * (a + num) = b[n];
          num++;
```

```
                _____;
        * (a + num) = '0';
        return(num);
}
```

7. 下面 fun() 函数的功能是将形参 x 的值转换成八进制数,所得八进制数的每一位数放在一维数组中返回,八进制数的最低位放在下标为 0 的元素中,其他以此类推。

```
# include "stdio.h"
fun(int x, int * b)
{   int k = 0, r;
    do
    {   r = x % _____;
        b[k++] = r;
        x/ = _____;
    }while(x);
}
```

8. 下列程序的功能是统计字符串中的空格数。

```
# include "stdio.h"
main()
{   int num = 0;
    char   a[81], * str = a, ch;
    gets(a);
    while((ch = * str++)!= '\0')
            if(_____) num++;
    printf("num = % d\n", num);
}
```

四、程序设计题

1. 通过调用函数,将任意 4 个实数由小到大的顺序输出。

2. 编写函数,计算一维数组中最小元素及其下标,数组以指针方式传递。

3. 编写函数,由实参传来字符串,统计字符串中的字母、数字、空格和其他字符的个数。主函数中输入字符串及输出上述结果。

4. 编写函数,把给定的二维数组转置,即行列互换。

5. 编写函数,对输入的 10 个数据进行升序排序。

6. 编写程序,实现两个字符串的比较。不许使用字符串比较函数 strcmp()。

7. 统计一个英文句子中含有英文单词的个数,单词之间用空格隔开。

8. 输入一个字符串,输出每个小写英文字母出现的次数。

9. 从键盘上输入一个字符串,统计字符串中的字符个数。不许使用求字符串长度函数 strlen()。

第10章

结构体与共用体

前面介绍了使用基本类型(如整型、实型、字符型等)变量存储数据的方法,然而在实际应用中,有时需要将不同类型但相关的数据组合成一个整体,并利用一个变量来描述和引用。C语言提供了名为"结构体"的数据类型来描述这类数据。与以前介绍的数据类型不同的是,结构体这种数据类型需要先"构造"出来,再用它定义相应的变量。

10.1 结构体类型和结构体变量

数组只允许把同一类型的数据组织在一起,结构体可以将不同类型的并且相关联的数据组合在一起。

10.1.1 结构体类型的定义

结构体类型定义的一般形式为

```
struct 结构体类型名
{ 类型1   成员1;
  类型2   成员2;
  …        …
  类型n   成员n;
};
```

例如,一个学生的学号、姓名、性别、年龄、家庭住址,这些都与某一学生相联系,如表10.1所示。

表 10.1　学生基本情况表

num	name	sex	age	score	addr
99001	Wangli	M	20	90	Dalian

将上述这些独立的简单变量组织在一起,可组成一个组合项,在一个组合项中包含若干类型不同的数据项。C语言提供了这样一种数据结构,称为结构体,相当于其他高级语言中的"记录"。假如定义一个结构体类型用来存放学生的学生信息如下。

```
struct student
{    long num;
     char name[20];
     char sex;
     int age;
```

```
        float score;
        char addr[30];
    };
```

说明：

（1）结构体类型由"struct 结构体类型名"统一说明和引用。

（2）只有变量才分配地址，类型定义并不分配内存空间。

（3）结构体类型所占存储空间的大小是所有成员所占存储空间之和。struct student 类型占用 59B 的存储空间。

（4）相同类型的成员可以合在一个类型下说明。例如：

```
struct student
{    long num;
     int age;
     char name[20],sex,addr[30];
     float score;
};
```

结构体类型定义是一条语句，最后一定要以分号结束。

10.1.2　结构体变量的定义

定义结构体变量有如下三种形式（以上面的结构体类型 student 为例）。

1. 先定义结构体类型，再定义结构体类型变量

例如：

```
struct student a,b,c;                      //定义了三个结构体类型变量 a、b 和 c
```

2. 定义结构体类型的同时定义结构体类型变量

```
sturct student
{    long num;
     char name[20];
     char sex;
     int age;
     float score;
     char addr[30];
}a,b,c;                                    //定义了三个结构体类型变量 a、b 和 c
```

这样也定义了三个结构体类型变量 a、b 和 c。

3. 定义无名结构体类型的同时定义结构体类型变量

```
struct
{    long num;
     char name[20];
     char sex;
     int age;
     float score;
     char addr[30];
```

```
}a,b,c;                          //定义了三个结构体类型变量 a、b 和 c
```

这样也定义了三个结构体类型变量 a、b 和 c。但这种方法只能在此定义变量,因为没有类型名称,所以这种结构体类型无法重复使用。

注意:结构体变量所占的字节数为各成员所占字节数之和。

10.1.3 结构体变量的引用

结构体变量成员引用的一般形式为

变量名. 成员变量名

例如,a. num、a. name 等。

【例 10.1】 将结构体变量 a 赋值为一个学生的记录,然后输出。

```
# include "stdio. h"
struct student
{    long num;
     char name[20];
     char sex;
     char addr[20];
};
main()
{    struct student a = {99001, "Wangli",'M', "Dalian"};
     printf(" % ld, % s, % c, % s\n",a. num,a. name,a. sex,a. addr);
}
```

程序运行结果为

```
99001,Wangl,M,Dalian
```

【例 10.2】 在学生信息管理中,学生信息中包括学生的姓名、学号和三门课程的成绩以及平均成绩,输入一个正整数 n,再输入 n 个学生的姓名、学号和三门课程的成绩,计算学生的平均成绩并输出。

```
# include "stdio. h"
struct student
{    char number[20],name[20];
     int score[3];
     float avg;
};
main()
{    int i,j,n,sum;
     struct student stu;
     printf("请输入学生人数:");
     scanf(" % d",&n);
     for(i = 1;i < = n;i++)
     {    sum = 0;
          scanf(" % s, % s",stu. number,stu. name);
          for(j = 0;j < 3;j++)
              scanf(" % d",&stu. score[j]);
          stu. avg = (stu. score[0] + stu. score[1] + stu. score[2])/3.0;
          printf(" % s, % s, % .2f\n",stu. number,stu. name,stu. avg);
     }
}
```

　　程序中首先定义了一个结构体类型 struct student；该类型包含 4 个成员。在 main()
函数中使用 struct student 定义了一个该结构的变量 stu。

10.2　结构体数组

　　一个结构体变量中只能存储一组数据。如果需要定义多个同类型的结构体变量，可以
使用结构体数组。结构体数组与普通数组的不同之处在于它的元素都是结构体类型的数据，
每个元素都包括多个成员（分量）项。结构体数组的定义与结构体变量的定义方法类似。

　　格式：

struct 结构体名 {成员表;}数组名[元素个数];

　　或：**struct 结构体名 数组名[元素个数];**

　　例如：

struct student stu[2];

【**例 10.3**】　有三个学生的姓名、学号和三门课程的成绩，计算学生的平均成绩并输出。

```
# include "stdio.h"
# include "math.h"
# define N 3
struct student
{   char number[20],name[20];
    int score[3];
    float avg;
};
main()
{   int i,j,sum;
    struct student stu[N] = {{"020101","张三",82,90,85,0},
                             {"020102","李四",91,81,92,0},
                             {"020103","王五",88,75,96,0}};
    printf("学号\t\t姓名\t数学\t英语\t计算机\t平均成绩\n");
    for(i = 0;i < N;i++)
    {   sum = 0;
        for(j = 0;j < 3;j++)
            sum += stu[i].score[j];
    stu[i].avg = sum/3.0;
    printf("%s\t\t%s\t%d\t%d\t%d\t%.2f\n",
        stu[i].number,stu[i].name,stu[i].score[0],stu[i].score[1],stu[i].score[2],
stu[i].avg);
        }
}
```

　　程序运行结果如表 10.2 所示。

表 10.2　二维数据表

学号	姓名	数学	英语	计算机	平均成绩
020101	张三	82	90	85	85.67
020102	李四	91	81	92	88.00
020103	王五	88	75	96	86.33

程序中首先定义了一个结构体类型 struct student；该类型包含 4 个成员。在 main() 函数中使用 struct student 定义了一个该结构的数组。

一个结构体变量只能表示一个实体的信息，若有许多同类型的数据，就需要使用结构体数组。如例 10.3 中有三个学生的信息需要存放。

结构体数组是结构体和数组的结合，与普通数组的区别是每个数组元素都是结构体类型的数据，包括多个成员项。

结构体数组的定义和结构体变量的定义相似，也有三种情况。例如：

```
struct student
{    char number[20],name[20];
     int score[3];
     float avg;
} stu[10];
```

定义了一维结构体数组 stu，包含 10 个元素 stu[0]～stu[9]，每个数组元素都是 struct student 结构体类型，能同时存放 10 个学生的数据。

定义结构体数组的同时也可以进行初始化，其格式与二维数组的初始化类似。

```
struct student stu[3] = {{"0718020101","张三",82,90,85,0},
                         {"0718020102","李四",91,81,92,0},
                         {"0718020103","王五",88,75,96,0}};
```

结构体数组元素占用一段连续的内存单元，元素的使用方法和同类型的结构体变量类似，既可以使用元素，也可以使用数组元素的成员。一般引用格式如下

结构体数组名[下标].结构体成员名

stu[0]. number,stu[0]. name,stu[0]. score[0],stu[0]. score[1],stu[0]. score[2], stu[0].avg,它们的使用和同类型的变量类似，例如：

sum = stu[0].score[0] + stu[0].score[1] + stu[0].score[2];

这就是求 stu[0]学生的总成绩。和普通数组一样，既可以定义一维结构体数组，也可以根据需要定义多维结构体数组。

10.3 结构体指针

10.3.1 指向结构体变量的指针

结构体变量的指针就是结构体变量的起始地址。可以定义一个指针变量，用来指向一个结构体变量。

【例 10.4】 指向结构体变量指针的应用。

```
# include "stdio.h"
# include "string.h"
struct student
{    int num;
     char name[20];
     char sex;
```

```
        float score;
    };
    main()
    {   struct student stu;
        struct student * p;
        p = &stu;
        ( * p). num = 12;
        strcpy(( * p). name,"Li Ming");
        ( * p). sex = 'M';
        ( * p). score = 89.0;
        printf(" % d, % s, % c, % f\n",( * p). num,( * p). name,( * p). sex,( * p). score);
    }
```

程序运行结果为

```
12, Li Ming, M, 89.000000
```

程序中声明了 struct student 类型,在主程序中定义了结构体变量 stu,定义了一个指向 struct student 结构体变量指针 p。语句“p＝&stu;”使得 p 指向结构体变量 stu。然后通过 p 进行指针运算访问结构体变量 stu。其一般形式为:

(* 结构体指针). 成员变量

C 语言规定,通过结构体指针访问结构体成员可以采用另外一种形式:

结构体指针 - >成员变量

其中,“->”称为指向运算符。这种访问形式更常用。

例 10.4 中主函数可以改写为

```
# include "stdio. h"
# include "string. h"
main()
{   struct student stu;
    struct student * p;
    p = &stu;
    p - > num = 12;
    strcpy(p - > name,"Li Ming");
    p - > sex = 'M';
    p - > score = 89.0;
    printf(" % d, % s, % c, % f\n",p - > num,p - > name,p - > sex,p - > score);
}
```

10.3.2　指向结构体数组的指针

结构体数组名为结构体数组首地址。结构体指针加 1,指针向前移动一个结构体变量存储空间,而不是一个字节,即指向结构体数组的下一个元素。

【例 10.5】　指向结构体数组指针的应用。

```
# include "stdio. h"
struct student
{   int num;
    char name[20];
    char sex;
    int age;
```

```
};
struct student stu[3] = {{10,"LiuLi",'F',21},{12,"Wang Ming",'M',22},
                         {15,"Li Ming",'M',21}};
main()
{   struct student * p;
    for(p = stu;p < stu + 3;p++)
        printf("%d,%s,%c,%d\n",p->num,p->name,p->sex,p->age);
}
```

程序运行结果为

```
10,LiuLi,F,21
12,Wang Ming,M,22
15,Li Ming,M,21
```

p 是指向结构体类型数据的指针变量。在 for 语句中令 p 的初值为数组名 stu,则 p 指向 stu[0],故第一次循环打印的是 stu[0] 的数据成员。下一次循环前,循环变量 p 加 1,则 p 指向 stu[1],故第二次循环打印的是 stu[1] 的数据成员。最后一次循环,p 指向 stu[2],则打印的是 stu[2] 的数据成员。

10.3.3　用指向结构体的指针作函数参数

将一个结构体变量的值传递给另一个函数有以下两种方法。

1. 用结构体变量作实参

用结构体变量作实参时,采取的也是"值传递"方式,将结构体变量所占的内存单元的内容全部顺序传递给形参,形参也必须是同类型的结构体变量。在函数调用期间形参也要占用内存单元。这种传递方法要占用较多的存储空间,耗费时间也较多,如果结构体规模很大时,则应避免采用这种传递方法。另外,由于"值传递"是单向传递,在调用函数期间改变了形参的值,该值不会返回土调函数。

2. 用指向结构体变量(或数组)的指针作实参

用指向结构体变量(或数组)的指针作实参,将结构体变量(或数组)的地址传递给形参。这种方法不需要另外占用大量存储空间。只传递地址给形参,所需时间较少。对结构体变量值可以双向修改,即在被调用函数中通过结构指针修改结构变量。

【例 10.6】　有一个结构体变量 stu,要求通过子函数输出该变量的值。

```
#include "stdio.h"
struct student
{   int num;
    char name[20];
    struct{int year,month,day;}birthday;
    float score;
}stu = {12,"Li Ming",{1986,12,9},87.0};
main()
{   void print(struct student * );
    print(&stu);
}
void print(struct student * p)
```

```
{    printf("%d,%s,%d,%d,%d,%f\n",p->num,p->name,p->birthday.year,
             p->birthday.month,p->birthday.day,p->score);
}
```

程序运行结果为

12,Li Ming,1986,12,9,87.0

print()函数中的形参被定义为指向 struct student 类型数据的指针变量。函数调用时,相应的实参为主函数结构体变量的地址 &stu,这样在函数调用期间形参 p 就指向主函数中的结构变量 stu,通过 p 可以访问 stu 的成员变量。但是 stu 的成员变量 birthday 也是一个结构体变量。访问 birthday 是通过指针 p 完成的,但访问 birthday 的成员 year、month、day,还是通过 birthday 结构体变量来访问,其运算符为"."。

10.4 共用体和枚举类型

有时需要将不同类型的数据存放到同一段内存单元中。需要什么类型的数据这里就存放什么类型的数据。这些数据的起始地址都是相同的,数据之间相互覆盖,只有最后一次存入的数据才是有效的。这种几个不同的变量占用同一段内存的结构称为共用体类型。

10.4.1 共用体类型定义

共用体类型定义的一般形式为

```
union 共用体类型名
{    类型1   成员1;
     类型2   成员2;
      …       …
     类型n   成员n;
};
```

例如:

```
union data
{    int i;
     char ch;
     float f;
};
```

从定义形式上看,它同结构体极为相似。所不同的是它说明的几个成员不像结构体那样顺序存储,而是叠放在同一个地址开始的空间上,共用体类型的长度为最大成员所占空间的长度。上面的 union data 类型的长度为 4B,也就是 float 类型所占的空间长度。

10.4.2 共用体变量的定义和引用

定义共用体类型变量有如下三种形式(以上面的共用体类型 union data 为例)。

1. 定义共用体类型之后再定义共用体类型变量

例如:union data a,b,c;   //定义了三个共用体类型变量 a、b 和 c

2. 定义共用体类型同时定义共用体类型变量

例如：union data
       { int i;
         char ch;
         float f;
       }a,b,c;   //定义了三个共用体类型变量a、b和c

3. 定义无名共用体类型同时定义共用体类型变量

例如：union
       { int i;
         char ch;
         float f;
       }a,b,c;   //定义了三个共用体类型变量a、b和c

但这种方法只能在此定义变量，因为没有类型名称，所以这种形式的类型无法重复使用。

共用体成员的引用方式与结构体成员的引用方式没有差别，一般地，也要引用到最底层的成员。成员引用的一般形式为

共用体类型变量名.成员变量名；

【**例10.7**】 共用体类型举例。

```
# include "stdio.h"
union data
{   int i;
    char ch;
    float f;
};
main()
{   union data ua;
    ua.i = 10;
    ua.ch = 'A';
    ua.f = 3.14;
    printf("i = %d\tch = %c\tf = %f\tua = %f\n",ua.i,ua.ch,ua.f,ua);
}
```

程序运行结果为

i = 1078523331   ch = ?f = 3.140000   ua = 0.000000

可以看出，只有最后一次赋值的成员f是有效的。这一点一定要切记！另外，共用体变量不能整体赋值，也不可以对共用体变量进行初始化处理。

10.4.3 枚举类型定义

如果一个变量只有几种可能的值，可以定义为枚举类型。枚举是指将变量的值一一列举出来，变量的值只限于列举出来的值的范围内。枚举类型定义的一般格式为

enum 枚举类型名
{   枚举常量1 = 序号1,
**   枚举常量2 = 序号2,**

```
    …
    枚举常量 n = 序号 n
};
```

其中,枚举常量是一种符号常量,也称为枚举元素,要符合标识符的起名规则。序号是枚举常量对应的整数值,可以省略,省略序号则按系统规定处理。注意类型定义中各个枚举常量之间要由逗号间隔,而不是分号,最后一个枚举元素的后面无逗号。

例如,有如下类型定义:

```
enum weekday{ sun,mon,tue,wed,thu,fri,sat};
```

在这里,列出了枚举类型 enum weekday 所有可能的 7 个值。省略序号,系统默认从 0 开始连续排列。如上面的枚举类型中,sun 对应 0,mon 对应 1,…,sat 对应 6。如果遇到有改变的序号,则序号从被改变位置开始连续递增。例如,若把上面的枚举类型改为下面的形式:

```
enum weekday{ sun,mon = 6,tue,wed,thu = 20,fri,sat};
```

则 7 个枚举元素的序号依次为 0、6、7、8、20、21、22。

10.4.4　枚举变量与枚举元素

定义枚举类型变量有如下三种形式(以上面的枚举类型 enum weekday 为例)。

1. 定义枚举类型之后再定义枚举类型变量

例如:enum weekday yesterday,today,tomorrow;　　　//定义了三个枚举类型变量

2. 定义枚举类型的同时定义枚举类型变量

例如:enum weekday{ sun,mon,tue,wed,thu,fri,sat} yesterday,today,tomorrow;
也定义了三个枚举类型变量 yesterday、today 和 tomorrow。

3. 定义无名枚举类型的同时定义变量

例如:enum { sun,mon,tue,wed,thu,fri,sat} yesterday,today,tomorrow;
也定义了三个枚举类型变量 yesterday、today 和 tomorrow。但这种方法只能在此定义变量,因为没有类型名称,所以这种类型无法重复使用。

枚举变量实质上就是整型变量,只是它的值是由代表整数的符号表示。例如,yesterday=sun; today=fri; tomorrow=tue 等。但是直接把一个整数赋值给一个枚举变量通常是不允许的。例如,today=5,而应该进行强制类型转换,写成"today=(enum weekday)5;"。

【例 10.8】　从键盘上输入一个整数,显示与该整数对应的枚举常量的英文名称。

```
# include "stdio.h"
main()
{   enum week{sun,mon,tue,wed,thu,fri,sat};
    enum week weekday;
    int i;
    scanf(" % d",&i);
```

```
weekday = (enum week)i;
switch(weekday)
{   case sun:printf("Sunday"); break;
    case mon:printf("Monday"); break;
    case tue:printf("Tuesday"); break;
    case wed:printf("Wednesday"); break;
    case thu:printf("Thursday"); break;
    case fri:printf("Friday"); break;
    case sat:printf("Saturday"); break;
    default:printf("Input error!");
}
}
```

程序运行结果为

输入　2
输出　Tuesday

在使用枚举量时,通常关心的不是其数值的大小,而是它所代表的状态。在程序中,可以使用不同的枚举量来表示不同的处理方式。正确地使用枚举变量,有利于提高程序的可读性。

10.5　typedef 自定义类型

当用结构体类型定义变量时,类型名还要加上如 struct 等形式,看上去比较烦琐。C 语言提供了一个自定义类型的语句 typedef。可以用它将一些较为复杂的类型简单化。typedef 的一般格式为

typedef 原类型名 新类型名;

例如：
```
typedef  int    INTEGER;
typedef  float  REAL;
typedef struct { int year,month,day;} DATE;   //将一个无名结构体类型定义为日期型 DATE
typedef struct
{   char number[20];
    char name[20];
    int score[3];
    float avg;
}STUDENT;                                       //将一个无名结构体类型定义为 STUDENT
```

实际上,自定义一个新类型名并不是真正定义了一个新类型,而只是将原有的类型名用一个更加简单的、比较好理解的、容易记住和使用的新类型名。这个新类型名与原有的类型名除了名称之外是完全等价的。为了避免错误,通常在定义新类型名时可按以下步骤进行。

（1）先按定义变量的方法写出定义体,例如：

```
struct {int year,month,day;} today;
```

（2）将变量名换成新类型名,例如：

```
struct {int year,month,day;} DATE;
```

（3）在最前面加上 typedef,例如：

```
typedef struct {int year,month,day;} DATE;
```

（4）用新的类型名定义变量，例如：

```
DATE yesterday,today,tomorrow;
```

例如，自定义一个数组类型名 ARRAY 的步骤如下。

```
int a[100];
int ARRAY[100];
typedef int ARRAY[100];
ARRAY a,b,c;
```

10.6 链表

链表是一种常见的重要的存储数据的结构，它可以根据需要动态地进行存储空间的分配和回收。每个数据元素以一个结点的形式存在，结点上有数据域和指针域两大部分。数据域上根据定义形式可以由一个或多个数据组成；指针域上存储与该结点链接的下一个结点的起始地址。图 10.1 示例了一个最简单的单链表。链表的元素可以动态分配存储空间，所以没有结点个数的限制。链表插入/删除元素也不需要移动其他元素。

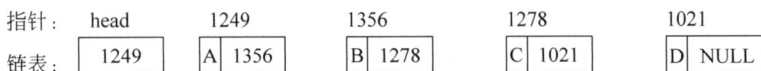

图 10.1 链表的结点

链表中有一个称为"头指针"的变量，图中以 head 表示，整个链表就是通过指针顺序链接的，常用带箭头的短线（——▶）来明确表示这种链接关系，如图 10.2 所示。

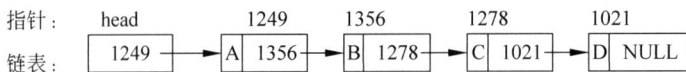

图 10.2 链表

10.6.1 动态分配和释放空间的函数

1. 存储空间分配函数 malloc()

其函数原型为

```
void * malloc(unsigned int size);
```

其作用是在内存中动态获取一个大小为 size 字节的连续的存储空间。该函数将返回一个 void 类型的指针，若分配成功，该指针指向已分配空间的起始地址，否则该指针将为空（NULL）。

2. 连续空间分配函数 calloc()

其函数原型为

```
void * calloc(unsigned n,unsigned size);
```

其作用是在内存中动态获取 n 个大小为 size 字节的连续的存储空间。该函数将返回一个 void 类型的指针,若分配成功,该指针指向已分配空间的起始地址,否则该指针将为空(NULL)。用该函数可以动态地获取一个一维数组空间,其中,n 为数组元素个数,每个数组元素的大小为 size 字节。

3. 空间释放函数 free()

其函数原型为

void free(void * addr);

其作用是释放由 addr 指针所指向的空间,即系统回收,使这段空间又可以被其他变量所用。值得注意的是,不用的空间一定要及时地回收,以免浪费宝贵的内存空间。

上面三个函数返回值类型都为空指针(void *)类型,在具体应用时一定要做强制类型转换,只有转换成实际的指针类型才能正确使用。

10.6.2 建立和输出链表

动态建立链表是指在程序执行过程中从无到有地建立链表,将一个个新生成的结点顺次链接入已建立起来的链表上,上一个结点的指针域存放下一个结点的起始地址,并给各个结点数据域赋值。

输出链表是将链表上各个结点的数据域中的值依次输出,直到链表结尾。

【例 10.9】 建立和输出一个学生成绩链表(假设学生成绩表中只含姓名和成绩两项)。

```
#include <stdio.h>
#include <stdlib.h>
#include <string.h>
typedef struct student
{   char name[20];                //结点数据域
    int score;                    //结点数据域
    struct student * next;        //结点指针域
} STUDENT, * PSTUDENT;            //自定义链表结点数据类型名 STUDENT 和指针类型名 PSTUDENT
STUDENT * crelink(int n);         //建立一个由 n 个结点构成的单链表函数, 返回结点指针类型
void list(PSTUDENT head);
main()
{   PSTUDENT h;
    int n;
    printf("Please input the number of students: ");
    scanf("%d", &n);
    h = crelink(n);               //调用创建链表的函数
    list(h);                      //调用输出链表的函数
    return 0;
}
STUDENT * crelink(int n)
{   int i;
    PSTUDENT p, q, head;
    if(n <= 0) return NULL;                        //参数不合理,返回空指针
    head = (PSTUDENT)malloc(sizeof(STUDENT));      //生成第一个结点
    printf("Input datas:\n");
    scanf("%s %d", head->name, &head->score);      //两个数据之间用一个空格间隔
    p = head;                                      //p 作为连接下一个结点 q 的指针
    for(i = 1; i < n; i++)
```

```
    {   q = (PSTUDENT)malloc(sizeof(STUDENT));
        scanf("%s%d",q->name,&q->score);
        p->next = q;                          //连接 q 结点
        p = q;                                //p 跳到 q 上,再准备连接下一个结点 q
    }
    p->next = NULL;                           //置尾结点指针域为空指针
    return head;                              //将已建立起来的单链表头指针返回
}
void list(PSTUDENT head)                      //链表的输出
{ PSTUDENT p = head;                          //从头指针出发,依次输出各结点的值,直到遇到 NULL
    while(p!= NULL)
    { printf("%s\t%d\n",p->name,p->score);
        p = p->next;                          //p 指针顺序后移一个结点
    }
}
```

链表的结点类型定义为结构类型。其成员除了用户指定的外,必须加上一个指针成员,该指针为指向该结构类型的指针变量,其一般形式为

struct <结点结构类型名> * 指针变量名;

本例结点类型为 struct student,结点的指针成员定义为"struct student * next;"。结点的指针成员也称为结点的指针域,其余成员称为数据域,本例的数据成员为 name(学生姓名)和 score(考试分数)。STUDENT 为 struct student 类型的别名,PSTUDENT 为 struct student 指针类型的别名。

子函数 crelink() 的功能是建立一个由 n 个结点构成的单链表函数,n 为该函数的形参,函数的返回值为链表头结点指针 head。首先,子函数 crelink() 使用系统函数 malloc() 申请 sizeof(STUDENT) 字节存储空间作为链表第一个结点的存储空间,将该空间的指针强制转换成 PSTUDENT 类型赋给指针变量 head。接着使用 scanf 语句为该结点的数据域赋值。使用 for 循环,每次循环使用系统函数 malloc() 申请下一个结点的存储空间,指针 q 指向该空间。使用 scanf 语句为该结点的数据域赋值。将 p 结点的指针域 next 指向结点 q,实现本结点与下一个结点的连接。将下一个结点的指针 q 赋给本结点指针 p,即下一结点作为本结点,进行下次循环,再创建一个新结点。依次创建 n 个链表结点。循环结束后,链表最后一个结点的指针域 next 置为空指针 NULL,作为链表的结束标志。

子函数 list() 的功能是输出链表的所有结点。其形参为链表头一个结点的指针 head。while 循环的循环变量 p 的初值为 head,第一次循环,p 指向链表头一个结点。使用 printf 语句输出该结点的数据域。

将 p 结点指针域 next 赋给 p,p 指向链表的下一个结点,进行下一次循环。第二次循环将输出链表第二个结点的数据,以此类推,直到输出所有结点的数据。循环结束的条件为 p 指向链表结束标记"NULL"。

10.6.3 链表的基本操作

【例 10.10】 编写一个函数,在链表的第 i 个结点之后插入一个新结点。

```
PSTUDENT insnode2(PSTUDENT head,int i)
{    PSTUDENT s,p,q;
```

```
    int j = 0;
    if(i < 0) return NULL;              //参数 i 值不合理
    s = (PSTUDENT)malloc(sizeof(STUDENT));
    printf("Input new node datas:");
    scanf("% s % d",s -> name,&s -> score);
    if(i == 0)                         //i == 0 表明是在第一个结点之前插入新结点
    {s -> next = head; head = s; return head;}
    q = head;                          //在 p 和 q 之间查找新结点的位置
    while(j < i&&q!= NULL)
    { j++; p = q; q = q -> next;}
    if(j < i) return NULL;             //i 值超过表长了
    p -> next = s;                     //在 p 和 q 之间即第 i 个结点之后插入新结点
    s -> next = q;
    return head;
}
```

　　子函数 insnode2()向以 head 为头指针的链表的第 i 个结点之后插入一个新的结点。首先,从内存中申请一个结点的存储空间,指针变量 s 指向该存储空间。然后,对 s 指向的结点输入结点数据域 name、score 的值。假设插入的结点在链表头结点前,i 为 0,则 s 的下一个结点为原链表的头指针 head,s 为插入后新链表的头指针 head,为此,令"s-> next＝head；head＝s；"。对于 i 大于 0,令指针 q 指向链表的头结点,通过 while 循环使指针 q 每次向后移动一个结点的位置,并用指针 p 指向 q 移动前所指向的结点,p、q 所指向结点前后相邻。每次循环用变量 j 进行循环次数计数,当 j 小于插入点 i 时,说明还没有将 q 移动到插入位置,继续循环。当 j 等于 i,循环结束,p 指向链表的第 i 个结点,q 指向链表的第 i+1 个结点。将 s 指向的结点插入到 p、q 所指向结点之间,令 p 的指针域指向结点 s,s 的指针域指向结点 q,则完成在链表的第 i 个结点之后插入一个新结点。停止循环的另一个条件是 q 指向了链表的最后一个结点,其指针域为"NULL"。此时,如果 i 等于 j,插入结点的方法同上；如果 j 小于 i,则说明插入点 i 大于链表的总长,不进行插入操作,返回"NULL"。

　　【例 10.11】　编写一个函数,删除链表中的第 i 个结点。

```
PSTUDENT delnode2(PSTUDENT head, int i)
{   PSTUDENT p,s;
    int j;
    if(i < 1) return NULL;             //i < 1,不合理
    if(i == 1)                         //欲删除的结点是链表中的第一个结点
    {   if(head!= NULL)   { s = head; head = s -> next; free(s); }
        return head;
    }
    s = head -> next;                  //查找第 i 个结点的位置,以 s 标记
    p = head;
    j = 2;
    while(j < i&&s!= NULL)
        { j++;p = s;s = s -> next;}
    if(j < i) return NULL;             //j < i,说明参数 i 的值超过了表长
    p -> next = s -> next;             //摘除 s 结点
    free(s);                           //回收已摘掉的结点
    return head;
}
```

　　子函数 delnode2()删除 head 为头指针的链表中的第 i 个结点。如果删除的 i 结点为链

表头结点,i 为 0,用指针 s 指向原链表的头指针 head,head 指向链表的第二个结点,为此,令
"head = s-> next;"。用 free()释放 s 指向的结点空间。函数的返回值为链表新的头指针
head。对于 i 大于 0 时,令指针 s 指向链表的第二个结点,通过 while 循环使指针 s 每次向
后移动一个结点的位置,并用指针 p 指向 s 移动前所指向的结点,p、s 所指向结点前后相
邻。每次循环用变量 j 计算结点数,由于从第二个结点开始循环,所以 j 的初值为 2。当 j 小
于删除点 i 时,说明还没有将 s 移动到删除位置,继续循环。当 j 等于 i,循环结束,p 指向链
表的第 i—1 个结点,s 指向链表的第 i 个结点。将 s 指向的结点删除,p 的指针域指向结点 s
的后一个结点,s 的指针域指向结点 s 的后一个结点,使用语句"p-> next = s-> next;",则完
成删除链表中的第 i 个结点。然后,用 free()释放 s 指向的结点空间,返回链表的头指针。
停止循环的另一个条件是 s 指向了链表的最后一个结点,其指针域为"NULL"。此时,如果
i 等于 j,删除结点的方法同上;如果 j 小于 i,则说明删除点 i 大于链表的总长,不进行删除
操作,返回"NULL"。

在第一个结点之前附加一个结点,这个附加的结点被称为"头结点"。加上头结点的链
表又称为"带头结点的链表"。头结点的存在将给插入和删除操作带来方便。

【例 10.12】 带头结点单链表的基本操作程序。

```c
# include "stdio. h"
# include "malloc. h"
typedef struct student
{   char name[20];
    int score;
    struct student * next;          //结点指针域
} STUDENT, * PSTUDENT;              //自定义链表结点数据类型名 STUDENT
                                    //指针类型名 * PSTUDENT
listhead(PSTUDENT head)            //带头结点链表的输出
{   PSTUDENT p = head -> next;      //从第一个数据结点出发,依次输出
    printf("The linklist is:\n");
    while(p!= NULL)                 //各结点的值,直到遇到 NULL
    {   printf(" % s\t % d\n",p -> name,p -> score);
        p = p -> next;              //p 指针顺序后移一个结点
    }
}

PSTUDENT crelinkhead(int n)        //建立一个有 n 个结点的单链表函数,返回结点指针类型
{   int i;
    PSTUDENT p, q, head;
    if(n < = 0) return NULL;        //参数不合理,返回空指针
    head = (PSTUDENT)malloc(sizeof(STUDENT)); //生成头结点
    p = head;                       //p 作为连接下一个结点 q 的指针
    printf("Input % d node datas:\n",n);
    for(i = 1;i < = n;i++)
    {   q = (PSTUDENT)malloc(sizeof(STUDENT));
        scanf(" % s % d",q -> name,&q -> score);
        p -> next = q;              //连接 q 结点
        p = q;                      // p 跳到 q 上,再准备连接下一个结点 q
    }
    p -> next = NULL;               //置尾结点指针域为空指针
    return head;                    //将已建立起来的单链表头指针返回
}
```

```
PSTUDENT insnodehead(PSTUDENT head,int i) //在第 i 个结点之后插入新结点函数
{    PSTUDENT s,p,q;
     int j = 0;                        //查找第 i 个结点计数用
     if(i < 0) return NULL;            //参数 i 值不合理
     s = (PSTUDENT)malloc(sizeof(STUDENT));
     printf("Input new node datas:");
     scanf("% s % d",s - > name,&s - > score);
     p = head; q = head - > next;      //在 p 和 q 之间查找新结点的位置
     while(j < i&&q!= NULL)
     {    j++;
          p = q;
          q = q - > next;
     }
     if(j < i) return NULL;            // i 值超过表长了
     printf("After inserted a node in the later of % d. ",i);
     p - > next = s;                   //在 p 和 q 之间,即第 i 个结点之后插入新结点
     s - > next = q;
      return head;
}

PSTUDENT delnodehead(PSTUDENT head,int i)      //删除链表中的第 i 个结点函数
{    PSTUDENT p, s;
     int j;
     if(i < 1) return NULL;           //i < 1,不合理
     s = head - > next;               //查找第 i 个结点的位置,以 s 标记
     p = head;
     j = 1;
     while(j < i&&s!= NULL)
     {    j++;p = s;s = s - > next;}
     if(s == NULL) return NULL;       //j < i,说明参数 i 的值超过了表长
     printf("After deleted the % d node.",i);
     p - > next = s - > next;          //摘除 s 结点
     free(s);                         //回收已摘掉的结点
     return head;
}
main()
{    PSTUDENT h; int n;
     printf("Please input number of node:"); scanf("% d",&n);
     h = crelinkhead(n);              //调用建立带头结点单链表的函数
     listhead(h);                     //调用输出带头结点链表的函数
     h = insnodehead(h,2);            //在带头结点链表中第二个结点之后插入一个新结点
     listhead(h);
     h = delnodehead(h,2);            //在带头结点链表中删除第三个结点
     listhead(h);
}
```

链表与数组比较:

(1) 在存储结构上,数组是一种顺序存储结构,即逻辑上相邻的数据元素在存储地址上也是相邻的;而链表是一种链式存储结构,即逻辑上相邻的数据元素在存储地址上不一定是相邻的。

(2) 在存取数据上,数组是一种随机存取方式;而链表是一种顺序存取方式。因为链表只能沿着头指针方向顺序往下找,数组则只需通过下标就可以方便地提取相应的数据。

（3）在数据处理上，数组非常适合于查找、更新和排序；而链表则适用于插入和删除操作。因为在链表上进行插入和删除操作时不需要移动大量的数据元素；数组则不然，插入和删除操作平均要移动一半的数据元素。

（4）在空间上，数组是事先已限定了固定的空间，不易扩充；而链表则根据需要随时可以获取所需空间。

从上面的分析可以看出，数组和链表都是用于存放数据元素的结构，它们各有各的优缺点，所以在具体运用时一定要根据需要选取合适的数据结构。

10.7　上机实践

1. 上机实践的目的要求

（1）掌握结构体变量的定义。

（2）了解共用体、枚举的定义。

2. 上机实践内容

（1）统计候选人得票数。假设有三个候选人，由 10 个选民参加投票选出一个代表。

```c
#include "stdio.h"
#include "string.h"
struct person
{   char name[20];
    int count;
}leader[3] = {"li",0,"zhang",0,"xue",0};
main()
{   int i,j;
    char select[20];
    for(i = 0;i < 10;i++)
    {   printf("%d\tPlease input your result: ",i + 1);
        scanf("%s",select);
        for(j = 0;j < 3;j++)
            if(strcmp(leader[j].name,select) == 0)
                leader[j].count++;
    }
    printf("    The result    \n");
    for(j = 0;j < 3;j++)
        printf("%s\t%d\n",leader[j].name,leader[j].count);
}
```

程序运行结果为

输入　　1 Please input your result:li ↙
　　　　2 Please input your result:li ↙
　　　　3 Please input your result:zhang ↙
　　　　4 Please input your result:li ↙
　　　　5 Please input your result:xue ↙
　　　　6 Please input your result:li ↙
　　　　7 Please input your result:xue ↙
　　　　8 Please input your result:xue ↙

```
        9 Please input your result:zhang ↙
        10 Please input your result:li ↙
输出    The result
        li      5
        zhang   2
        xue     3
```

（2）输入某学生的姓名、年龄和 5 门功课成绩,计算平均成绩并输出。

```
#include "stdio.h"
main()
{   struct student
    {   char name[10];
        int age;
        float score[5],ave;
    }stu;
    int i;
    stu.ave = 0;
    scanf("%s%d",stu.name,&stu.age);
    for(i = 0;i < 5;i++)
    {   scanf("%f",&stu.score[i]);
        stu.ave += stu.score[i]/5.0;
    }
    printf("%s%4d\n",stu.name,stu.age);
    for(i = 0;i < 5;i++)
        printf("%6.1f",stu.score[i]);
    printf("average = %6.1f\n",stu.ave);
}
```

程序运行结果为

```
输入    wang_li 21 ↙
        82 77 91 68 85 ↙
输出    wang_li 21
        82.0  77.0  91.0  68.0  85.0  average =   80.6
```

（3）利用共用体类型的特点分别取出 int 型变量中的高字节和低字节中的两个数。

```
#include "stdio.h"
union change
{   int a;
    char c[2];
}un;
main()
{   un.a = 16961;
    printf("un.a:%x\n",un.a);
    printf("un.c[0]:%d,%c\n",un.c[0],un.c[0]);
    printf("un.c[1]:%d,%c\n",un.c[1],un.c[1]);
}
```

程序运行结果为

```
un.a:4241
un.c[0]:65,A
un.c[1]:66,B
```

习题

一、选择题

1. 有以下的结构体变量定义语句：

struct student {int num;char name[9];}stu;

则下列叙述中错误的是(　　　)。

    A. 结构体类型名为 student   B. 结构体类型名为 stu

    C. num 是结构体成员名   D. struct 是 C 的关键字

2. union data
```
{   int i;
    char c;
    float f;
};
```

定义了(　　　)。

    A. 共用体类型 data   B. 共用体变量 data

    C. 结构体类型 data   D. 结构体变量 data

3. 下面对枚举类型的叙述不正确的是(　　　)。

    A. 定义枚举类型用 enum 开头

    B. 枚举常量的值是一个常数

    C. 一个整数可以直接赋给一个枚举变量

    D. 枚举值可以用来进行判断比较

4. union ctype
```
{   int i;
    char ch[5];
}a;
```

则变量 a 占用的字节个数为(　　　)。

    A. 6   B. 5   C. 7   D. 2

5. 设有如下定义，则对 data 中的 a 成员的正确引用是(　　　)。

typedef union{ling i; int k[5]; char c;}DATA;
struct data{int cat;DATA cow;double dog;}zoo;
DATA max;

则语句"printf("%d",sizeof(zoo)＋sizeof(max));"的执行结果是(　　　)。

    A. 26   B. 30   C. 18   D. 8

二、程序分析题

1. 以下程序的输出结果是(　　　)。

```
# include "stdio.h"
main()
{   union {char c;char i[4];}z;
```

```
    z.i[0] = 0x39;z.i[1] = 0x36;
    printf(" % c\n",z.c);
}
```

2. 以下程序的输出结果是( )。

```
#include "stdio.h"
main()
{    union
{    char s[2];
     int i;
}g;
g.i = 0x4142;
printf("g.i = % x\n",g.i);
printf("g.s[0] = % x\tg.s[1] = % x\n",g.s[0],g.s[1]);
g.s[0] = 1;
g.s[1] = 0;
printf("g.s = % x\n",g.i);
}
```

三、程序设计题

编写程序,输入 5 个职工的编号、姓名、基本工资、职务工资,求出"基本工资＋职务工资"最多的职工(要求用子函数完成),并输出该职工记录。

第11章

文件

在前面章节的阐述中，已多次涉及微机的输入输出操作，这些输入输出操作仅对输入输出设备进行：从键盘输入数据，或将数据从显示器或打印机输出。通过这些常规输入输出设备，有效地实现了微型计算机与用户的联系。

然而，在实际应用系统中，仅使用这些常规外部设备是很不够的。使用微型计算机解决实际问题时往往需要处理大量的数据，并且希望这些数据不仅能被本程序使用，而且也能被其他程序使用。通常在计算机系统中，一个程序运行结束后，它所占用的内存空间将全部被释放，该程序涉及的各种数据所占用的内存空间也将被其他程序或数据占用而不能被保留。为保存这些数据，必须将它们以文件形式存储在外存储器（如 U 盘）中；当其他程序要使用这些数据，或该程序还要这些数据时，再以文件形式将数据从外存读入内存。尤其在用户处理的数据量较大、数据存储要求较高、处理功能需求较多的场合，应用程序总要使用文件操作功能。

11.1 文件的概念

文件是指一组相关数据的有序集合，这个数据集的名称就叫文件名。实际上，在前面的各章中已经多次使用了文件，例如，源程序文件、目标文件、可执行文件、库文件（头文件）等。文件通常是驻留在外部介质（如磁盘等）上的，在使用时才调入内存中。从不同的角度可对文件进行不同的分类。

（1）从用户的角度，文件可分为普通文件和设备文件。

普通文件是指驻留在磁盘或其他外部介质上的一个有序数据集，可以是源文件、目标文件、可执行程序，也可以是一组待输入处理的原始数据，或者是一组输出的结果。源文件、目标文件、可执行程序可以称作程序文件，输入输出数据可称作数据文件。

设备文件是指与主机相连的各种外部设备，如显示器、打印机、键盘等。在操作系统中，把外部设备也看作一个文件来进行管理，把它们的输入、输出等同于对磁盘文件的读和写。通常把显示器定义为标准输出文件，一般情况下，在屏幕上显示有关信息就是向标准输出文件输出，如前面经常使用的 printf()、putchar()函数就是这类输出。键盘通常被指定标准的输入文件，从键盘上输入就意味着从标准输入文件上输入数据，如 scanf()、getchar()函数就属于这类输入。

（2）按照文件中数据编码的方式，文件可分为 ASCII 码文件和二进制码文件。

ASCII 文件也称为文本文件，该文件在磁盘中存放数据或程序时，每个字符占用一字节，用于存放对应的 ASCII 码。ASCII 码文件可在屏幕上按字符显示,例如,源程序文件就是 ASCII 文件,用 DOS 命令 TYPE 可显示文件的内容。由于是按字符显示,因此能读懂文件内容。

二进制文件是按二进制的编码方式来存放文件的。二进制文件虽然也可以在屏幕上显示,但其内容无法读懂。

C 系统在处理这些文件时并不区分类型,都看成是字符流,按字节进行处理。输入输出字符流的开始和结束只由程序控制而不受物理符号(如回车符)的控制,因此也把这种文件称作流式文件。

在 C 语言中,没有输入输出语句,对文件的读写都是用库函数来实现的。ANSI 规定了标准输入输出函数对文件进行读写。

C 语言中可利用 ANSI 标准定义的一组完整的 I/O 操作函数来存取文件,这称为缓冲文件系统。但旧的 UNIX 系统下使用的 C 还定义了另一组叫非缓冲文件系统。

缓冲文件系统是指系统自动地在内存区为每个正在使用的文件开辟一个缓冲区。从内存向磁盘输出数据时,必须首先输出到缓冲区中。待缓冲区装满后,再一起输出到磁盘文件中。从磁盘文件向内存读入数据时,则正好相反:首先将一批数据读入缓冲区中,再从缓冲区中将数据逐个送到程序数据区。

非缓冲文件系统是指系统缓冲区的大小和位置由程序员根据需要自行设定,现在该系统已经基本上不用了。

存取文件的过程与其他语言中的处理过程类似,通常按如下顺序进行。

```
…
打开文件
…
读写文件(若干次)
…
关闭文件
```

这个处理顺序表明:一个文件被存取之前首先要打开它,只有文件被打开后才能进行读、写操作,文件读、写完毕后必须关闭。

系统给每个打开的文件都在内存中开辟一个区域,用于存放文件的有关信息(如文件名、文件位置等)。这些信息保存在一个结构类型变量中,该结构类型由系统定义,取名为"FILE"。

FILE 结构类型定义如下。

```
Typedef struct
{    short           level;              //缓冲区满或空的程度
     unsigned        flags;              //文件状态标志
     char            fd;                 //文件描述符
     unsigned char   hold;              //如缓冲区不读取字符
     short           bsize;              //缓冲区的大小
     unsigned char   * buffer;           //数据缓冲区的位置
     unsigned char   * curp;             //指针当前的指向
     unsigned        istemp;             //临时文件指示器
     short           token;              //用于有效性检查
}FILE;                                    // 自定义文件类型名 FILE
```

注意:结构类型名"FILE"必须大写。用 FILE 可以定义 FILE 类型的变量,使之与文件建立联系。例如:

```
FILE   * fp1,* fp2;        //定义了两个文件类型的指针变量,可以打开两个文件
```

只有使用 FILE 类型结构体的指针变量,才可以访问 FILE 类型的数据,才可以管理和使用内存缓冲区中文件的信息,从而与磁盘文件建立联系。该类型的定义放在头文件 stdio. h 中,在进行文件操作时一定要包含该头文件。

11.2　文件的使用方法

11.2.1　文件的打开和关闭

对文件进行操作之前,必须先打开该文件,文件使用结束后,应立即关闭,以免数据丢失。C 语言提供标准输入输出函数库实现文件的打开和关闭,用 fopen()函数打开一个文件,用 fclose()函数关闭一个文件。对文件操作的库函数,函数原型均在头文件 stdio. h 中。后续函数不再赘述。

1. 文件的打开

使用 fopen()函数打开文件,一般调用格式是

FILE * fp;
fp = fopen("文件名","操作方式");

功能:返回一个指向指定文件的指针,与指定的文件建立联系。

例如:

```
fp = fopen("data1.dat","r");
```

以上语句表明以只读文本的方式打开当前目录下的文件 data1.dat。又如:

```
FILE * fph;
fph = ("c:\\f1.c","rb");
```

其意义是打开 C 驱动器磁盘的根目录下的文件 f1. c,这是一个二进制文件,只允许按二进制方式进行读操作。

实际上,在打开文件时规定了三个操作:打开哪个文件、以何种方式打开、与哪个文件指针建立联系。其中,文件名是指要打开(或创建)的文件名,文件名中可以用字符串常量、字符数组名(或字符指针变量)表示,还可以包含盘符和路径。文件的打开方式有多种形式,如表 11.1 所示。

表 11.1　文件的打开方式

文件的打开方式	含　　义	文件的打开方式	含　　义
r(只读文本)	为输入打开文本文件	r+(读写文本)	为读/写打开文本文件
w(只写文本)	为输出打开文本文件	w+(读写文本)	为读/写建立一个新的文本文件
a(追加文本)	向文本文件尾部追加数据	a+(读写文本)	为读/写打开文本文件
rb(只读二进制)	为输入打开二进制文件	rb+(读写二进制)	为读/写打开二进制文件
wb(只写二进制)	为输出打开二进制文件	wb+(读写二进制)	为读/写建立一个新的二进制文件
ab(追加二进制)	向二进制文件尾部追加数据	ab+(读写二进制)	为读/写打开二进制文件

说明：

（1）w、wb、w＋、wb＋：如果该文件已存在，原有内容将全部清除，准备接收新内容；如果该文件不存在，则建立该文件，准备接收新内容。

（2）a、ab、a＋、ab＋：如果该文件已存在，则在末尾追加数据；如果该文件不存在，则建立该文件，准备接收新内容。

（3）r、rb：该文件必须已经存在，且只能读文件。

（4）r＋、rb＋：该文件必须已经存在，不写先读→读出原内容；先写后读→覆盖原内容。

如果不能实现打开指定文件的操作，则 fopen()函数返回一个空指针 NULL(其值在头文件 stdio.h 中被定义为 0)。为增强程序的可靠性，常用下面的方法打开一个文件。

```
if((fp = fopen("文件名","操作方式")) == NULL)
{    printf("can not open this file\n");
     exit(0);
}
```

exit()函数的功能是：终止程序执行，关闭文件并返回 DOS，它定义在 stdio.h 中。

使用文本文件向计算机系统输入数据时，系统自动将回车换行符转换成一个换行符；在输出时，将换行符转换成回车和换行两个字符。使用二进制文件时，内存中的数据形式与数据文件中的形式完全一样，就不再进行转换。

有些 C 编译系统可能并不完全提供上述对文件的操作方式，或采用的表示符号不同，请注意所使用系统的规定。在程序开始运行时，系统自动打开三个标准文件，并分别定义了文件指针。

（1）标准输入文件 stdin：指向终端输入(一般为键盘)。如果程序中指定要从 stdin 所指的文件输入数据，就是从终端键盘上输入数据。

（2）标准输出文件 stdout：指向终端输出(一般为显示器)。

（3）标准错误文件 stderr：指向终端标准错误输出(一般为显示器)。

2．文件的关闭

关闭文件就是使文件指针变量与文件"脱钩"，同时将内存文件写入磁盘，此后不能再通过该指针对其相连的文件进行读写操作，除非再次打开，使该指针变量重新指向该文件。用 fclose()函数关闭文件，函数调用的一般格式是

```
fclose (文件指针);
```

例如：

```
fclose(fp);
```

fclose()函数也带回一个值：当顺利地执行了关闭操作，则返回值为 0；如果返回值为非 0 值，则表示关闭时有错误。

应该养成在程序终止之前关闭所有使用的文件的习惯，如果不关闭文件将会丢失数据。用 fclose()函数关闭文件，它先把缓冲区中的数据输出到磁盘文件然后才释放文件指针变量。

11.2.2　文件的读写

文件打开之后,就可以对其进行读写操作。在 C 语言中提供了多种文件读写的函数。
- 字符读写函数：fgetc()和 fputc()。
- 字符串读写函数：fgets()和 fputs()。
- 数据块读写函数：freed()和 fwrite()。
- 格式化读写函数：fscanf()和 fprinf()。

使用以上函数都要求包含头文件 stdio.h。在本节的内容中,fp 是一个已经定义好的文件指针。

1. 读一个字符函数 fgetc()

调用格式：`fgetc(fp);`

功能：从 fp 所指向的文件中,读出一个字符到内存,同时将读写位置指针向前移动 1 字节(即指向下一个字符)。函数的返回值就是读出的字符,该函数无出错返回值。

使用该函数时文件必须是以读或读写方式打开的。通常,读出的字符会赋给一个变量。该函数的调用常使用：

`ch = fgetc(fp);`

ch 为字符变量,fgetc()函数带回一个字符,赋给 ch。如果执行 fgetc()读字符时遇到文件结束符,函数返回一个文件结束标志 EOF。

【例 11.1】　读出文件 f81.c 中的字符输出到屏幕上。

```
# include "stdio.h"
# include "stdlib.h"
main()
{    FILE * fp;                          //定义文件指针
    char ch;
    if((fp = fopen("f81.c","r")) == NULL) //打开文件失败
    {    printf("Cannot open file!");
        exit(0);
    }
    ch = fgetc(fp);                      //从文件中读一个字符
    while (ch!= EOF)
    {    putchar(ch);                     //将字符输出到屏幕上
        ch = fgetc(fp);
    }
    fclose(fp);                          //关闭文件
}
```

例 11.1 程序的功能是：从文件中逐个读取字符,在屏幕上显示。程序定义了文件指针 fp,以读文本文件方式打开文件 f81.c,并使 fp 指向该文件。若打开文件出错,给出提示并退出程序。程序中使用语句"ch=fgetc(fp);"先读出一个字符,然后进入循环,只要读出的字符不是文件结束标志(每个文件末有一结束标志 EOF),就把该字符显示在屏幕上,再读入下一字符。每读一次,文件内部的位置指针向后移动一个字符,文件结束时,该指针指向 EOF。执行本程序将显示整个文件的内容。

2. 写一个字符函数 fputc( )

调用格式：`fputc(ch,fp);`

其中,ch 是要写入的字符,它可以是一个字符常量或字符变量；fp 是文件指针变量。

功能：将字符(ch 的值)写入 fp 所指向的文件中,同时将读写位置指针向前移动一字节(即指向下一个写入位置)。

如果写入成功,则函数返回值就是写入的字符数据；否则,返回一个符号常量 EOF(其值在头文件 stdio. h 中,被定义为 −1)。

1) 关于符号常量 EOF

在对 ASCII 码文件执行写入操作时,如果遇到文件尾,则写操作函数返回一个文件结束标志 EOF(其值在头文件 stdio. h 中被定义为 −1)。

在对二进制文件执行读出操作时,必须使用库函数 feof()来判断是否遇到文件尾。

2) 库函数 feof()

调用格式：`feof(fp);`

功能：在执行读文件操作时,如果遇到文件尾,则函数返回逻辑真(1)；否则,返回逻辑假(0)。feof()函数同时适用于 ASCII 码文件和二进制文件。

【例 11.2】 从键盘上输入一组字符,将它们写入磁盘文件中并输出,直到输入一个"♯"为止。

```
# include "stdio. h"
# include "stdlib. h"
main( )
{    FILE  * fp;
     char ch, filename[10];
     scanf(" % s",filename);                    //从键盘输入要操作的文件名
     if ((fp = fopen(filename,"w")) == NULL)
     {    printf("cannot open file \n");
          exit(0);
     }
     while((ch = getchar( ))!= '♯')
     fputc(ch, fp);                             //向文件中写入一个字符
     fclose(fp);
     if ((fp = fopen(filename,"r")) == NULL)
     {    printf("cannot open file \n");
     exit(0);
     }
     while((ch = fgetc(fp))!= '♯')
          putchar(ch);
     fclose(fp);
}
```

例 11.2 程序中第 6 行以写文本文件方式打开文件。程序第 10 行从键盘输入一个字符后进入循环,当读入字符不为"♯"时,则把该字符写入文件之中,然后继续从键盘输入下一字符。每输入一个字符,文件内部位置指针向后移动一字节。写入完毕,该指针已指向文件末,关闭文件。然后以读文本文件方式打开文件,文件指针移向文件头,使用循环读出的字符不是文件结束标志就把该字符显示在屏幕上,再读出下一字符。每读一次,文件内部的位置指针向后移动一个字符,文件结束时,该指针指向 EOF。

【**例 11.3**】　将一个磁盘文件中的信息复制到另一个磁盘文件中。

```
# include "stdio.h"
# include "stdlib.h"
main()
{    FILE * in, * out;
     char ch, infile[10], outfile[10];
     printf("Enter the infile name:\n");
     scanf(" % s",infile);
     printf("Enter the outfile name:\n");
     scanf(" % s", outfile);
     if ((in = fopen(infile,"r")) == NULL)
     {    printf("cannot open infile\n");
          exit(0);
     }
     if((out = fopen(outfile,"w")) == NULL)
     {    printf("cannot open outfile\n");
          exit(0);
     }
     while(!feof(in))
     fputc(fgetc(in),out);
     fclose(in);
     fclose(out);
}
```

feof(fp)用来测试 fp 所指向的文件当前状态是否"文件结束"。如果是文件结束,函数 feof(fp)的值为 1,否则为 0。如果想顺序读入一个二进制文件中的数据,可以用:

```
while (!feof(fp))
{c = fgetc(fp);
…    }
```

当遇文件结束,feof(fp)的值为 0,!feof(fp)的值为 1,读入一字节的数据赋给整型变量 c。直到遇到文件结束,feof(fp)值为 1,不再执行 while 循环。

3. 读一个字符串函数 fgets()

调用格式：fgets(str,n,fp);

功能：从 fp 所指向的磁盘文件中读出 n−1 个字符,并把它们放到字符数组 str 中。如果在读出 n−1 个字符结束之前遇到换行符或 EOF,读出即结束。字符串读出后在最后加一个'\0'字符,fgets()函数返回值为 str 的首地址。

4. 写一个字符串函数 fputs()

调用格式：fputs(str,fp);

功能：将字符串 str 写入 fp 所指向的磁盘文件中,同时将读写位置指针向前移动 strlength(字符串长度)字节。如果写入成功,则函数返回值为 0;否则,为非 0 值。

str 可以是一个字符串常量,或字符数组名,或字符指针变量名。

【**例 11.4**】　将键盘上输入的一个长度不超过 80 的字符串,以 ASCII 码形式存储到一个磁盘文件中,然后再输出到屏幕上。

```
# include "stdio.h"
```

```
#include "stdlib.h"
main()
{    FILE * fp;
     char str[81], name[10];
     gets(name);                    //从键盘输入一个字符串
     if((fp = fopen(name,"w")) == NULL)
     {    printf("can not open this file\n");
          exit(0);
     }
     gets(str);
     fputs(str, fp);                //向文件写入一个字符串
     fclose(fp);
     if((fp = fopen(name,"r")) == NULL)
     {    printf("can not open this file\n");
     exit(0);
     }
     fgets(str,sizeof(str) + 1,fp); //从文件中读取一个字符串
     printf("Output the string: ");
     puts(str);                     //输出一个字符串
     fclose(fp);
}
```

例 11.4 程序中定义了一个字符数组 str 共 81 字节,调用函数 gets(str)从键盘上输入一个字符串,然后使用语句"fputs(str,fp);"把字符串写入文件 fp 指向的文件,关闭文件。然后以只读方式打开文件,使用语句"fgets(str,strlen(str)+1,fp);"把文件 fp 指向的文件中的字符写入数组中,输出数组到屏幕。

实际应用中常常需要对文件一次读写一个数据块,为此 ANSI C 标准提供了 fread()和 fwrite()函数。

5. 读一个数据块函数 fread()

调用格式：fread(buf,size,count,fp);

功能：从 fp 所指向文件的当前位置开始,读出 count 个 size 大小的数据存放到从 buf 开始的内存中；同时,将读写位置指针向前移动 size×count 字节。其中,buf 是存放从文件中读出数据的起始地址。

6. 写一个数据块函数 fwrite()

调用格式：fwrite(buf,size,count,fp);

功能：将内存地址 buf 中的 count 个 size 大小的数据写入 fp 所指向的文件中。同时,将读写位置指针向前移动 size×count 字节。

buf 是数据块在内存中的存放处,通常为数组名或指针,对 fwrite()而言,buf 中存放的就是要写入文件中去的数据；对 fread()而言,从文件中读出的数据被存放到指定的 buf 中。

如果调用 fread()或 fwrite()成功,则函数返回值等于 count。fread()和 fwrite()函数一般用于二进制文件的处理。

【例 11.5】 从键盘输入 4 个学生数据,然后把它们存储到磁盘文件 student.txt 中,再读出这 4 个学生的数据显示在屏幕上。

```
#include "stdio.h"
```

```
# include "stdlib.h"
struct stu
{    char name[10];
     int num;
     int age;
     char addr[15];
}boya[4],boyb[4], * pp, * qq;
main()
{    FILE * fp;
     char ch;
     int i;
     pp = boya;
     qq = boyb;
     if((fp = fopen("student.txt","w")) == NULL)
     {    printf("Cannot open file strike any key exit!");
          exit(0);
     }
     for(i = 0;i < 4;i++,pp++)
scanf("%s%d%d%s",pp -> name,&pp -> num,&pp -> age,pp -> addr);
     pp = boya;
     fwrite(pp,sizeof(struct stu),2,fp);    //向文件中写入一个学生信息块
     fclose(fp);
     if((fp = fopen("student.txt","r")) == NULL)
     {    printf("Cannot open file strike any key exit!");
          exit(0);
     }
     fread(qq,sizeof(struct stu),2,fp);     //从文件中读出一个学生信息块
     for(i = 0;i < 4;i++,qq++)
         printf("%s\t%5d%7d%s\n",qq -> name,qq -> num,qq -> age,qq -> addr);
     fclose(fp);
}
```

例 11.5 程序中定义了一个结构体 stu,定义了两个结构数组 boya 和 boyb 以及两个结构指针变量 pp 和 qq。pp 指向 boya,qq 指向 boyb。程序中首先以写方式打开文件 student.txt,输入 4 个学生数据之后,写入该文件中;然后以读方式打开文件 student.txt,把文件内部位置指针移到文件首,读出 4 个学生数据后,在屏幕上显示。

7. 文件格式化输入函数 fscanf()

调用格式: fscanf (fp,"格式符",地址列表);
功能:按照格式符中指定的格式从 fp 所指向文件中读出数据到指定的地址列表中。

8. 文件格式化输出函数 fprintf()

调用格式: fprintf (fp,"格式符",变量列表);
功能:按照格式符中指定的格式把变量列表的数据写入 fp 所指向文件中。

fscanf()与 scanf()的功能相同,只不过 fscanf 是针对磁盘等设备文件的,而 scanf 只能从 stdin(键盘)读入;同理,fprintf 与 printf 的功能相同,fprintf 将数据送到指定的磁盘文件中,而 printf 仅把输出数据送到 stdout(显示器)上。

例如:

int i = 3; float f = 9.80;

```
fprintf(fp," % 2d, % 6.2f", i, f);
```

fprintf()函数的作用是,将变量 i 按%2d 格式、变量 f 按%6.2f 格式,以逗号作分隔符,输出到 fp 所指向的文件中:□3,□□9.80(□表示一个空格)。

【例 11.6】 使用格式化读写函数完成例 11.5。

```
# include "stdio.h"
# include "stdlib.h"
struct stu
{    char name[10];
     int num;
     int age;
     char addr[15];
}boya[4],boyb[4], * pp, * qq;
main()
{    FILE * fp;
     char ch;
     int i;
     pp = boya;
     qq = boyb;
     if((fp = fopen("stu_list","w")) == NULL)
     {    printf("Cannot open file strike any key exit!");
          exit(0);
     }
     for(i = 0;i < 4;i++,pp++)
          scanf(" % s % d % d % s",pp -> name,&pp -> num,&pp -> age,pp -> addr);
     pp = boya;
     for(i = 0;i < 2;i++,pp++)
          fprintf(fp," % s % d % d % s\n",pp -> name,pp -> num,pp -> age,pp -> addr);
     fclose(fp);
     if((fp = fopen("student.txt","r")) == NULL)
     {    printf("Cannot open file strike any key exit!");
          exit(0);
     }
     for(i = 0;i < 4;i++,qq++)
          fscanf(fp," % s % d % d % s\n",qq -> name,&qq -> num,&qq -> age,qq -> addr);
     qq = boyb;
     for(i = 0;i < 4;i++,qq++)
          printf(" % s\t % 5d % 7d % s\n",qq -> name,qq -> num, qq -> age,qq -> addr);
     fclose(fp);
}
```

与例 11.5 相比,本程序中 fscanf()和 fprintf()函数每次只能读写一个结构数组元素,因此采用了循环语句来读写全部数组元素。还要注意由于循环改变了指针变量 pp、qq 的值,因此在程序中分别对它们重新赋予了数组的首地址。

11.2.3 文件的定位

文件中有一个读写位置指针,指向当前的读写位置,每次读写一个(或一组)数据后,系统自动将位置指针移动到下一个读写位置上。如果想改变系统这种读写规律,可使用有关文件定位的函数。

1. 位置指针复位函数 rewind()

调用格式: rewind(fp);

功能：使文件的位置指针返回到文件头。

【例 11.7】 有一个磁盘文件，第一次将它的内容显示在屏幕上，第二次把它复制到另一个文件上。

```c
# include "stdio.h"
# include "stdlib.h"
main()
{    FILE * fp1,  * fp2;
     fp1 = fopen("file1.c","r");
     fp2 = fopen("file2.c","w");
     while(!feof(fp1))
          putchar(getc(fp1));
     rewind(fp1);                          //file1.c 中的文件指针复位
     while(!feof(fp1))
          putc(getc(fp1),fp2);
     fclose(fp1);
     fclose(fp2);
}
```

例 11.7 程序中首先打开文件 file1.c，将其内容显示在屏幕上，这时文件指针位于文件尾部，在进行将 file1.c 中的内容写入文件 file2.c 中之前，首先使 file1.c 中的文件指针复位，在程序中使用语句"rewind(fp1);"实现。

2. 位置指针随机定位函数 fseek()

对于流式文件，既可以顺序读写，也可以随机读写，关键在于控制文件的位置指针。顺序读写是指读写完当前数据后，系统自动将文件的位置指针移动到下一个读写位置上。随机读写是指读写完当前数据后，可通过调用 fseek() 函数，将位置指针移动到文件中任何一个地方。

调用格式：fseek(fp,位移量 w,起始点);

功能：将指定文件的位置指针，从起始点开始向前或向后移动位移 2 字节，使位置指针移到距起始点偏移 w 字节处。

起始点可为 0、1、2，分别表示文件开始、当前位置、文件末尾。

例如：

```
fseek(fp,100L,0);                         //以文件头为起点，向前移动 100 字节的距离
fseek(fp,50L,1);                          //以当前位置为起点，向前移动 50 字节的距离
fseek(fp, - 10L,2);                       //以文件尾为起点，向后移动 10 字节的距离
```

fseek() 函数一般用于二进制文件。

【例 11.8】 在磁盘文件上存有 10 个学生的数据。要求将第 1、3、5、7、9 个学生的数据输入计算机，并在屏幕上显示出来。

```c
# include "stdio.h"
# include "stdlib.h"
typedef struct
{    char name[10];
     int num;
     int age;
     char sex;
```

```
}STU;
main()
{    int i;
     STU st[10];
     FILE * fp;
     if((fp = fopen("stud.dat","rb")) == NULL)
     {    printf("cannot open file\n");
          exit(0);
     }
     for(i = 0;i < 10; i += 2)
     {    fseek(fp,i * sizeof(STU),0);
          fread(&st[i],sizeof(STU),1,fp);
     printf("% s % d % d % c\n",st[i].name,st[i].num,st[i].age,st[i].sex);
     }
     fclose(fp);
}
```

3．返回文件当前位置的函数 ftell()

调用格式：ftell(fp);

功能：返回文件位置指针的当前位置（用相对于文件头的位移量表示）。如果返回值为
—1L,则表明调用出错。例如：

```
offset = ftell(fp);
if(offset == - 1L)printf("ftell( ) error\n");
```

4．出错检测函数

1）文件操作出错测试函数 ferror()

在调用输入输出库函数时,如果出错,除了函数返回值有所反映外,也可利用 ferror()
函数来检测。

调用格式：ferror(fp);

功能：如果函数返回值为 0,表示未出错；如果返回一个非 0 值,表示出错。

对同一文件,每次调用输入输出函数均产生一个新的 ferror()函数值。因此在调用了
输入输出函数后,应立即检测,否则出错信息会丢失。在执行 fopen()函数时,系统将 ferror()
的值自动置为 0。

2）清除错误标志函数 clearerr()函数

调用格式：clearerr (fp);

功能：将文件错误标志（即 ferror()函数的值）和文件结束标志（即 feof()函数的值）置
为 0。对同一文件,只要出错就一直保留,直至遇到 clearerr()函数或 rewind()函数,或其他
任何一个输入输出库函数。

11.3　上机实践

1．上机实践的目的要求

（1）掌握文件和文件指针的概念以及文件的定义方法。

（2）了解文件打开和关闭的概念和方法。

（3）掌握有关文件的函数。

2. 上机实践内容

（1）编写程序,把输入的字符中的小写字母全部转换成大写字母输出到一个磁盘文件"test"中保存（用字符!表示输入字符串的结束）。

```
# include "stdio.h"
# include "stdlib.h"
main( )
{   FILE * fp;
    char str[100];
    int i = 0;
    if((fp = fopen("test","w")) == NULL)
    {   printf("Can not open this file.");
    exit(0);
    }
    gets(str);
    while(str[i]!= '!')
    {   if(str[i]> = 'a'&&str[i]< = 'z')
            str[i] = str[i] - 32;
        fputc(str[i],fp);
        i++;
    }
    fclose(fp);
}
```

（2）编写程序对 data.dat 文件写入 100 以内所有的素数。

```
# include "stdio.h"
# include "stdlib.h"
main()
{   FILE * fp;
    int i,m;
    fp = fopen("date.dat","w");
    for(m = 2;m< = 100;m++)
    {   for(i = 1;i< = m/2;i++)
        if(m % i == 0)break;
    if(i> = m/2)fprintf(fp," % d",m);
    }
    fclose(fp);
}
```

（3）设有一文件 cj.dat 存放了 50 个人的成绩（英语、计算机、数学），存放格式为：每人一行,成绩间由逗号分隔。计算三门课的平均成绩,统计个人平均成绩大于或等于 90 分的学生人数。

```
# include "stdio.h"
# include "stdlib.h"
main()
{   FILE * fp;
    int num,i;
    float x,y,z,s1,s2,s3;
```

```
    fp = fopen ("cj.dat","r");
    for(i = 1;i < = 50;i++)
    {    fscanf(fp," % f, % f, % f",&x,&y,&z);
        s1 = s1 + x;
        s2 = s2 + y;
        s3 = s3 + z;
        if((x + y + z)/3 > = 90)
            num = num + 1;
    }
    printf("分数高于 90 的人数为：% .2d",num);
    fclose(fp);
}
```

（4）统计第 3 题 cj.dat 文件中每个学生的总成绩，并将原有数据和计算出的总分数存放在磁盘文件"stud"中。

```
# include "stdio.h"
# include "stdlib.h"
main()
{    FILE * fp1, * fp2;
    float x,y,z;
    fp1 = fopen("cj.dat","r");
    fp2 = fopen("stud","w");
    while(!feof(fp1))
    {    fscanf (fp1," % f, % f, % f",&x,&y,&z);
        printf(" % f, % f, % f, % f\n",x,y,z,x + y + z);
        fprintf(fp2," % f, % f, % f, % f\n",x,y,z,x + y + z);
    }
    fclose(fp1);
    fclose(fp2);
}
```

（5）在学生文件 stu_list 中读出第二个学生的数据。

```
# include "stdio.h"
# include "stdlib.h"
struct stu
{    char name[10];
    int num;
    int age;
    char addr[15];
}boy, * qq;
main()
{    FILE * fp;
    char ch;
    int i = 1;
    qq = &boy;
    if((fp = fopen("stu_list","rb")) == NULL)
    {    printf("Cannot open file strike any key exit!");
        exit(0);
    }
    rewind(fp);
    fseek(fp,i * sizeof(struct stu),0);
    fread(qq,sizeof(struct stu),1,fp);
    printf("\n\nname\tnumber age addr\n");
```

```
        printf("%s\t%5d %7d %s\n",qq->name,qq->num,qq->age,qq->addr);
    }
```

（6）编写程序，统计一个文本文件中含有英文字母的个数。

```
#include "stdio.h"
#include "stdlib.h"
main()
{   FILE *fp;
    int num=0;
    if((fp=fopen("f1,dat","r"))==NULL)
    {   printf("Can't  Open  File\n");
        exit(0);
    }
    while(fgetc(fp)!=EOF)
        num++;
    printf("%ld\n",num);
    fclose(fp);
}
```

（7）程序的功能是显示文件 data 的内容。找出程序中的错误，请改正并上机调试出正确结果。

```
#include "stdio.h"
#include "stdlib.h"
main()
{   FILE *fp1;
    char ch;
    fp1=fopen("data ","w");
    ch=fgetc(fp1);
    while(ch!=feof(fp1))
    {   putchar(ch);
        ch=fgetc(fp1);
    }
    fclose(fp1);
}
```

习题

一、选择题

1. 下列关于 C 语言文件的叙述，正确的是（　　）。
   A. 文件由 ASCII 字符组成，C 语言只能读写文本文件
   B. 文件由二进制数据序列组成，C 语言只能读写二进制文件
   C. 文件由记录序列组成，可按数据的存储形式分为二进制文件和文本文件
   D. 文件由数据流组成，可按数据的存储形式分为二进制文件和文本文件

2. 下列关于 C 语言文件的叙述，错误的是（　　）。
   A. C 语言中文本文件以 ASCII 形式存储
   B. C 语言中对二进制的访问速度比文本文件快

C. C语言中随机读写方式不适合于文本文件

D. C语言中顺序读写方式不适合于二进制文件

3. C语言中用于关闭文件的库函数是( )。

    A. fopen()   B. fclose()   C. fseek()   D. rewind()

4. 假设 fp 是一个已经指向一个文件的指针,在没有遇到文件结束标志时,函数 feof(fp) 的返回值是( )。

    A. 0   B. 1   C. −1   D. 不确定

5. 在函数 fopen()中使用"a+"方式打开一个已经存在的文件,以下叙述正确的是( )。

    A. 文件打开时,原有内容不被删除,位置指针移动到文件尾,可追加和读文件

    B. 文件打开时,原有内容不被删除,位置指针移动到文件首,可重写和读文件

    C. 文件打开时,原有内容被删除,只可做写操作

    D. 以上三种说法都不正确

二、程序分析题

1. 执行以下程序后,test. txt 文件的内容是(若文件能正常打开)( )。

```
# include "stdio. h"
# include "stdlib. h"
main()
{   FILE * fp;
    char * s1 = "Fortran", * s2 = "Basic";
    if((fp = fopen("test. txt","wb")) == NULL)
    {   printf("Can't open test. txt file\n");
        exit(0);
    }
    fwrite(s1,7,1,fp);
    fseek(fp,0L,SEEK_SET);
    fwrite(s2,5,1,fp);
    fclose(fp);
}
```

2. 现有两个 C 程序文件 T18. c 和 myfun. c 同在 TC 系统目录(文件夹)下,其中,T18. c 文件如下。

```
# include "stdio. h"
# include "myfun. c"
# include "stdlib. h"
main()
{   fun();
    printf("\n");
}
```

myfun. c 文件如下。

```
void fun()
{   char s[80],c;
    int n = 0;
    while((c = getchar())!= '\n')
        s[n++] = c;
    n -- ;
```

```
    while(n > = 0)
        printf(" % c",s[n -- ]);
}
```

当编译连接通过后,运行程序 T18 时,输入"Thank"则输出结果是(   )。

三、填空题

1. 从键盘输入一行字符,输出到磁盘文件 file. txt 中。

```
# include "stdio. h"
# include "stdlib. h"
main(   )
{    FILE * &p;
     char str[80];
     if(_____ == NULL)
     {    printf(" ***** ");
          exit(0);
     }
     while(strlen(gets(str)) > 0)
     {    fputs(str,fp);
          fputs('\n',fp);
     }
     _____
}
```

2. 以下程序由终端键盘输入一个文件名,然后把终端键盘输入的字符依次存放到该文件中,用 ♯ 作为结束输入的标志,请填空。

```
# include "stdio. h"
# include "stdlib. h"
main(   )
{    FILE * fp;
     char ch,fname[10];
     printf("Input the name of file  \n");
     gets(fname);
     if((fp = _____ ) == NULL)
     {    printf("Cannot open  \n");
          exit(0);
     }
     printf("Enter date  \n");
     while((ch = getchar())! = '♯ ')
     fputc(_____ ,fp);
     fclose(fp);
}
```

3. 以下程序把一个名为 f1. dat 的文件复制到一个名为 f2. dat 的文件中。

```
# include "stdio. h"
# include "stdlib. h"
main()
{    char   c;
     FILE * fp1, * fp2
     fp1 = fopen("f1. Doc", "r");
     fp2 = fopen("f2. doc", "w");
     c = fgetc(fp1);
```

```
        while(c!= EOF)
        {    fputc(c,fp2);
             c = fgetc(fpl);
        }
        fclose(fp1);
        _____;
}
```

4. 统计文件 f1.dat 中的字符个数。

```
# include "stdio.h"
# include "stdlib.h"
main()
{    FILE * fp;
     1ong num = 0;
     if(_____ == NULL)
     {printf("Can't Open File\n");
     exit(0);
     }
     while(fgetc(fp)!= EOF)
         num++;
     printf(" % ld\n",num);
     fclose(fp);
}
```

四、程序设计题

1. 用户由键盘输入一个文件名,然后输入一串字符(用♯结束输入),存放到此文件中并将字符的个数写到文件尾部。

2. 有 5 个学生,每个学生有三门课的成绩,从键盘输入以上数据(包括学生号、姓名、三门课成绩),计算出平均成绩,将原有数据和计算出的平均分数存放在磁盘文件 score.txt 中。

第**12**章

综合设计——学生成绩管理系统

综合设计的目的是将课本上的理论知识和实际运用有机地结合起来,巩固和加深学生对 C 语言课程的基本知识的理解和掌握,掌握利用 C 语言进行简单软件设计的基本思路和方法,提高运用 C 语言解决实际问题的能力。

本章以学生成绩管理系统的综合设计为例,阐述了程序开发的一般流程,以起到抛砖引玉的作用。

12.1 系统概述

建立学生成绩管理系统,采用计算机对学生成绩进行管理,进一步提高办学效益和现代化水平。帮助广大教师提高工作效率,实现学生成绩信息管理工作流程的系统化、规范化和自动化。利用单链表结构实现学生成绩管理,了解数据库管理的基本功能,掌握 C 语言中的结构体、指针、函数、文件操作等知识,是一个 C 语言知识的综合应用。

12.2 系统需求分析

需求分析是软件开发中最重要的环节,它直接影响着项目的成功与失败。通过对用户需求进行调查分析,写出需求分析的文档。需求分析的文档可以作为项目设计的基本要求,也可以作为系统分析员进行系统分析和测试人员进行软件测试的手册。

1. 需求概述

设计一个学生成绩管理系统,使之能提供以下功能。
(1) 学生成绩信息录入功能。
(2) 学生成绩信息查询功能。
(3) 学生成绩信息删除功能。
(4) 学生成绩信息浏览功能。
(5) 学生成绩信息统计计算功能。

2. 需求说明

(1) 系统中的每个信息包含学生的学号、姓名、课程成绩、平均成绩等。
(2) 录入的信息要求以文件或其他形式保存,并可以进行查询、计算、删除和浏览等基本操作。

（3）系统中的信息显示要求有一定的规范格式。

（4）对系统中的信息应该能够分别按照学号或姓名两种方式进行查询，要求能返回所有符合条件的信息。

（5）所设计的系统应以菜单方式工作，应为用户提供清晰的使用提示，根据用户的选择进行各种处理，并要求在此过程中能尽可能地兼容使用中的异常情况。

12.3 系统总体设计

根据需求分析的文档可以初步提出问题的解决方案，以及软件系统的体系结构和数据结构的设计方案，并写出总体设计说明书，为详细设计做准备。

1. 功能模块

根据需求分析，得到系统的功能模块，如图 12.1 所示。

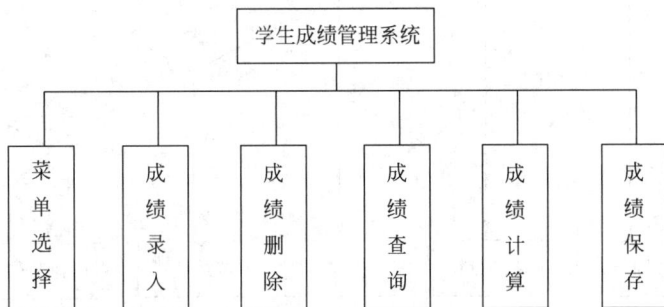

图 12.1 系统模块图

说明：

（1）菜单选择模块完成用户命令的接收功能，是学生成绩管理系统的入口，用户想要进行的各种操作都要在此模块中选择，并进而调用其他模块实现相应的功能。

（2）成绩录入模块完成学生成绩的输入功能。输入的信息包括学号、姓名、课程成绩等数据，且每一项输入有误时用户能直接修改。

（3）成绩删除模块完成成绩的删除功能。用户登录该界面后，根据个人需求输入所要删除的记录，系统将执行该程序，并输出删除后剩余的原有存储信息。

（4）成绩查询模块完成成绩的查询功能。查询符合条件的记录信息，可以按照学号和姓名两种方式进行查询，并输出符合条件的信息。

（5）成绩计算模块完成成绩的排序、计算平均分的功能。

（6）成绩保存模块完成成绩保存到文件的功能。

2. 数据结构

本系统中主要的数据结构就是学生的成绩信息，包含学号、姓名、三门课程成绩、平均分等。

3．程序流程

　　系统的执行应从系统菜单的选择开始，根据用户的选择来进行后续的处理，直到用户选择退出系统为止，其间应对用户的选择做出判断及异常处理。系统的流程图如图 12.2 所示。

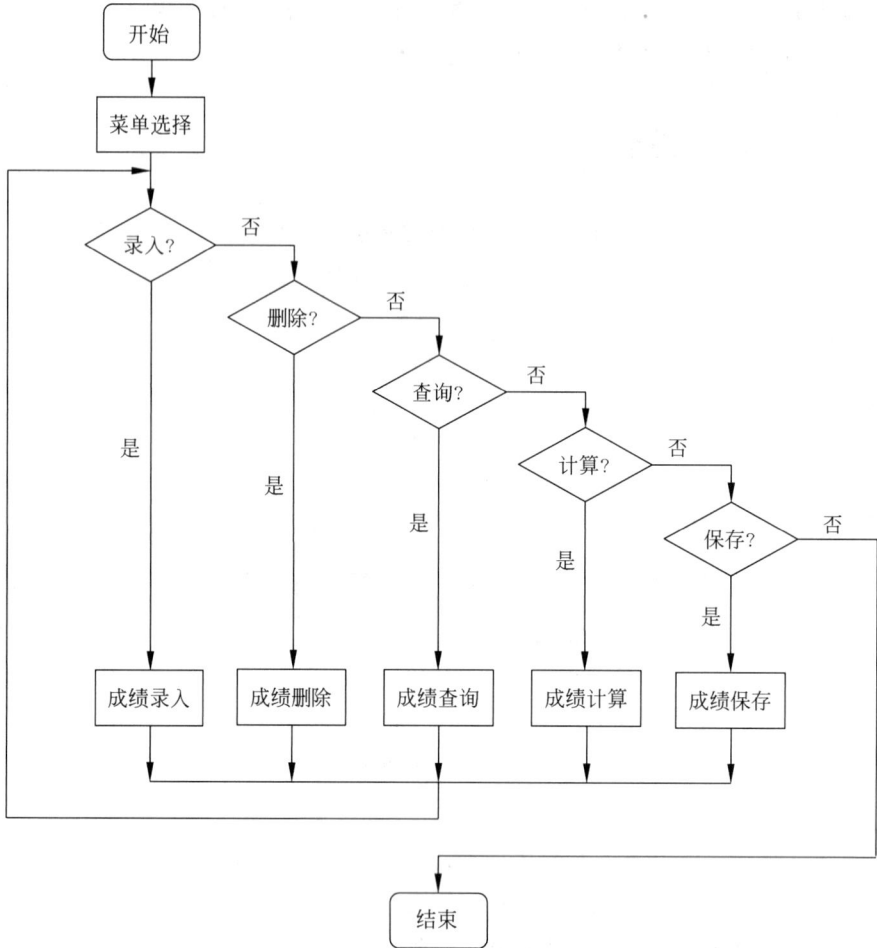

图 12.2　程序流程图

12.4　系统详细设计与实现

　　在总体设计的基础上进行详细设计和实现。

1．数据结构

　　由于学生信息中包含不同的数据类型，将学生定义为结构体类型的数据，定义学生结构体如下。

```
typedef struct
{   char number[20];
```

```
    char name[20];                    //姓名
    int score[3];                     //三门课程成绩
    float avg;                        //平均分
}STUDENT;
```

2. 各个功能模块的设计与实现

1）菜单的设计与实现

本系统设计了友好且功能丰富的主菜单界面，提供 7 项功能的选择。利用 switch…case 语句来实现调用主菜单函数，返回值整数作开关语句的条件，值不同，执行的函数不同，具体函数如下。

```
length = enter(stu);              //输入新记录
list(stu,length);                 //显示全部记录
search(stu,length);               //查找记录
length = delete(stu,length);      //删除记录
comput(stu,length);               //成绩计算
save(stu,length);                 //保存文件
exit(0);
```

2）输入新记录

当在主菜单中输入字符 0 时，调用 enter()函数进行学生信息的输入。首先输入要输入的学生人数，然后按照提示信息输入学号（字符串不超过 10 位）、姓名（字符串不超过 10 位）、三门课程的成绩（整数 0～100），每输入一个数就按一下 Enter 键。输入的数据保存在结构体数组中。

3）显示所有数据

当在主菜单中输入了字符 1 时，调用 list()函数进行所有学生信息数据的显示浏览。该函数的形参是结构体数组，函数的功能是把该数组的数据输出。

4）数据查询

当在主菜单中输入了字符 2 时，调用 search()函数进行信息数据的查找。该函数按照学生姓名进行查找数据。首先输入待查找姓名，然后调用 find()函数进行操作，从头开始顺序查找，成功则显示记录信息；失败则显示"Can not find the name who you want!"。

5）删除数据

当在主菜单中输入了字符 3 时，调用 delete()函数进行信息数据的删除。首先输入要删除学生的姓名，然后调用 find()函数查找该姓名的学生，如果没找到，则输出 no found not deleted；否则，显示是否要删除的信息，按 1 键后删除信息。

6）保存数据到文件

当在主菜单中输入了字符 4 时，调用 save()函数进行信息数据的保存。将学生成绩信息保存到指定的文件（record. txt）中。

7）成绩计算

当在主菜单中输入了字符 5 时，调用 comput()函数进行信息数据的统计计算。该函数完成学生平均成绩的计算功能。

8）退出系统

当在主菜单中输入了字符 6 时，调用 exit(0)函数结束系统的运行。

12.5 系统参考程序

```
# include "stdio.h"                                    //I/O 函数
# include "stdlib.h"                                   //标准库函数
# include "string.h"                                   //字符串函数
# include "ctype.h"
# include "conio.h"                                    //字符操作函数
# define M 500                                         //定义常数表示记录数
typedef struct
{   char number[20];
        char name[20];                                 //姓名
        int score[3];                                  //三门课程成绩
        float avg;                                     //平均分
}STUDENT;

int enter(STUDENT t[]);                                //输入记录函数声明
void list(STUDENT t[],int n);                          //显示记录函数声明
int del(STUDENT t[],int n);                            //删除记录函数声明
void search(STUDENT t[],int n);                        //按姓名查找显示记录函数声明
void save(STUDENT t[],int n);                          //记录保存为文件函数声明
void print(STUDENT t);
void comput(STUDENT t[],int n);                        //计算平均分函数声明
int find(STUDENT t[],int n,char * s) ;                 //查找函数声明
int menu();                                            //主菜单函数声明

main()
{   int i;
    STUDENT stu[M];                                    //定义结构体数组
    int length;                                        //保存记录长度
    system("cls");                                     //清屏
    for(;;)
    {   switch(menu())
        {   case 0:length = enter(stu);break;          //输入新记录
            case 1:list(stu,length);break;             //显示全部记录
            case 2:search(stu,length);break;           //查找记录
            case 3:length = del(stu,length);break;     //删除记录
            case 4:save(stu,length);break;             //保存文件
            case 5:comput(stu,length);break;           //成绩计算
            case 6:exit(0);
        }
    }
}
menu( )                                                //菜单输出函数
{   char s[80];
    int c;
    printf("press any key enter menu......\n");         //提示按任意键继续
    getchar();                                          //读入任意字符
    system("cls");
    printf(" ********** MENU ************ \n\n");
    printf("   0. Enter new record\n");
    printf("   1. Browse all record\n");
```

```
        printf("    2. Search record on name\n");
        printf("    3. Delete a record\n");
        printf("    4. Save record to file\n");
        printf("    5. comput average\n");
        printf("    6. Quit\n");
        printf(" ************************** \n");
        do
        {   printf("\n Enter you choice(0~6):");    //提示输入选项
            scanf("%s",s);                          //输入选择项
            c = atoi(s);                            //将输入的字符串转换为整型数
        }while(c<0||c>6);                           //选择项不在 0~6 重输
            return c;                               //返回选择项
}

int enter(STUDENT t[])                              //输入新记录函数
{   int i,n;
    char * s;
    system("cls");
    printf("\nplease input recordnum \n");
    scanf("%d",&n);                                 //输入记录数
    printf("please input new record \n");           //提示输入记录
    printf("number        name        eng        math        comp \n");
    printf(" ---------------------------------- \n");
    for(i = 0;i<n;i++)
    {   scanf("%s%s%d%d%d",t[i].number,t[i].name,&t[i].score[0],&t[i].score[1],
            &t[i].score[2]);                        //输入记录
                printf(" ---------------------------------- \n");
    }
    return n;                                       //返回记录条数
}

void list(STUDENT t[],int n)                        //显示所有记录函数
{   int i;
    system("cls");
    printf("\n\n ******************** STUDENT ******************** \n\n");
    printf("number        name        eng        math        comp        avg \n");
    printf(" ---------------------------------- \n");
    for(i = 0;i<n;i++)
        printf("% - 15s% - 15s% - 10d% - 10d% - 10d% - 10.1f\n",t[i].number,t[i].name,
t[i].score[0],t[i].score[1],t[i].score[2],t[i].avg);
    if((i+1)%10 == 0)
    {   printf("Press any key continue...\n");
        getchar();
    }
    printf(" ******************** end ******************** \n");
}

void search(STUDENT t[],int n)                      //按姓名查找记录函数
{   char s[20];                                     //保存待查找姓名字符串
    int i;
    system("cls");
    printf("Please enter name that you want to search:\n");
    scanf("%s",s);                                  //输入待查找姓名
    i = find(t,n,s);                                //调用 find()函数,得到一个整数
```

```c
    if(i>n-1)                                      //如果整数 i 值大于 n-1,说明没找到
        printf("Can not find the name who you want!\n");
    else
        print(t[i]);                               //找到,调用显示函数显示记录
}

int find(STUDENT t[],int n,char * s)               //查找函数
{   int i;
    for(i=0;i<n;i++)                               //从第一条记录开始,直到最后一条
    {   if(strcmp(s,t[i].name)==0)                 //姓名和待比较的姓名是否相等
        return i;
    }
    return i;
}

int del(STUDENT t[],int n)                         //删除记录函数
{   char s[20];                                    //要删除记录的姓名
    int ch=0;
    int i,j;
    printf("please deleted name\n");               //提示信息
    scanf("%s",s);                                 //输入姓名
    i=find(t,n,s);                                 //调用 find()函数
    if(i>n-1)                                      //如果 i>n-1 超过了数组的长度
        printf("no found not deleted\n");          //显示没找到要删除的记录
    else
    {   print(t[i]);                               //调用输出函数显示该条记录信息
        printf("Are you sure delete it(1/0)\n");   //确认是否要删除
        scanf("%d",&ch);                           //输入一个整数
        if(ch==1)                                  //如果确认删除整数为 1
        {   for(j=i+1;j<n;j++)                     //删除该记录,实际后续记录前移
            {   strcpy(t[j-1].name,t[j].name);     //将后一条记录的姓名复制到前一条
                strcpy(t[j-1].number,t[j].number);
                t[j-1].score[0]=t[i].score[0];
                t[j-1].score[1]=t[i].score[1];
                t[j-1].score[2]=t[i].score[3];
                t[j-1].avg=t[i].avg;
            }
            n--;                                   //记录数减 1
        }
    }
    return n;                                       //返回记录数
}

void save(STUDENT t[],int n)                       //将数据保存到文件函数
{   int i;
    FILE *fp;
    if((fp=fopen("record.txt","wb"))==NULL)
    {   printf("can not open file\n");
        exit(1);
    }
    printf("\nSaving file\n");                     //输出提示信息
    fprintf(fp,"%d",n);                            //将记录数写入文件
    fprintf(fp,"\r\n");                            //将换行符号写入文件
    for(i=0;i<n;i++)
```

```
    {   fprintf(fp,"%-15s%-15s%-10d%-10d%-10d%-10.1f",t[i].number,t[i].name,
                t[i].score[0],t[i].score[1],t[i].score[2],t[i].avg);
        fprintf(fp,"\r\n");
    }
        fclose(fp);                                 //关闭文件
        printf("****save success***\n");           //显示保存成功
    }


void print(STUDENT t)                               //显示一条记录函数
{   system("cls");
    printf("\n\n***************************************************** \n");
    printf("number         name         eng          math         comp         avg\n");
    printf("--------------------------------- \n");
    printf("%-15s%-15s%-10d%-10d%-10d%-10.1f\n",t.number,t.name,t.score[0],
                t.score[1],t.score[2],t.avg);
    printf("********************* end *************************** \n");
}


void comput(STUDENT t[],int n)                      //计算平均分函数
{   int i;
    system("cls");
    for(i=0;i<n;i++)
        t[i].avg=(t[i].score[0]+t[i].score[1]+t[i].score[2])/3 ;
    printf("\n\n********************* STUDENT ********************* \n\n");
    printf("number         name         eng          math         comp         avg \n");
    printf("--------------------------------- \n");
    for(i=0;i<n;i++)
        printf("%-15s%-15s%-10d%-10d%-10d%-10.1f\n",t[i].number,t[i].name,
                t[i].score[0],t[i].score[1],t[i].score[2],t[i].avg);
    if((i+1)%10==0)
    {   printf("Press any key continue...\n");
        getchar();
    }
    printf("****************** end ****************** \n");
}
```

综 合 习 题

一、选择题

1. 以下叙述不正确的是(　　)。

   A. 一个 C 源程序必须包含一个 main()函数

   B. 一个 C 源程序可由一个或多个函数组成

   C. C 程序的基本组成单位是函数

   D. 在 C 程序中,注释说明只能位于一条语句的后面

2. putchar()函数可以向终端输出一个(　　)。

   A. 字符或字符型变量值　　　　　　　　B. 字符串

   C. 整型变量表达式值　　　　　　　　　D. 实型变量值

3. 能将高级语言编写的源程序转换为目标程序的是(　　)。

   A. 编译程序　　　　B. 链接程序　　　　C. 解释程序　　　　D. 编辑程序

4. 有以下程序段:

```
int n = 0,p;
do
{   scanf("%d",&p);
    n++;
}while(p!= 12345&&n < 3);
```

   此处 do…while 循环的结束条件是(　　)。

   A. p 的值等于 12345 或者 n 的值大于或等于 3

   B. p 的值等于 12345 并且 n 的值大于或等于 3

   C. p 的值不等于 12345 并且 n 的值小于 3

   D. p 的值不等于 12345 或者 n 的值小于 3

5. 设"int b＝2;",表达式(b ＞＞ 2)/(b ＞＞ 1)的值是(　　)。

   A. 8　　　　　　　　B. 2　　　　　　　　C. 0　　　　　　　　D. 4

6. 在"文件包含"的预处理中,被包含的文件应是(　　)。

   A. 源文件　　　　　B. 可执行文件　　　C. 目标文件　　　　D. 批处理文件

7. 设以下变量均为 int 类型,则值不等于 7 的表达式是(　　)。

   A. (x=6,x+1,y=6,x+y)　　　　　　　B. (x=y=6,x+y,y+1)

   C. (y=6,y+1,x=y,x+1)　　　　　　　D. (x=y=6,x+y,x+1)

8. 若有 ♯define S(r) PI＊r＊r,则 S(a＋b)展开后的形式为(　　)。

   A. PI＊a＊a＋PI＊b＊b　　　　　　　B. PI＊a＋b＊a＋b

   C. PI＊(a＋b)＊(a＋b)　　　　　　　D. PI＊r＊r＊(a＋b)

9. 设"char a[10];",不能将字符串"abc"存储在数组中的是(　　)。

   A. int i；for(i=0；i＜3；i＋＋)a[i]=i+97；a[i]=0；

   B. a＝"abc";

    C. strcpy(a,"abc");

    D. a[0]=0; strcat(a,"abc");

10. 以下程序的输出结果是(　　　)。

```
void  fun(int  a, int  b, int  c)
{  a = 456; b = 567; c = 678;  }
main()
{  int  x = 10, y = 20, z = 30;
   fun(x, y, z);
   printf("%d,%d,%d\n", z, y, x);
}
```

    A. 10,20,30　　　　　　　　　　B. 678567456

    C. 30,20,10　　　　　　　　　　D. 456567678

11. 执行下列语句后的结果为(　　　)。

```
int x = 3,y;
int * px = &x;
y = * px++;
```

    A. x=3,y=4　　　　　　　　　　B. x=3,y 不知

    C. x=4,y=4　　　　　　　　　　D. x=3,y=3

12. 以下哪一个函数的运行不可能影响实参? (　　　)

    A. void　f(char　* x[ ])　　　　B. void　f(char　x[ ])

    C. void　f(char　* x)　　　　　　D. void　f(char　x,char　y)

13. 下列数据中,为字符串常量的是(　　　)。

    A. "house"　　　　　　　　　　B. How do you do.

    C. A　　　　　　　　　　　　　　D. $abc

14. 以下对一维整型数组 a 的正确说明是(　　　)。

    A. #define SIZE 10　(换行)　int a[SIZE];

    B. int a(10);

    C. int n; scanf("%d",&n); int a[n];

    D. int n=10,a[n];

15. C 语言允许函数类型默认定义,此时函数值隐含的类型是(　　　)。

    A. long　　　　　　B. float　　　　　　C. int　　　　　　D. double

16. 变量 p 为指针变量,若 p=&a,下列说法不正确的是(　　　)。

    A. *(p++)==a++　　　　　　　　B. &*p==&a

    C. (*p)++==a++　　　　　　　　D. *&a==a

17. 设"char *s="\ta\017bc";",则指针变量 s 指向的字符串所占的字节数是(　　　)。

    A. 7　　　　　　B. 6　　　　　　C. 9　　　　　　D. 5

18. 以下程序的输出结果是(　　　)。

```
main()
{  int  a[] = {1, 2, 3, 4}, i, x = 0;
   for(i = 0;  i < 4;  i++)
{  sub(a, &x);  printf("%d", x);    }
```

```
        pritnf("\n");
}
sub(int  * s,  int  * y)
{   static  int  t = 3;
    * y = s[t];  t-- ;
}
```

       A. 4 4 4 4   B. 0 0 0 0   C. 1 2 3 4   D. 4 3 2 1

19. 设"int a[10];",给数组 a 的所有元素分别赋值为 1,2,3,…的语句是(   )。

       A. for(i=1; i<11; i++)a[i+1]=i;   B. for(i=1; i<11; i++)a[i-1]=i;

       C. for(i=1; i<11; i++)a[i]=i;   D. for(i=1; i<11; i++)a[0]=1;

20. 以下程序段的输出结果为(   )。

```
for(i = 4;i > 1;i-- )
    for(j = 1;j < i;j++)
    putchar('#');
```

       A. 无   B. #   C. # # # # # #   D. # # #

21. 执行下面程序段后,i 的值是(   )。

```
int i = 10;
switch(i)
{   case 9: i += 1;
    case 10: i-- ;
    case 11: i * = 3;
    case 12: ++i;
}
```

       A. 28   B. 10   C. 9   D. 27

二、判断题

1. 一个 C 程序的执行是从本程序文件的第一个函数开始,到本程序文件的最后一个函数结束。

2. 格式字符%x 用来以十六进制形式输出整数。

3. gets()函数用来输入一个字符串。

4. 在 C 程序中,逗号运算符的优先级最低。

5. 运算符的级别由高向低依次为赋值运算符→关系运算符→算术运算符→逻辑运算符→!。

6. char c[6]="abcde"; printf("%-3s",c)中的"-"表示输出的字符串是左对齐。

7. 求解表达式 max=(a>b)?a:b 的步骤是,先将表达式(a>b)赋给 max,再处理表达式。

8. 定义"int x[5],n;",则"x=x+n;"或"x++;"都是不正确的。

9. 若定义"int array[5], * p;",则赋值语句"p=array;"是正确的。

10. 下面程序段的输出结果为 A。

```
int i = 20;
switch(i/10)
{   case 2:printf("A");
```

```
    case 1:printf("B");
}
```

11. 若有语句"char a[ ]="string";",则 a[6]的值为'\0'。

12. 计算机编译系统对宏定义在编译时进行语法检查。

13. 条件表达式 x?'a':'b'中,若 x=0 时,表达式的值为 b。

14. for 循环语句的三个表达式不能同时省略。

15. do…while 循环由 do 开始,到 while 结束,在 while(表达式)后面不能加分号。

16. 若在程序某处定义了某全局变量,但不是程序中的所有函数中都可使用它。

17. 设"u=1,v=2,w=3;",则逻辑表达式 u||v−w&&v+w 的值为 0。

18. 对于字符数为 n 个的字符串,其占用的内存为 n 字节空间。

19. 宏名有类型,其参数也有类型。

20. 没有初始化的数值型静态局部变量的初值系统均默认为 0。

三、填空题

1. 若有定义"int a=10,b=9,c=8;",接着顺序执行下列语句后,变量 c 中的值是_____。

```
c = (a-= (b-5)); c = (a%11) + (b+3);
```

2. 设(k=a=5,b=3,a * b),则 k 值为_____。

3. 程序段"int k=10; while(k=0)   k=k−1;"循环体语句执行_____次。

4. 假设所有变量都为整型,表达式(a=2,b=5,a>b?a++:b++,a+b)的值是_____。

5. 预处理命令行都必须以_____号开始。

6. 设有以下结构类型说明和变量定义,则变量 a 在内存中所占字节数是_____。

```
struct stud { char name[10];    float s[4];    double ave; } a, * p;
```

7. 设 x=2.5,a=7,y=4.7,算术表达式 x+a%3 * (int)(x+y)%2/4 的值为_____。

8. 设 a,b,c,t 为整型变量,初值为 a=3,b=4,c=5,执行完语句 t=!(a+b)+c−1&&b+c/2 后,t 的值是_____。

9. 以下程序段要求从键盘输入字符,当输入字母为'Y'时,执行循环体,则下画线处应填写_____。

```
ch = getchar();
while(ch _____ 'Y')//在括号中填写
ch = getchar();
```

10. 结构体是不同数据类型的数据集合,作为数据类型,必须先说明结构体_____,再说明结构体变量。

11. 已知"i=5;",写出语句"i+=012;",执行后整型变量 i 的十进制值是_____。

12. 若"int x=6;",则 x+=x−=x * x 表达式最后 x 的值是_____。

13. C 语言中,二维数组在内存中的存放方式为按_____优先存放。

14. 设 a、b、c 为整型数,且 a=2、b=3、c=4,则执行完以下语句:"a * =16+(b++)−

（＋＋c）；"后，a 的值是_____。

15. 设 x 和 y 均为 int 型变量，则以下 for 循环中的 scanf 语句最多可执行的次数是_____。

```
for (x = 0, y = 0; y!= 123&&x < 3; x++)
scanf ("% d", &y);
```

16. 执行下列语句后，*（p＋1）的值是_____。

```
char   s[3] = "ab", * p; p = s;
```

17. 设有以下共用体类型说明和变量定义，则变量 d 在内存中所占字节数是_____。

```
union stud { short int num; char name[8]; float score[3];   double ave; } d, stu[3];
```

18. 若在程序中用到 strlen()函数时，应在程序开头写上包含命令 ♯ include   "_____"。

19. 函数调用语句 func((e1,e2),(e3,e4,e5))中含有_____个实参。

20. 若输入字符串：abcde＜回车＞，则以下 while 循环体将执行_____次。

```
while((ch = getchar()) == 'e') printf(" * ");
```

四、程序设计题

1. 若 x、y 为奇数，求 x 到 y 之间的奇数和；若 x、y 为偶数，则求 x 到 y 之间的偶数和。

```
♯ include < stdio. h>
int fun(int x, int y)
{
        /// ******** Begin *********

        /// ******** End *********
}
main()
{       int s;
        s = fun(1, 1999) - fun(2, 1998);
        printf("s = % d\n", s);
}
```

2. 求给定正整数 m 以内的素数之和。例如，当 m＝20 时，函数值为 77。

```
♯ include < stdio. h>
int fun(int m)
{
        /// ******** Begin *********

        /// ******** End *********
}
main()
{       int y;
        y = fun(20);
        printf("y = % d\n", y);
}
```

3. 根据整型形参 m，计算如下公式的值：$y=1/2＋1/4＋1/6＋\cdots＋1/2m$。

例如，若 m＝9，则应输出 1.414484。

```
# include "stdio. h"
double fun( int m)
{
        /// ******** Begin *********

        /// ******** End *********
}
main( )
{   int n;
    scanf( " % d", &n);
    printf( "\nThe result is % 1f\n", fun(n));
}
```

4. 在键盘上输入一个 3 行 3 列矩阵的各个元素的值(值为整数),然后输出矩阵第一行与第三行元素之和,设计 fun() 函数求这个和。

```
# include "stdio. h"
main( )
{   int i, j, s, a[3][3];
    int fun( int a[3][3]);
    for( i = 0; i < 3; i++)
    {   for( j = 0; j < 3; j++)
        scanf( " % d", &a[i][j]);
    }
    s = fun(a);
    printf( "Sum = % d\n", s);
}
int fun( int a[3][3])
{
        /// ******** Begin *********

        /// ******** End *********
}
```

5. 编写函数 fun(str, i, n),从字符串 str 中删除第 i 个字符开始的连续 n 个字符(注意: str[0] 代表字符串的第一个字符)。

```
# include "stdio. h"
# include "string. h"
main( )
{       char   str[81];
        int    i, n;
        void fun( char str[], int i, int n);
        printf( "请输入字符串 str 的值:\n");
        scanf( " % s", str);
        printf( "你输入的字符串 str 是: % s\n", str);
        printf( "请输入删除位置 i 和待删字符个数 n 的值:\n");
        scanf( " % d % d", &i, &n);
        while ( i + n - 1 > strlen(str))
        {   printf( "删除位置 i 和待删字符个数 n 的值错!请重新输入 i 和 n 的值\n");
            scanf( " % d % d", &i, &n);
        }
        fun( str, i, n);
        printf( "删除后的字符串 str 是: % s\n", str);
}
```

```
void fun(char str[],int i,int n)
{
        /// ******** Begin *********

        /// ******** End *********
}
```

6. 将 s 所指字符串中下标为奇数的字符删除,串中剩余字符形成一个新串放在 t 所指的数组中。例如,当 s 所指字符串为"ABCDEFGHIJK"时,t 所指的数组的内容应是"ACEGIK"。

```
# include < stdio. h >
# include < string. h >
void fun(char  * s,char t[])
{
        /// ******** Begin *********

        /// ******** End *********
}
main()
{   char s[100],t[100];
    printf("\nPlease enter string S:");
    scanf(" % s",s);
    fun(s,t);
    printf("\nThe result is: % s\n",t);
}
```

7. 请编写一个函数 fun(),它的功能是计算 n 门课程的平均分,计算结果作为函数值返回。

例如,若有 5 门课程的成绩是 90.5,72,80,61.5,55,则函数的值为 71.80。

```
# include < stdio. h >
float fun(float  * a,int n)
{
        /// ******** Begin *********

        /// ******** End *********
}
main()
{   float score[30] = {90.5,72,80,61.5,55},aver;
    aver = fun(score,5);
    printf("\nAverage score is: % 5.2f\n",aver);
}
```

8. 求 k!(k<13),所求阶乘的值作为函数值返回(要求使用递归)。

```
# include "stdio. h"
long fun(int k)
{
        /// ******** Begin *********

        /// ******** End *********
}
main()
{   int m;
```

```
        scanf(" % d", &m);
        printf("\nThe result is % ld\n", fun(m));
}
```

9. 请编写函数 fun(),函数的功能是将 M 行 N 列的二维数组中的数据按列的顺序依次放到一维数组中。例如,二维数组中的数据为

```
33  33  33  33
44  44  44  44
55  55  55  55
```

则一维数组中的内容应是

```
33  44  55  33  44  55  33  44  55  33  44  55
```

```
# include < stdio. h >
void  fun( int  ( * s)[10], int   * b, int   * n, int mm, int nn)
{
        /// ******** Begin *********

        /// ******** End *********
}
main( )
{    int   w[10][10] = {{33,33,33,33},{44,44,44,44},{55,55,55,55}},i,j;
     int   a[100] = {0}, n = 0;
     printf("The matrix:\n");
     for(i = 0; i < 3; i++)
     {    for(j = 0;j < 4; j++)printf(" % 3d",w[i][j]);
          printf("\n");
     }
     fun(w,a,&n,3,4);
     printf("The A array:\n");
     for(i = 0;i < n;i++)printf(" % 3d",a[i]);printf("\n\n");
}
```

10. 编写程序,求矩阵(3 行 3 列)与 2 的乘积。例如,输入下面的矩阵:

```
100 200 300
400 500 600
700 800 900
```

程序输出:

```
200   400   600
800   1000 1200
1400 1600 1800
```

```
# include < stdio. h >
void fun( int array[3][3])
{
        /// ******** Begin *********

        /// ******** End *********
}
main( )
{    int i,j;
     int array[3][3] = {{100,200,300}, {400,500,600}, {700,800,900}};
```

```
            for (i = 0; i < 3; i++)
            {    for (j = 0; j < 3; j++)
                    printf(" % 7d",array[i][j]);
                    printf("\n");
                }
            fun(array);
            printf("Converted array:\n");
            for (i = 0; i < 3; i++)
            {   for (j = 0; j < 3; j++)
                printf(" % 7d",array[i][j]);
                printf("\n");
            }
        }
```

附录 A

常用字符与ASCII代码对照表

常用字符与 ASCII 代码对照表如表 A.1 所示。

表 A.1 常用字符与 ASCII 代码对照表

ASCII 值	字符	名称	ASCII 值	字符	ASCII 值	字符	ASCII 值	字符
0	（null）	null	32	（space）	64	@	96	、
1	☺	SOH	33	!	65	A	97	a
2	●	STX	34	”	66	B	98	b
3	♥	ETX	35	#	67	C	99	c
4	◆	EOT	36	$	68	D	100	d
5	♣	ENQ	37	%	69	E	101	e
6	♠	ACK	38	&	70	F	102	f
7	（beep）	BEL	39	,	71	G	103	g
8	■	BS	40	(	72	H	104	h
9	（tab）	HT	41	)	73	I	105	i
10	（line feed）	LF	42	*	74	J	106	j
11	（home）	VT	43	+	75	K	107	k
12	（form feed）	FF	44	,	76	L	108	l
13	（carriage return）	CR	45	—	77	M	109	m
14	♫	SO	46	.	78	N	110	n
15	☼	SI	47	/	79	O	111	o
16	▶	DLE	48	0	80	P	112	p
17	◀	DCI	49	1	81	Q	113	q
18	↕	DC2	50	2	82	R	114	r
19	‖	DC3	51	3	83	X	115	s
20	¶	DC4	52	4	84	T	116	t
21	§	NAK	53	5	85	U	117	u
22	▬	SYN	54	6	86	V	118	v
23	▮	ETB	55	7	87	W	119	w
24	↑	CAN	56	8	88	X	120	x
25	↓	EM	57	9	89	Y	121	y
26	→	SUB	58	:	90	Z	122	z
27	←	ESC	59	;	91	[	123	{
28	∟	FS	60	<	92	\	124	|
29	◆	GS	61	=	93	]	125	}
30	▲	RS	62	>	94	^	126	~
31	▼	US	63	?	95	—	127	DEL

附录 B

运算符的优先级和结合性

运算符的优先级和结合性如表 B.1 所示。

表 B.1　运算符的优先级和结合性

优先级	运算符	含义	结合方向	运算对象个数
1	() [ ] -> .	圆括号 下标运算符 指向结合体成员运算符 成员运算符	左结合	
2	! ~ ++ -- - (类型标识符) * & sizeof	逻辑非运算符 按位取反运算符 自加运算符 自减运算符 取负运算符 类型转换运算符 间接访问运算符 取地址运算符 求字节数运算符	右结合	1
3	* / %	乘法运算符 除法运算符 求余运算符	左结合	2
4	+ -	加法运算符 减法运算符	左结合	2
5	<< >>	按位左移运算符 按位右移运算符	左结合	2
6	<　<=　>　>=	关系运算符	左结合	2
7	== !=	等于运算符 不等于运算符	左结合	2
8	&	按位与运算符	左结合	2
9	∧	按位异或运算符	左结合	2
10	|	按位或运算符	左结合	2
11	&&	逻辑与运算符	左结合	2
12	||	逻辑或运算符	左结合	2
13	?:	条件运算符	右结合	3
14	=　+=　-=　*= /=　%=　>>= <<=　&=　∧=　|=	赋值运算符	右结合	2
15	,	逗号运算符	左结合	2

附录C

库函数

库函数并不是 C 语言的一部分,它是由人们根据需要编制并提供给用户使用的。每一种 C 编译系统都提供了一批库函数,不同的编译系统所提供的库函数的数目和函数名以及函数功能是不完全相同的。ANSI C 标准提出了一批建议提供的标准库函数。它包括目前多数 C 编译系统所提供的库函数,但也有一些是某些 C 编译系统未曾实现的。考虑到通用性,本书列出 ANSI C 标准建议提供的、常用的部分库函数。对多数 C 编译系统,可以使用这些函数的绝大部分。由于 C 库函数的种类和数目很多(例如,还有屏幕和图形函数、时间日期函数、与系统有关的函数等,每一类函数又包括各种功能的函数),本附录不能全部介绍,只从教学需要的角度列出最基本的函数。读者在编制 C 程序时可能要用到更多的函数,请查阅所用系统的手册。

1. 数学函数

使用数学函数时,应该在源文件中使用 #include "math. h",见表 C.1。

表 C.1 数学函数

函数名	函数类型和形参类型	功　能	返　回　值	说　明
acos	double acos(x) double x;	计算反余弦 arccos(x)的值	计算结果	应在 −1～1 范围内
asin	double asin(x) double x;	计算反正弦 arcsin(x)的值	计算结果	应在 −1～1 范围内
atan	double atan(x) double x;	计算反正切 arctan(x)的值	计算结果	
atan2	double atan2(x) double x;	计算 arctan(y/x)的值	计算结果	
cos	double cos(x) double x;	计算余弦 cos(x)的值	计算结果	x 的单位为 弧度
cosh	double cosh(x) double x;	计算 x 的双曲余弦 cosh(x)的值	计算结果	
exp	double exp(x) double x;	计算指数 exp(x)的值	计算结果	
fabs	double fabs(x) double x;	计算 x 的绝对值	计算结果	
floor	double floor(x) double x;	求出不大于 x 的最大整数	该整数的双精度实数	

函数名	函数类型和形参类型	功　能	返　回　值	说　　明
fmod	double fmod(x,y) double x;	求整除 x/y 的余数	返回余数的双精度实数	
frexp	double frexp(val,eptr) double val; int * eptr;	把双精度数 val 分解为数字部分（尾数）x 和以 2 为底的指数 n，存放在 eptr 指向的变量中	返回数字部分	
log	double log(x) double x;	求自然对数 ln(x) 的值	计算结果	
log10	double log10(x) double x;	求以 10 为底的对数 lg(x) 的值	计算结果	
modf	double modf(val,iptr) double val; double iptr;	把双精度数 val 分解为整数部分和小数部分，把整数部分存放在 iptr 指向的单元	小数部分	
pow	double pow(x,y) double x,y;	求 xy 的值	计算结果	
sin	double sin(x) double x;	计算正弦函数 sin(x) 的值	计算结果	
sinh	double sinh(x) double x;	计算 x 的双曲正弦函数 sinh(x) 的值	计算结果	
sqrt	double sqrt(x) double x;	计算 x 的平方根	计算结果	
tan	double tan(x) double x;	计算正切函数 tan(x) 的值	计算结果	
tanh	double tanh(x) double x;	计算 x 的双曲正切函数 tanh(x) 的值	计算结果	

2. 字符函数和字符串函数

ANSI C 标准要求在使用字符串时要包含头文件"string.h"，在使用字符函数时要包含头文件"ctype.h"，见表 C.2。有的 C 编译不遵循 ANSI C 标准的规定，而用其他名称的头文件，请使用时查看有关手册。

表 C.2　字符函数和字符串函数

函数名	函数类型和形参类型	功　能	返　回　值	包含文件
isalnum	int isalnum(ch) int ch;	检查 ch 是否是字母(alpha)或数字(numeric)	是字母或数字返回 1；否则返回 0	ctype.h
isalpha	int isalpha(ch) int ch;	检查 ch 是否是字母字符	是返回 1；不是返回 0	ctype.h
iscntrl	int iscntrl(ch) int ch;	检查 ch 是否是控制字符（其 ASCII 码在 0x7f 或 0x00 和 0x1f 之间）	是返回 1；不是返回 0（不包括空格）	ctype.h
isdigit	int isdigit(ch) int ch;	检查 ch 是否是数字(0~9)	是返回 1；不是返回 0	ctype.h

续表

函数名	函数类型和形参类型	功　能	返　回　值	包 含 文 件
isgraph	int isgraph(ch) int ch;	检查 ch 是否是可打印字符(其 ASCII 码在 0x21~0x7e)	是返回 1; 不是返回 0	ctype.h
islower	int islower(ch) int ch;	检查 ch 是否是小写字母(a~z)	是返回 1; 不是返回 0	ctype.h
isprint	int isprint(ch) int ch;	检查 ch 是否是可打印字符(其 ASCII 码在 0x21~0x7e)	是返回 1; 不是返回 0	ctype.h
ispunct	int ispunct(ch) int ch;	检查 ch 是否是标点字符(不包 括空格),即除字母、数字和空格 以外的所有可打印字符	是返回 1; 不是返回 0	ctype.h
isspace	int isspace(ch) int ch;	检查 ch 是否是空格、跳格符(制 表符)或换行符	是返回 1; 不是返回 0	ctype.h
isupper	int isupper(ch) int ch;	检查 ch 是否是大写字母(A~Z)	是返回 1; 不是返回 0	ctype.h
isxdigit	int isxdigit(ch) int ch;	检查 ch 是否是十六进制数(即 0~9,A~F,a~f)	是返回 1; 不是返回 0	ctype.h
strcat	char * strcat(str1,str2) char * str1,* str2;	把字符串 str2 接到 str1 后面, str1 最后面的 '\0' 被取消	str1	string.h
strchr	char * strchr(str,ch) char * str; int ch;	找出 str 指向的字符串中第一次 出现字符 ch 的位置	返回指向该位置 的指针,如找不 到,则返回空 指针	string.h
strcmp	int strcmp(str1,str2) char * str1,* str2;	比较两个字符串 str1、str2	str1<str2,返回 负数 str1 = str2,返 回 0 str1>str2,返回 正数	string.h
strcpy	char * strcpy(str1,str2) char * str1,* str2;	把字符串 str2 指向的字符串复 制到 str1 中去	返回 str1	string.h
strlen	unsigned int strlen(str) char * str;	统计字符串 str 中字符的个数 (不包括终止符 '\0')	返回字符个数	string.h
strstr	char * strstr(str1,str2) char * str1,* str2;	找出 str2 字符串在 str1 字符串 中第一次出现的位置(不包括 str2 的串结束符)	返回该位置的 指针。如找不 到,返回空指针	string.h
tolower	int tolower(ch) int ch;	把 ch 字符转换为小写字母	返回 ch 所代 表的字符的小写 字母	string.h
toupper	int toupper(ch) int ch;	把 ch 字符转换为大写字母	与 ch 字符相对 应的大写字母	string.h

3. 输入输出函数

凡用如表 C.3 所示的输入输出函数,应该把 stdio.h 头文件包含到源程序文件中。

表 C.3　输入输出函数

函数名	函数类型和形参类型	功　　　能	返　回　值	说　　　明
clearerr	void clearerr(fp) FILE * fp;	清除文件指针错误指示器	无	
fclose	int fclose(fp) FILE * fp;	关闭所指的文件,释放文件缓冲区	有错则返回非零值,否则返回 0	
feof	int feof(fp) FILE * fp;	检查文件是否结束	遇文件结束符返回非零值,否则返回 0	
fgetc	int fgetc(fp) FILE * fp;	从 fp 所指定的文件中取得下一个字符	返回所得到的字符。若读入有错,返回 EOF	
fgets	int fgets(buf,n,fp) char * buf; int n; FILE * fp;	从 fp 所指向的文件读取一个长度为(n−1)的字符串,存入起始地址为 buf 的空间	返回地址 buf,若遇文件结束或出错,返回 NULL	
fopen	FILE * fopen(filename, mode) char * filename, * mode;	以 mode 指定的方式打开名为 filename 的文件	成功,返回一个文件指针(文件信息区的起始地址),否则返回 0	
fprintf	int fprintf (fp, format, args,…) FILE * fp; char * format;	把 args 的值以 format 指定的格式输出到 fp 所指的文件中	实际输出的字符数	
fputc	int fputc(ch,fp) char ch; FILE * fp;	将字符 ch 输出到 fp 指定的文件中	成功,则返回该字符;否则返回 EOF	
fputs	int fputs(str,fp) char * str; FILE * fp;	将 str 指向的字符串输出到 fp 指定的文件中	返回 0,若出错返回非零值	
fread	int fread(pt,size,n,fp) char * pt; unsigned size,n; FILE * fp;	从 fp 所指定的文件中读取长度为 size 的 n 个数据项,存到 pt 所指向的内存区	返回所读的数据项的个数,如遇文件结束或出错返回 0	
fscanf	int fscanf (fp, format, args,…) FILE * fp; char * format;	从 fp 指定的文件中按 format 给定的格式将输入数据送到 args 所指向的内存单元(args 是指针)	输入的数据个数	
fseek	int fseek(fp,offset,base) FILE * fp; long offset; int base;	将 fp 所指向的文件位置指针移动以 base 所指出的位置为基准、以 offset 为位移量的位置	返回当前位置,否则返回−1	
ftell	long ftell(fp) FILE * fp	返回 fp 所指向的文件中的读写位置	返回 fp 所指向的文件中的读写位置	

续表

函数名	函数类型和形参类型	功　　能	返　回　值	说　　明
fwrite	int fwrite(ptr,size,n,fp) char * ptr; unsigned size,n; FILE * fp;	把 ptr 所指向的 n×size 个字符输出到 fp 所指向的文件中	写到 fp 文件中的数据项的个数	
getc	int getc(fp) FILE * fp	从 fp 所指向的文件中读入一个字符	返回所读的字符,若文件结束或出错,返回 EOF	
getchar	int getchar(void)	从标准输入设备读取下一个字符	所读的字符,若文件结束或出错,返回−1	
getw	int getw(fp) FILE * fp	从 fp 所指向的文件中读取下一个字(整数)	输入的整数。若文件结束或出错,返回−1	非 ANSI 标准
printf	int printf (format, args, …) char * format;	将输出表列 args 的值输出到标准输出设备	输出字符的个数,若出错,返回负数	format 可以是一个字符串,或字符数组的起始地址
putc	int putc(ch,fp) char ch; FILE * fp;	把一个字符 ch 输出到 fp 指定的文件中	输出的字符 ch,若出错,返回 EOF	
putchar	int putchar(ch) char ch;	把字符 ch 输出到标准的输出设备	输出的字符 ch,若出错,返回 EOF	
puts	int puts(str) char * str;	把 str 指向的字符串输出到标准输出设备,将'\0'转换为回车换行	返回换行符,若失败,返回 EOF	
putw	int putc(w,fp) int w; FILE * fp;	将一个整数 w(即一个字)输出到 fp 指定的文件中	返回输出的整数,若出错,返回 EOF	
rename	int rename (oldname, newname) char * oldname, * newname;	把由 oldname 所指的文件名改为由 newname 所指的文件名	成功返回 0, 出错返回−1	
rewind	int rewind(fp) FILE * fp	将 fp 指示的文件中的位置指针置于文件开头位置,并清除文件结束标志和错误标志	无	
scanf	int scanf (format, args, …) char * format;	从标准输入设备按 format 指向的格式字符串规定的格式,输入数据给 args 所指向的单元	读入并赋给 args 的数据个数。遇文件结束返回 EOF,出错返回 0	

4. 动态存储分配函数

ANSI 标准建议设 4 个有关的动态存储分配的函数(见表 C.4),即 calloc()、malloc()、free()、realloc()。实际上,许多 C 编译系统实现时往往增加了一些其他函数。ANSI 标准建议在"stdlib. h"头文件中包含有关的信息,但许多 C 编译系统要求用"malloc. h"而不是"stdlib. h"。读者在使用时应查阅有关手册。

表 C.4　动态存储分配函数

函数名	函数类型和形参类型	功　　能	返　回　值
calloc	void(或 char) * calloc(n,size) unsigned n,size;	分配 n 个数据项的内存连续空间,每个数据项的大小为 size	分配内存单元的起始地址,如不成功,返回 0
free	void free(p) void(或 char) * p;	释放 p 所指的内存区	无
malloc	void(或 char) * malloc(size) unsigned size;	分配 size 字节的存储区	所分配的内存区,如内存不够,返回 0
realloc	void(或 char) * realloc(p,size) void(或 char) * p; unsigned size;	将 p 所指的已分配内存区的大小改为 size。size 可以比原来分配的空间大或小	返回指向该内存区的指针

ANSI 标准要求动态分配系统返回 void 指针。void 指针具有一般性,它们可以指向任何类型的数据,但目前绝大多数 C 编译系统所提供的这类函数都返回 char 指针。无论以上两种情况的哪一种,都需要用强制转换的方法把 char 指针转换成所需的类型。

习题参考答案

第 2 章 习题参考答案

一、选择题

1. A　　2. C　　3. D　　4. C　　5. B　　6. A　　7. D　　8. B　　9. C

10. B　　11. B　　12. D　　13. C　　14. C　　15. D　　16. A　　17. D　　18. A

二、程序分析题

1. 16　　2. c,100　　　　3. 4.000000　　　4. 10,2

5. －2　　6. 3　　3

三、填空题

1. j＝6　　　　　　2. 6.0　　　　　3. 6.6

4. x＝1,y＝2,z＝2

x＝1,y＝3,z＝3

第 3 章 习题参考答案

一、选择题

1. D　　　2. BC　　3. D　　　4. C　　　5. B　　　6. D　　　7. BE　　8. B　　　9. D

二、程序设计题

1. 从键盘输入半径,计算圆的面积和周长,输出时要求取小数点后两位数字。

```c
#include "stdio.h"
main()
{   float s,l,r;
    xcanf("%f",&r);
    l=3.14*2*r;
    s=3.14*r*r;
    printf("l=%.2f,s=%.2f",l,s);
}
```

2. 输入一个华氏温度,要求输出摄氏温度,公式为 $c=5(f-32)/9$,输出时要求有文字说明。

```c
# include "stdio.h"
main()
{    float c,f;
     printf("请输入一个华氏温度:\n");
     c = (5.0/9.0) * (f-32);
     printf("%5.2f\n",c);
}
```

3. 用 getchar()函数读入两个字符给 c1,c2,然后分别用 putchar()函数和 printf()函数输出这两个字符,并思考以下问题。

(1) 变量 c1,c2 应定义为字符型还是整型?或二者皆可?

(2) 要求输出 c1 和 c2 值的 ASCII 码,应如何处理?用 putchar()函数还是 printf()函数?

(3) 整型变量与字符型变量是否在任何情况下都可以互相代替?如"char c1,c2;"与"int c1,c2;"是否无条件等价?

```c
# include "stdio.h"
main()
{    char c1.c2;
     c1 = getchar();
     c2 = getchar();
     putchar(c1);
     putchar(c2);
     printf("\n");
     printf("%c,%c\n",c1,c2);
}
```

运行结果:

输入 ab↙
putchar 语句的结果为: ab
printf 语句的结果为: a,b

思考题:

(1) c1 和 c2 可以定义为字符型或整型,二者皆可。

(2) 在 printf()函数中用%d 格式符输出:

```c
printf("%d,%d\n",c1,c2);
```

字符变量在计算机内占 1B,而整型变量占 2B,因此整型变量在可输出字符范围内(ASCII 码 0~255 的字符)是可以与字符数据互相转换的。如果整数在此范围外,则不能代替。

第 4 章　习题参考答案

一、选择题

1. D　　2. B　　3. B　　4. A　　5. B　　6. C　　7. B　　8. D

二、程序分析题

1. ＃＃＃＃　　2. 7 5　　　3. 0.1　　　4. 2

5. 10,4,3　　6. a＝2,b＝1

三、程序设计题

1. 输入三个单精度数,输出其中的最小值。

```
# include "stdio.h"
main()
{   float x,y,z,min;
    printf("input three float numbers:");
    scanf(" % f % f % f",&x,&y,&z);
    if(x < y) min = x;
    else min = y;
    if(min > z) min = z;
    printf("min = % f\n",min);
}
```

2. 输入三角形的三边长,输出三角形的面积。

```
# include "stdio.h"
# include "math.h"
main()
{   float a,b,c,s,area;
    printf("input three edges:");
    scanf(" % f % f % f",&a,&b,&c);
    if((a + b > c)&&(b + c > a)&&(c + a > b))
    {   s = (a + b + c)/2;
        area = sqrt(s * (s - a) * (s - b) * (s - c));
        printf("area = % .2f\n",area);
    }
    else
        printf("No triangle\n");
}
```

3. 用 if…else 结构编写一程序,求一元二次方程 $ax^2 + bx + c = 0$ 的根。

```
# include "stdio.h"
# include "math.h"
main()
{   float a,b,c,disk,x1,x2;
    scanf(" % f % f % f",&a,&b,&c);
    disk = b * b - 4 * a * c;
    if(disk > = 0)
    {   x1 = ( - b + sqrt(disk))/(2 * a);
        x2 = ( - b - sqrt(disk))/(2 * a);
        printf("x1 = % f\n x2 = % f\n",x1,x2);
    }
    else
    {   printf("x1 = % f + % f * i\n", - b/(2 * a),sqrt( - disk)/(2 * a));
        printf("x2 = % f - % f * i\n", - b/(2 * a),sqrt( - disk)/(2 * a));
    }
}
```

4. 用 switch…case 结构编写一程序,输入月份 1～12 后,输出该月的英文名称。

```
# include "stdio. h"
# include "string. h"
main()
{   int month;
    char ch;
    while(1)
    {   printf("\ninput month (1 - 12):");
        scanf(" % d",&month);
        switch(month)
        {   case 1:printf("January\n");break;
            case 2:printf("February\n");break;
            case 3:printf("March\n");break;
            case 4:printf("April\n");break;
            case 5:printf("May\n");break;
            case 6:printf("June\n");break;
            case 7:printf("July\n");break;
            case 8:printf("August\n");break;
            case 9:printf("September\n");break;
            case 10:printf("October\n");break;
            case 11:printf("November\n");break;
            case 12:printf("December\n");break;
            default:printf("input error\n");
        }
        getchar();
        printf("\ncontinue?(Y/N):");
        ch = getchar();
        if(ch!= 'y'&&ch!= 'Y') break;
    }
}
```

5. 假设某高速公路的一个收费站的收费标准为小型车 15 元/车次、中型车 35 元/车次、大型车 50 元/车次、重型车 70 元/车次。编写程序,首先在屏幕上显示如下:

1—小型车
2—中型车
3—大型车
4—重型车

然后请用户选择车型,根据用户的选择输出应交的费用。

```
# include "stdio. h"
main()
{   int x;
    printf("\n 1 ---- 小型车");
    printf("\n 2 ---- 中型车");
    printf("\n 3 ---- 大型车");
    printf("\n 4 ---- 重型车");
    printf("\n 请选择车型:");
    scanf(" % d",&x);
    switch (x)
    {   case 1: printf("费用是 % d 元\n",15);break;    //如果 x 等于 1
        case 2: printf("费用是 % d 元\n",35);break;    //如果 x 等于 2
        case 3: printf("费用是 % d 元\n",50);break;    //如果 x 等于 3
```

```
        case 4: printf("费用是 % d 元\n",70);break;      //如果 x 等于 4
        default: printf("输入错误!");                     //否则,提示输入有误
        }
    }
```

第 5 章　习题参考答案

一、选择题

1. B　　2. C　　3. B　　4. C　　5. D　　6. B　　7. C　　8. B　　9. A

10. D　　11. B

二、程序分析题

1. 52　　2. 22　　3. 8473　　　　4. 55　　　　　　　　　　5. 2

6. sum＝50,i＝－5　　　　　　7. sum＝25,i＝10　　　　　8. t＝40,i＝7

9. t＝48,i＝7　　　　　　　　　10. t＝60,i＝4　　　　　　　11. 23

三、填空题

1. m％i==0　　　2. continue　　　3. switch(c)　　　4. x>=0

四、程序设计题

1. 输入两个正整数,输出它们的最大公约数和最小公倍数。

```
# include "stdio. h"
main()
{   int a,b,maxgy,mingb;
    printt("input two integer data:");
    scanf(" % d % d",&a,&b);
    maxgy = a < b?a:b;
    while(a % maxgy!= 0||b % maxgy!= 0) maxgy -- ;
    mingb = a > b?a:b;
    while(mingb % a!= 0||mingb % b!= 0) mingb++;
    printf("maxgy = % d mingb = % d\n",maxgy,mingb);
}
```

2. 求 $S_n＝a＋aa＋aaa＋\cdots＋aa\cdots a$(最后一项为 n 个 a)的值,其中 a 是一个数字。

例如:

　　$2＋22＋222＋2222＋22222$(此时 n＝5),n 的值从键盘输入。

```
# include "stdio. h"
main()
{   int a,n,i;
    float s = 0,result = 0;
    printf("input a(1 - 9):");
    scanf(" % d",&a);
    printf("input n:");
    scanf(" % d",&n);
    for(i = 1;i <= n;i++)
```

```
    {    s = s * 10 + a;
         result += s;
    }
    printf("\nresult = % f\n",result);
}
```

3. 打印出所有的"水仙花数"。"水仙花数"是指一个三位数,其各位数的立方和等于该数本身。例如,$153 = 1^3 + 5^3 + 3^3$,则 153 是一个水仙花数。

```
# include "stdio. h"
main()
{    int i,j,k;
     for(i = 1;i < = 9;i++)
     for(j = 0;j < = 9;j++)
       for(k = 0;k < = 9;k++)
            if(i * i * i + j * j * j + k * k * k == i * 100 + j * 10 + k)
                printf(" % 8d",i * 100 + j * 10 + k);
}
```

4. 计算 $\displaystyle\sum_{k=1}^{100} \frac{1}{k} + \sum_{k=1}^{50} \frac{1}{k^2}$。

```
# include "stdio. h"
main()
{    float sum = 0,i;
     for(i = 1;i < = 100;i++)
        if(i < = 50)
            sum += 1/i + 1/(i * i);
        else
            sum += 1/i;
     printf("sum = % f\n",sum);
 }
```

5. 编写程序按下列公式计算 e 的值(精度要求为 $< 10^{-6}$)。

$$e = 1 + \frac{1}{1!} + \frac{1}{2!} + \frac{1}{3!} + \cdots + \frac{1}{n!}$$

```
# include "stdio. h"
main()
{    float i,s = 1,sum = 0;
     i = 1;
     while(1/s > = 1e - 6)
     {    sum += 1/s;
          i++;
          s * = i;
     }
     printf("e = % f\n",sum + 1);
}
```

6. 有一篮子苹果,两个一取余一,三个一取余二,四个一取余三,五个一取刚好不剩,问篮子中至少有多少个苹果?

```
# include "stdio. h"
main()
{    int total = 5;
     while(total % 2!= 1||total % 3!= 2||total % 4!= 3)
```

```
        total += 5;
        printf("total = % d\n",total);
}
```

7. 输入 10 个整数,统计并输出正数、负数和零的个数

```
# include "stdio.h"
main()
{    int i,number[10];
     int positive = 0,negative = 0,zero = 0;
     printf("Input ten numbers:");
     for(i = 0;i < 10;i++)
         scanf(" % d",&number[i]);
     for(i = 0;i < 10;i++)
     {   if(number[i]> 0 )positive++;
             else if(number[i]< 0) negative++;
             else zero++;
     }
     printf("positive = % d,negative = % d,zero = % d\n",positive,negative,zero);
}
```

第6章 习题参考答案

一、选择题

1. A   2. D   3. A   4. C   5. D   6. C   7. D   8. D   9. C
10. D   11. B

二、程序分析题

1. 19   2. 2   5   5   8

3. *****
　　 *****
　　　 *****
　　　　 *****
　　　　　 *****

三、程序设计题

1. 输入 10 个整型数并存入一维数组,要求输出值和下标都为奇数的元素个数。

```
# include "stdio.h"
main()
{    int a[10],i,num = 0;
     printf("enter array a:\n");
     for(i = 0;i < 10;i++)
         scanf(" % d",&a[i]);
     for(i = 0;i < 10;i++)
         if(i % 2 == 1&&a[i] % 2 == 1) num++;
     printf("num = % d\n",num);
}
```

2. 有 5 个学生,每个学生有 4 门课程,将有不及格课程的学生成绩输出。

```c
# include "stdio.h"
main()
{   int a[5][4] = {{78,87,93,65},{66,57,70,86},{69,99,76,76},
                   {78,59,87,90},{90,67,97,87}};
    int i,j,k;
    for(i = 0;i < 5;i++)
    for(j = 0;j < 4;j++)
    if(a[i][j]< 60)
    {   printf("% 4d",i + 1);
        for(k = 0;k < 4;k++)
            printf("% 4d",a[i][k]);
        printf("\n");
            break;
    }
}
```

3. 从键盘上输入一个字符串,统计字符串中的字符个数。不允许使用求字符串长度函数 strlen()。

```c
# include "stdio.h"
main()
{   char str[81], * p = str;
    int num = 0;
    printf("input a string:\n");
    gets(str);
    while( * p++) num++;
    printf("length = % d\n",num);
}
```

4. 从给定数组中删除一个指定元素,该元素的值为 13。

```c
# include "stdio.h"
main()
{   int a[10];
    int i,k;
    for(i = 0;i < 10;i++)
    a[i] = (i - 1) * 3 + 1;
    printf("before deleted\n");
    for(i = 0;i < 10;i++)
        printf("\n");
    for(k = 0;k < 10;k++)
        if (a[k] == 13) break;
    for(i = k;i < 10;i++)
        a[i - 1] = a[i];
    printf("after deleted\n");
    for(i = 0;i < 9;i++)
        printf("% d,",a[i]);
    printf("\n");
}
```

5. 输入一行字符,统计其中有多少个单词,单词之间用空格分隔开。

```c
# include "stdio.h"
main()
```

```
{   char str[81],c,i;
    int word,num = 1;
    gets(str);
    for(i = 0;(c = str[i])!= '\0';i++)
        if(c == ' ')
            word = 0;
        else if(word == 0)
            {word = 1; num++;}
    printf("There are %d words in the line.\n",num);
}
```

第7章 习题参考答案

一、选择题

1. B   2. A   3. C   4. A   5. B   6. A   7. C   8. A

二、程序分析题

1. 4321   2. 2   3. 4
4. 100,30,10,101   5. 32

三、填空题

1. sum＋array[i]   average(score)
2. a[i][j]＜min
3. s1[i+j]＝s2[j]   '\0'
4. float area(float x);   area(r)   2 * PI * x   return x1;
5. a[i+1]＝x

四、程序设计题

1. 写一个判断素数的函数,在主函数中输入一个整数,输出是否素数的信息。

```
# include "stdio.h"
# include "math.h"
main()
{   int n;
    scanf("%d",&n);
    if(prime(n))
        printf("\n %d is prime.",n);
    else
        printf("\n %dis not prime.",n);
}
int prime(int m)
{   int f = 1,i,k;
    k = sqrt(m);
    for(i = 2;i <= k;i++)
    if(m % i == 0) break;
    if(i >= k + 1)f = 1;
```

```
        else f = 0;
        return  f;
    }
```

2. 编写函数计算 $1-\dfrac{1}{3}+\dfrac{1}{5}-\dfrac{1}{7}+\cdots+(-1)^n\times\dfrac{1}{2n+1}$，用主函数调用它。

```
#include "stdio.h"
float fun(int n)
{   int i,f = 1;
    float s = 0,t;
    for(i = 0;i <= n;i++)
    {   t = 1.0/(2 * i + 1)
        s = s + f * t;
        f = - 1 * f;
    }
    return s;
}
main()
{   int n;
    scanf(" % d",&n);
    printf(" % f",fun(n));
}
```

3. 将一个字符串中在另一个字符串中出现的字符删除。

```
#include "stdio.h"
void fun(char a[ ],char b[ ])
{   int i = 0,j = 0;
    while(a[i]!=  '\0')
    {   while(b[j]!=  '\0')
        {if(a[i] ==  b[j])
        {   for(j = i;a[j] = a[j + 1];j++);
            i -- ;
            break;
        }
        j++;
        }
    i++ ;j = 0;
    }
}

main()
{   void fun(char a[ ],char b[ ]);
    char s1[20] = "I am a boy. ", s2[20] = "You are a boy. ";
    fun(s1,s2);
    printf("\n % s",s1);
}
```

4. 用牛顿迭代法求根。方程为 $ax^3+bx^2+cx+d=0$，系数 a、b、c、d 由主函数输入。求 x 在 1 附近的一个实根。求出根后，由主函数输出。

```
#include "math.h"
#include "stdio.h"
float fun(float a, float b, float c, float d)
{   float x = 1,x0,f,f1;
```

```
        do
        {    x0 = x;
             f = ((a * x0 + b) * x0 + c) * x0 + d;
             f1 = (3 * a * x0 + 2 * b) * x0 + c;
             x = x0 - f/f1;
        }while(fabs(x - x0)> = 1e - 5);
        return(x);
}
main()
{    float a,b,c,d;
     scanf(" % f, % f, % f, % f",&a,&b,&c,&d);
     printf("\nX = % 10.7f\n",fun(a,b,c,d));
}
```

5. 某班有 5 个学生,三门课。分别编写三个函数实现以下要求。

(1) 求各门课的平均分。

(2) 找出有两门以上不及格的学生,并输出其学号和不及格课程的成绩。

(3) 找出三门课平均成绩在 85～90 分的学生,并输出其学号和姓名。

主程序输入 5 个学生的成绩,然后调用上述函数输出结果。

```
# define   SNUM   5
# define   CNUM   3
# include "stdio. h"
# include "conio. h"
void DispScore(char num[ ][6],char name[ ][20],float score[ ][CNUM])
{    int i,j;
     for(i = 0;i < SNUM;i++)
     {    printf(" % s",num[i]);
          printf(" % s",name[i]);
          for(j = 0;j < CNUM;j++)
               printf(" % 8.2f",score[i][j]);
          printf(" ");
     }
}
void CalAver(float score[ ][CNUM])
{    float sum,aver;
     int i,j;
     for(i = 0;i < CNUM;i++)
     {    sum = 0;
          for(j = 0;j < SNUM;j++)
          sum = sum + score[j][i];
          aver = sum/SNUM;
          printf("Average score of course % d is % 8.2f ",i + 1,aver);
     }
}
void FindNoPass(char num[ ][6],float score[ ][CNUM])
{    int i,j,n;
     for(i = 0;i < SNUM;i++)
     {    n = 0;
          for(j = 0;j < CNUM;j++)
               if(score[i][j]< 60)
                    n++;
     if(n > = 2)
```

```
        {   printf(" % s",num[i]);
            for(j = 0;j < CNUM;j++)
                if(score[i][j]< 60)
                    printf(" % 8.2f",score[i][j]);
            printf(" ");
        }
        }
}
void FindGoodStud(char num[][6],char name[][20],float score[][CNUM])
{   int i,j,n;
    for(i = 0;i < SNUM;i++)
    {   n = 0;
        for(j = 0;j < CNUM;j++)
            if(score[i][j]> = 85&&score[i][j]< = 90) n++;
        if(n == 3) printf(" % s % s ",num[i],name[i]);
    }
}
void main()
{   char num[SNUM][6],name[SNUM][20];
    float score[SNUM][CNUM];
    int i,j;
    for(i = 0;i < SNUM;i++)
    {   printf(" Student % d number: ",i + 1);
        scanf(" % s",num[i]);
        printf(" Student % d name: ",i + 1);
        scanf(" % s",name[i]);
        printf(" Student % d three scores: ",i + 1);
        for(j = 0;j < CNUM;j++)
        scanf(" % f",&score[i][j]);
    }
    DispScore(num,name,score);
    CalAver(score);
    FindNoPass(num,score);
    FindGoodStud(num,name,score);
}
```

第8章　习题参考答案

一、选择题

1. D　　2. A

二、程序分析题

1. 6　　2. V＝1　　V＝2

第9章　习题参考答案

一、选择题

1. D　　2. C　　3. B　　4. A　　5. C　　6. A　　7. C　　8. C　　9. B

10. B　　11. D

二、程序分析题

1. 17　　　　2. 将输入的 10 个数据逆序输出

3. 3,3,3

4. 如果 p1 指向的变量值大于 p2 指向的变量值,则 p1、p2 指向的变量值互换

5. GFEDCBA　　　　　　6. Cdefg　　　　7. 7 1

8. name:zhang total=170.000000

　　　　name: wang total=150.000000

9. x=72 p->x=9　　　　10. 6

三、填空题

1. '\0'　　　　* ptr++　　　　　　　　2. a

3. * ch>='a'&& * ch<='z'　　　　　　4. * str2++= * str1++

5. max　　　　(* p)(a,b)　　　　　　6. '\0'　　　　n++;

7. 8　　　8　　　　　　　　　　　　　8. ch==' '

四、程序设计题

1. 通过调用函数,将任意 4 个实数由小到大的顺序输出。

```c
# include "stdio.h"
void swap(float * x,float * y)
{   float z;
    z = * x; * x = * y; * y = z;
}
main()
{   float a,b,c,d;
    scanf("% f% f% f% f",&a,&b,&c,&d);
    if(a>b)
        swap(&a,&b);
    if(a>c)
        swap(&a,&c);
    if(a>d)
        swap(&a,&d);
    if(b>c)
        swap(&b,&c);
    if(b>d)
        swap(&b,&d);
    if(c>d)
        swap(&c,&d);
    printf("After swap: a = % f,b = % f,c = % f,d = % f\n",a,b,c,d);
}
```

2. 编写函数,计算一维数组中最小元素及其下标,数组以指针方式传递。

```c
# include "stdio.h"
int minid(int * a, int n)
{   int i;int p = 0;
```

```
        for(i = 1;i < n;i++)
        if(a[i]< a[p])p = i;
        return p;
}
main()
{    int a[8] = {15,2,3, - 5,9, - 3,11,8};
     int p;
     p = minid(a,8);
     printf("min: % d\n",a[p]);
}
```

3. 编写函数,由实参传来字符串,统计字符串中的字母、数字、空格和其他字符的个数。主函数中输入字符串及输出上述结果。

```
        # include "stdio. h"
        void strnum(char * s,int * pa, int * pn, int * ps, int * pd)
        {    * pa = * pn = * ps = * pd = 0;
             while( * s!= '\0')
             {    if( * s > = 'a'&& * s < = 'z'|| * s > = 'A'&& * s < = 'Z')
                      ( * pa)++;
                  else if( * s > = '0'&& * s < = '9')
                      ( * pn)++;
                  else if( * s == ' ')
                      ( * ps)++;
                  else
                      ( * pd)++;
                  s++;
             }
        }
main()
{    char line[81];int a,b,c,d;
     gets(line);
     strnum(line,&a,&b,&c,&d);
     printf("% d, % d, % d, % d\n",a,b,c,d);
}
```

4. 编写函数,把给定的二维数组转置,即行列互换。

```
# include "stdio. h"
main()
{    void zhuanzhi(int ( * p)[4],int n);
     int a[4][4] = {1,2,3,4,5,6,7,8,9,10,11,12,13,14,15,16};
     int i,j;
     zhuanzhi(a,4);
     for(i = 0;i < 4;i++)
     {    for(j = 0;j < 4;j++)
          printf(" % 5d",a[i][j]);
          printf("\n");
     }
}
void zhuanzhi(int ( * p)[4],int n)
{    int i,j,t;
     for(i = 0;i < n;i++)
     for(j = 0;j < i;j++)
     {    t = p[i][j];p[i][j] = p[j][i]; p[j][i] = t; }
}
```

5. 编写函数，对输入的 10 个数据进行升序排序。

```c
# include "stdio.h"
main()
{   void sort(int * p,int n);
    int a[10];
    int i,j;
    for(i = 0;i < 10;i++)
        scanf("% d",a + i);
    sort(a,10);
    for(i = 0;i < 10;i++)
        printf("% 5d",a[i]);
    printf("\n");
}
void sort(int * p,int n)
{   int t;
    int i,j,k;
    for(i = 0;i < n - 1;i++)
    {   k = i;
        for(j = i + 1;j < n;j++)
            if( * (p + k)> * (p + j))k = j;
            if(k!= i)
        {t = * (p + i); * (p + i) = * (p + k); * (p + k) = t;}
    }
}
```

6. 编写程序，实现两个字符串的比较。不许使用字符串比较函数 strcmp()。

```c
# include "stdio.h"
# include "sring.h"
main()
{   char str1[81],str2[81], * p1 = str1, * p2 = str2;
    printf("input string str1:");
    gets(str1);
    printf("input string str2:");
    gets(str2);
    while( * p1&& * p2)
        if( * p1 == * p2) {p1++;p2++;}
        else break;
    printf("% d\n", * p1 - * p2);
}
```

7. 统计一个英文句子中含有英文单词的个数，单词之间用空格隔开。

```c
# include "stdio.h"
# include "sring.h"
main()
{   char str[81], * p = str;
    int num = 0,word = 0;
    printf("input a string:\n");
    gets(str);
    while( * p)
    {   if( * p == ' ') word = 0;
        else if(word == 0)
        {num++; word = 1; }
        p++;
```

```
    }
    printf("num = % d\n",num);
}
```

8. 输入一个字符串,输出每个小写英文字母出现的次数。

```
# include "stdio. h"
# include "sring. h"
main()
{   char str[81], * p = str;
    int num[26] = {0},i;
    printf("input a string:\n");
    gets(str);
    while( * p)
    {   if( * p > = 'a'&& * p < = 'z') num[ * p - 'a']++;
        p++;
    }
    for(i = 'a';i < = 'z';i++)
        printf(" % 3c",i);
    printf("\n");
    for(i = 0;i < 26;i++)
        printf(" % 3d",num[i]);
    printf("\n");
}
```

9. 从键盘上输入一个字符串,统计字符串中的字符个数。不许使用求字符串长度函数 strlen()。

```
# include "stdio. h"
# include "sring. h"
main()
{   char str[81], * p = str;
    int num = 0;
    printf("input a string:\n");
    gets(str);
    while( * p++) num++;
    printf("length = % d\n",num);
}
```

第 10 章　习题参考答案

一、选择题

1. D　　2. A　　3. C　　4. B　　5. B

二、程序分析题

1. 9　　2. g. i＝4142　　g. s[0]＝ 42　　g. s[1]＝41　　g. s＝1

三、程序设计题

编写程序,输入 5 个职工的编号、姓名、基本工资、职务工资,求出"基本工资＋职务工资"最多的职工(要求用子函数完成),并输出该职工记录。

```
# include "stdio.h"
struct employee
{   int num;
    char name[20];
    float jbgz;
    float zwgz;
    float sum;
};
main()
{   void sum(struct employee * ,int);
    void find(struct employee * ,int);
    struct employee a[10] = {11,"wang Li",660.,760.,0.,
                             13,"wang Lin",690.,740.,0.,
                             16,"Liu Hua",860.,760.,0.,
                             14,"Zhang Jun",660.,660.,0.,
                             22,"Xu Xia",650.,760.,0.};
    sum(a,5);
    find(a,5);
}
void sum(struct employee * p,int n)
{   int i;
    for(i = 0;i < n;i++)
    {   p - > sum = p - > jbgz + p - > zwgz;p++;}
}
void find(struct employee * p,int n)
{   struct employee * pmax = p;
    int i;
    for(i = 1;i < n;i++)
        if((p + i) - > sum > pmax - > sum)pmax = p + i;
    printf(" % 5d % 10s % 10.2f % 10.2f % 10.2f\n",pmax - > num,pmax - > name,
            pmax - > jbgz,pmax - > zwgz,pmax - > sum);
}
```

第 11 章 习题参考答案

一、选择题

1. D   2. B   3. B   4. A   5. A

二、程序分析题

1. Basican   2. knahT

三、填空题

1. (fp＝fopen("file.txt","w"))   fclose(fp)

2. fopen(fname,"w")   ch

3. fclose(fp2)

4. (fp＝fopen("f1,dat","r"))

四、程序设计题

1. 用户由键盘输入一个文件名，然后输入一串字符（用♯结束输入），存放到此文件中并将字符的个数写到文件尾部。

```c
# include "stdio.h"
# include "stdlib.h"
main()
{   FILE    * fp;
    char   ch,fname[32];
    int   count = 0;
    printf("Input the filename :");
    scanf("% s",fname);
    if((fp = fopen(fname ,"w + ")) == NULL)
    {   printf("Can't open file:% s \n",fname); exit(0);}
        printf("Enter data:\n");
        while((ch = getchar())!= "♯")
        {   fputc(ch,fp);
            count++;
        }
        fprintf( fp,"\n% d\n", count);
        fclose(fp);
}
```

2. 有 5 个学生，每个学生有三门课的成绩，从键盘输入以上数据（包括学生号，姓名，三门课成绩），计算出平均成绩，将原有数据和计算出的平均分数存放在磁盘文件 score. txt 中。

```c
# include "stdio.h"
# include "stdlib.h"
struct   student
{   char name[10];
    int s[3];
    float ave;
};
main()
{   int i;
    struct student st[5];
    FILE * fp;
    if((fp = fopen("score.txt","w")) == NULL)
    {   printf("cannot open file\n");
        exit(0);
    }
    for(i = 0;i < 5; i++)
    {   scanf("% s % d % d % d\n",st[i].name,st[i].s[0],st[i].s[1],st[i].s[2]);
        st[i].ave = (st[i].s[0] + st[i].s[1] + st[i].s[2])/3;
        fprintf(fp, "% s % d % d % d\n", st[i].name,st[i].s[0],st[i].s[1],st[i].s[2])
    }
    fclose(fp);
}
```

综合习题参考答案

一、选择题

1. D　　2. A　　3. A　　4. A　　5. C　　6. A　　7. A　　8. B　　9. B
10. C　11. D　12. D　13. A　14. A　15. C　16. A　17. B　18. D
19. B　20. C　21. A

二、判断题

1. ×　　2. √　　3. √　　4. √　　5. ×　　6. √　　7. ×
8. √　　9. √　　10. ×　11. √　12. ×　13. ×　14. ×
15. ×　16. √　17. ×　18. ×　19. ×　20. √

三、填空题

1. 9　　2. 5　　3. 0　　4. 8　　　5. #　　6. 34　　7. 2.5
8. 1　　9. ==　　10. 类型　11. 15　　12. −60　13. 行　14. 28
15. 3　16. b　　17. 12　　18. string.h　19. 2　　20. 0

四、程序设计题

1. 若 x、y 为奇数,求 x 到 y 之间的奇数和;若 x、y 为偶数,则求 x 到 y 之间的偶数和。

```
int i,s = 0;
for(i = x;i <= y;i += 2)
```

2. 求给定正整数 m 以内的素数之和。例如,当 m＝20 时,函数值为 77。

```
int i,k,s = 0;
for(i = 2;i <= m;i++)
for(k = 2;k <= i;k++)
```

3. 根据整型形参 m,计算如下公式的值:$y=1/2+1/4+1/6+\cdots+1/2m$。

```
double s = 0;
int i,m;
for(i = 1;i <= m;i++)
```

4. 在键盘上输入一个 3 行 3 列矩阵的各个元素的值(值为整数),然后输出矩阵第一行与第三行元素之和,设计 fun()函数求这个和。

```
int i, s = 0;
for(i = 0;i <= 3;i++)
for(i = 0;i <= 3;i++)
```

5. 编写函数 fun(str,i,n),从字符 str 中删除第 i 个字符开始的连续 n 个字符(注意:str[0]代表字符串的第一个字符)。

```
int j;
for(j = i - 1;s[j + n]!= '\0';j++)
```

6. 将 s 所指定字符串下标为奇数的字符删除,串中剩余字符形成一个新串放在 t 所指的数组中。例如,当 s 所指字符串为"ABCDEFGHIJK"时,t 所指的数组的内容应是"ACEGIK"。

```
int i, slenth, n = 0;
slenth = strlen(s);
for(i = 0;i <= slenth;i += 2)
```

7. 请编写一个函数 fun(),它的功能是计算 n 门课程的平均分,计算结果作为函数值返回。

```
float average = 0;
int i;
double sum = 0;
for(i = 0;i < n;i++)
average = (float)sum/n;average
```

8. 求 k!(k<13),所求阶乘的值作为函数值返回(要求使用递归)。

```
if(k > 0)return (k * fun(k - 1));
return 1L
```

9. 请编写函数 fun(),函数的功能是将 M 行 N 列的二维数组中的数据按列的顺序依次放到一维数组中。例如,二维数组中的数据为

33	33	33	33
44	44	44	44
55	55	55	55

则一维数组中的内容应是

| 33 | 44 | 55 | 33 | 44 | 55 | 33 | 44 | 55 | 33 | 44 | 55 |

```
int x, y;
for(x = 0;x < nn;x++)
for(y = 0;y < mm;y++)
    ( * n)++;
}
```

10. 示例代码

```
int i, j;
for(i = 0;i < 3;i++)
for(j = 0;y < 3;j++)
```

附录 E

C语言上机考试模拟试卷

E.1 48学时上机考试模拟10套试卷

第一套试卷

单项选择

===================================

题号：1482

执行以下程序段后,输出结果和 a 的值是(   )。

int a=10; printf("%d",a++);

A. 11 和 10　　　　B. 11 和 11　　　　C. 10 和 11　　　　D. 10 和 10

答案：C

题号：2100

已知字符'A'的 ASCII 代码值是 65,字符变量 c1 的值是'A',c2 的值是'D'。执行语句
"printf("%d,%d",c1,c2-2);"后,输出结果是(   )。

A. 65,66　　　　B. A,B　　　　C. 65,68　　　　D. A,68

答案：A

题号：5055

相同结构体类型的变量之间可以(   )。

A. 比较大小　　　　　　　　　B. 地址相同

C. 赋值　　　　　　　　　　　D. 相加

答案：C

题号：3217

"int a[10];"合法的数组元素的最小下标值为(   )。

A. 1　　　　B. 0　　　　C. 10　　　　D. 9

答案：B

题号：45

能正确表示逻辑关系"a≥10 或 a≤0"的 C 语言表达式是(　　)。

A. a>=0｜a<=10　　　　　　　　　B. a>=10 or a<=0

C. a>=10 && a<=0　　　　　　　　D. a>=10 ‖ a<=0

答案：D

题号：157

```
main()
{   int x = 1,a = 0,b = 0;
    switch (x)
    {   case  0: b++;
        case  1: a++;
        case  2: a++;b++;
    }
    printf("a = % d,b = % d",a,b);
}
```

该程序的输出结果是(　　)。

A. 2,2　　　　　　B. 2,1　　　　　　C. 1,1　　　　　　D. 1,0

答案：B

题号：4784

设变量 a 是整型,f 是实型,i 是双精度型,则表达式 10＋'a'＋i＊f 值的数据类型为(　　)。

A. 不确定　　　　　B. double　　　　　C. int　　　　　D. float

答案：B

题号：1647

以下程序中,while 循环的循环次数是(　　)。

```
main()
{   int i = 0;
    while(i < 10)
    {
        if(i < 1)   continue;
        if(i == 5)  break;
        i++;
    }
}
```

A. 死循环,不能确定次数　　　　　B. 6

C. 4　　　　　　　　　　　　　　D. 1

答案：A

题号：191

若有说明语句"char c＝'\72';",则变量 c(　　)。

A. 说明不合法,c 的值不确定　　　　B. 包含 3 个字符

C. 包含 1 个字符　　　　　　　　D. 包含 2 个字符

答案：C

题号：1300

下列程序运行结果为（　　　）。

```
#define P 3
#define S(a) P * a * a
main()
{   int ar;
    ar = S(3 + 5);
    printf("\n%d",ar);
}
```

A. 192　　　　　　　B. 25　　　　　　　C. 29　　　　　　　D. 27

答案：C

判断

====================================

题号：6755

若 i＝3,则"printf("%d",－i＋＋);"输出的值为 －4。

答案：错误

题号：6167

表达式 (j＝3,j＋＋)的值是 4。

答案：错误

题号：1495

C 语言中只能逐个引用数组元素而不能一次引用整个数组。

答案：正确

题号：2921

参加位运算的数据可以是任何类型的数据。

答案：错误

题号：2691

若有"int i＝10,j＝2;"则执行完"i * ＝j＋8;"后 i 的值为 28。

答案：错误

题号：464

若 a＝3,b＝2,c＝1 则关系表达式"(a＞b)＝＝c" 的值为真。

答案：正确

题号：66

若有 #define S(a,b) a * b 则语句"area＝S(3,2);"area 的值为 6。

答案：正确

题号：758

若有宏定义 #define S(a,b) t＝a; a＝b; b＝t,由于变量 t 没定义,所以此宏定义是错误的。

答案：错误

题号：2158

＃define 和 printf 都不是 C 语句。

答案：正确

题号：5102

关系运算符＜＝与＝＝的优先级相同。

答案：错误

填空

＝＝＝＝＝＝＝＝＝＝＝＝＝＝＝＝＝＝＝＝＝＝＝＝＝＝＝＝＝

题号：1076

表达式 3.5＋1/2 的计算结果是_____。

答案：3.5

题号：551

请写出以下程序的输出结果_____。

```
main()
{    int a = 100;
    if( a > 100)    printf(" % d\n", a > 100);
    else            printf(" % d\n", a < = 100);
}
```

答案：1

题号：3255

表达式(int)((double)(5/2)＋2.5)的值是_____。

答案：4

题号：2472

阅读下面程序，程序执行后的输出结果为_____。

```
# include "stdio. h"
main()
{
    char a,b;
    for(a = '0',b = '9';a < b;a++,b -- )
    printf(" % c % c",a,b);
    printf("\n");
    }
```

答案：0918273645

题号：937

以下程序段的输出结果是_____。

```
int   i = 0, sum = 1;
do
{  sum += i++;
```

```
} while( i < 5);
printf(" % d\n", sum);
```

答案：11

题号：5213

以下程序段的输出结果是_____、_____、_____、_____、_____。

```
int   x = 0177;
printf("x = % 3d, x = % 6d, x = % 6o, x = % 6x, x = % 6u\n", x, x, x, x, x);
```

答案：空 1：x = 127   空 2：x =   127   空 3：x =   177

　　　空 4：x =   7f   空 5：x =   127

题号：3210

以下程序的输出结果是_____。

```
main()
{   int  a = 3, b = 2, c = 1;
    c -= ++b;
    b *= a + c;
    {   int  b = 5, c = 12;
        c /= b * 2;
        a -= c;
        printf("% d, % d, % d, ", a, b, c );
        a += --c;
    }
    printf("% d, % d, % d\n", a, b, c);
}
```

答案：2,5,1,2,3,－2

题号：4474

当计算机用两字节存放一个整数时,其中能存放的最大十进制整数是_____,最小十
进制整数是_____,它们的二进制形式是_____。

答案：空 1：65535   空 2：－32768

　　　空 3：1111 1111 1111 1111,1000 0000 0000 0000

题号：2791

结构化程序由_____、_____、_____三种基本结构组成。

答案：空 1：顺序   空 2：条件分支（或）选择   空 3：循环

题号：561

阅读下面的程序,程序执行后的输出结果是_____。

```
# include "stdio. h"
main()
{
    int x,y,z;
    x = 1; y = 2; z = 3;
    if(x > y)
    if(x > z)printf(" % d",x);
    else printf(" % d",y);
```

```
        printf("%d\n",z);
}
```

答案：3

程序设计

```
==================================
```

题号：2660

功能：计算出 k 以内最大的 10 个能被 13 或 17 整除的自然数之和(k<3000)。

```
--------------------------------------------------
# include < stdio. h >
# include "conio. h"
int fun( int k)
{
  /// ******** Begin *********


  /// ******** End *********

}
main()
{
    int   m;
    printf("Enter m: ");
    scanf("%d", &m);
    printf("\nThe result is %d\n", fun(m));
   }
```

示例代码：

```
int a = 0,b = 0;
while((k > = 2)&&(b < 10))
{if((k%13 == 0)||(k%17 == 0))
  {a = a + k;b++;}
  k -- ;
      }
      return a;
```

第二套试卷

单项选择

```
==================================
```

题号：5854

C 语言中不可以嵌套的是(   )。

A. 选择语句   B. 循环语句

C. 函数调用   D. 函数定义

答案：D

题号：1957

C语言中，逻辑真等价于（　　）。

A. 非零的整数　　　　　　　　　　B. 大于零的整数

C. 非零的数　　　　　　　　　　　D. 大于零的数

答案：C

题号：3786

用户定义的函数不可以调用的函数是（　　）。

A. 本文件外的　　　　　　　　　　B. main()函数

C. 本函数下面定义的　　　　　　　D. 非整型返回值的

答案：B

题号：1764

以下叙述中正确的是（　　）。

A. C程序中注释部分可以出现在程序中任意合适的地方

B. 分号是C语句之间的分隔符，不是语句的一部分

C. 花括号"{"和"}"只能作为函数体的定界符

D. 构成C程序的基本单位是函数，所有函数名都可以由用户命名

答案：A

题号：299

下面4个选项中，均是不合法的浮点数的选项是（　　）。

A. −e3　.234　1e3　　　　　　　B. 160.　0.12　e3

C. 123　2e4.2　.e5　　　　　　　D. −.18　123e4　0.0

答案：C

题号：6131

假定所有变量均已正确定义，下列程序段运行后x的值是（　　）。

```
k1 = 1;
k2 = 2;
k3 = 3;
x = 15;
if(!k1)   x -- ;
else  if(k2) x = 4;
    else x = 3;
```

A. 15　　　　　　　B. 14　　　　　　　C. 3　　　　　　　D. 4

答案：D

题号：3208

若变量已正确定义，以下程序段的输出结果是（　　）。

```
x = 5.16894;
printf(" % f\n", (int)(x * 1000 + 0.5)/(float)1000);
```

A. 5.17000

B. 输出格式说明与输出项不匹配,输出无定值

C. 5.168000

D. 5.169000

答案：D

题号：5043

以下选项中合法的实型常数是(　　)。

A. 5E2.0　　　　　　B. 1.3E　　　　　　C. E-3　　　　　　D. 2E0

答案：D

题号：5608

有以下程序：

```
main()
{   int i;
    for(i = 0; i < 3; i++)
    switch(i)
    {   case 1: printf("%d", i);
        case 2: printf("%d", i);
        default : printf("%d", i);
    }
}
```

执行后输出结果是(　　)。

A. 011122　　　　　B. 120　　　　　　C. 012020　　　　　D. 012

答案：A

题号：572

对以下说明语句"int a[10]＝{6,7,8,9,10};"的正确理解是(　　)。

A. 将 5 个初值依次赋给 a[1]～a[5]

B. 将 5 个初值依次赋给 a[6]～a[10]

C. 因为数组长度与初值的个数不相同,所以此语句不正确

D. 将 5 个初值依次赋给 a[0]～a[4]

答案：D

判断

==============================

题号：1325

若有说明"int c;"则"while(c＝getchar());"是正确的 C 语句。

答案：正确

题号：3386

若有"int i＝10,j＝0;"则执行完语句"if (j＝0)i＋＋; else i－－;"后 i 的值为 11。

答案：错误

题号：464

若 a＝3,b＝2,c＝1,则关系表达式"(a＞b)＝＝c" 的值为真。

答案：正确

题号：2316

while 和 do…while 循环不论在什么条件下的结果都是相同的。

答案：错误

题号：2989

"char c[]＝"Very Good";"是一个合法的为字符串数组赋值的语句。

答案：正确

题号：5034

语句"scanf("%7.2f",&a);"是一个合法的 scanf 函数。

答案：错误

题号：2067

如果想使一个数组中全部元素的值为 0,可以写成"int a[10]＝{0＊10};"。

答案：错误

题号：5263

x＊＝y＋8 等价于 x＝x＊(y＋8)。

答案：正确

题号：3862

如果函数值的类型和 return 语句中表达式的值不一致,则以函数类型为准。

答案：正确

题号：3558

整数 −32100 可以赋值给 int 型和 long int 型变量。

答案：正确

填空

＝＝＝＝＝＝＝＝＝＝＝＝＝＝＝＝＝＝＝＝＝＝＝＝＝＝＝＝＝

题号：551

请写出以下程序的输出结果_____。

```
main()
{   int  a = 100;
    if( a > 100)   printf(" % d\n", a > 100);
    else           printf(" % d\n", a <= 100);
}
```

答案：1

题号：1575

对以下数学式,写出三个等价的 C 语言表达式是_____、_____、_____。

$$\frac{a}{b \cdot c}$$

答案：空 1：a/c/b【或】a/(b＊c)【或】a/b/c

空 2：a/c/b【或】a/b/c 【或】a/(b＊c)

空 3：a/b/c【或】a/c/b 【或】a/(b＊c)

题号：1076

表达式 3.5＋1/2 的计算结果是_____。

答案：3.5

题号：2758

若 x 为 double 型变量,请写出运算 x ＝ 3.2,＋＋x 后表达式的值_____和变量的值_____。

答案：空 1：4.2 　　空 2：4.2

题号：582

以下程序的执行结果是_____。

```
main()
{
    int k = 8;
    switch(k)
    {   case 9: k += 1;
        case 10: k += 1;
        case 11: k += 1; break;
        default: k += 1;
    }
    printf(" % d\n",k);
}
```

答案：9

题号：2868

若要通过以下语句给 a、b、c、d 分别输入字符 A、B、C、D,给 w、x、y、z 分别输入 10、20、30、40,正确的输入形式是_____。请用＜CR＞代表 Enter 键。

```
scanf(" % d % c % d % c % d % c % d % c", &w, &a, &x,&b, &y, &c, &z, &d);
```

答案：10A20B30C40D＜CR＞

题号：4063

以下程序段的输出结果是_____、_____、_____、_____。

```
double    a = 513.789215;
printf("a = % 8.6f, a = % 8.2f, a = % 14.8f, a = % 14.8lf\n", a, a, a, a);
```

答案：空 1：a = 513.789215

空 2：a = 　　513.79

空 3：a = 　　513.78921500

空 4：a = 　　513.78921500

题号：5076

以下程序的输出结果是_____。

```
main()
{   int a = 0;
    a += (a = 8);
    printf(" % d\n",a);
}
```

答案：16

题号：5410

以下程序的执行结果是_____。

```
main()
{   int a, b, * p = &a, * q = &b;
    a = 10;
    b = 20;
    * p = b;
    * q = a;
    printf("a = % d, b = % d\n", a, b);
}
```

答案：a = 20,b = 20

题号：6975

以下程序的输出结果是_____。

```
main()
{   int  x = 2;
    while ( x-- );
    printf(" % d\n", x);
}
```

答案：-1

程序设计

==

题号：58

功能：将字符串中的小写字母转换为对应的大写字母，其他字符不变。

```
# include "string. h"
# include < stdio. h>
void change(char str[])
{
  /// ******** Begin *********


  /// ******** End *********
}
main()
{
    void change();
```

```
    char str[40];
    gets(str);
    change(str);
    puts(str);
}
```

示例代码：

```
int i;
for(i = 0;str[i]!= '\0';i++)
  if(str[i]> = 'a' && str[i]< = 'z')
     str[i] = str[i] - 32;
```

第三套试卷

单项选择

==============================

题号：6872

下列数据中属于"字符串常量"的是(　　　)。

A. ABC   B. "ABC"   C. 'A'   D. 'ABC'

答案：B

题号：4

以下程序的执行结果是(　　　)。

```
main()
{   int   x = 0, s = 0;
    while( !x != 0 ) s += ++x;
    printf( "%d",s );
}
```

A. 无限循环   B. 0   C. 1   D. 语法错误

答案：C

题号：4091

以下程序的输出结果是(　　　)。

```
# include "stdio.h"
main()
{   printf("%d\n", NULL);    }
```

A. 1   B. 0   C. 不确定   D. −1

答案：B

题号：5202

以下程序段的输出结果是(　　　)。

```
main()
{   char   ch1, ch2;
    ch1 = 'A' + '5' − '3';
    ch2 = 'A' + '5' − '3';
```

```
    printf("%d,%c\n", ch1,ch2);
 }
```

A. 67,C　　　　　B. B,C　　　　　C. 不确定的值　　　　D. C,D

答案：A

题号：984

C语言规定,函数返回值的类型是由(　　)。

A. 调用该函数时的主调函数类型所决定

B. return 语句中的表达式类型所决定

C. 调用该函数时系统临时决定

D. 在定义该函数时所指定的函数类型所决定

答案：D

题号：419

a,b 为整型变量,二者均不为 0,以下关系表达式中恒成立的是(　　)。

A. a * b/a * b==1　　　　　　　　B. a/b * b+a%b==a

C. a/b * b==a　　　　　　　　　　D. a/b * b/a==1

答案：B

题号：492

设"int b=2;",表达式(b≫2)/(b≫1)的值是(　　)。

A. 8　　　　　B. 2　　　　　C. 0　　　　　D. 4

答案：C

题号：4845

在下述程序中,判断 i>j 共执行了多少次？(　　)

```
#include<stdio.h>
main()
{
    int i = 0, j = 10, k = 2, s = 0;
    for( ; ; )
    {
        i += k;
        if(i > j)
        {
            printf("%d\n", s);
            break;
        }
        s += i;
    }
}
```

A. 4　　　　　B. 8　　　　　C. 6　　　　　D. 7

答案：C

题号：1854

下列数据中,为字符串常量的是(　　)。

A. "house" B. How do you do.

C. A D. $ abc

答案：A

题号：2247

执行下列语句后的结果为（   ）。

```
int x = 3, y;
int * px = &x;
y = * px++;
```

A. x=3,y=4 B. x=3,y 不知

C. x=4,y=4 D. x=3,y=3

答案：D

判断

==================================

题号：5124

7&3+12 的值是 15。

答案：错误

题号：3721

语句"printf("%f%%",1.0/3);"输出为 0.333333。

答案：错误

题号：758

若有宏定义 #define S(a,b) t=a; a=b; b=t,由于变量 t 没定义，所以此宏定义是错误的。

答案：错误

题号：2273

结构体类型只有一种。

答案：错误

题号：2158

#define 和 printf 都不是 C 语句。

答案：正确

题号：478

C 语言中"%"运算符的运算对象必须是整型。

答案：正确

题号：4678

a=(b=4)+(c=6)是一个合法的赋值表达式。

答案：正确

题号：5757

C 程序中有调用关系的所有函数必须放在同一个源程序文件中。

答案：错误

题号：2440

"int i，*p＝&i；"是正确的 C 说明。

答案：正确

题号：1498

C 语言本身不提供输入输出语句,输入和输出操作是由函数来实现的。

答案：正确

填空

==============================

题号：4945

a 为任意整数,能将变量 a 清零的表达式是＿＿＿＿＿。

答案：a＝a^a

题号：3925

阅读下面程序,则执行后程序的结果为＿＿＿＿＿。

```c
#include "stdio.h"
main()
{
    int a = 0,b = 0;
    while(a < 15)
    a++;
    while(b++ < 15);
    printf("%d,%d\n",a,b);
}
```

答案：15,16

题号：5890

若有以下定义：

```c
double  w[10];
```

则 w 数组元素下标的上限是＿＿＿＿＿,下限是＿＿＿＿＿。

答案：空 1：9　　空 2：0

题号：6957

复合语句在语法上被认为是＿＿＿＿＿。空语句的形式是＿＿＿＿＿。

答案：空 1：一条语句　　空 2：；

题号：6966

设变量 a 的二进制数是 00101101,若想通过运算 a^b 使 a 的高 4 位取反,低 4 位不变,则 b 的二进制数应该是＿＿＿＿＿。

答案：11110000

题号：6547

当 a＝1、b＝2、c＝3 时，以下 if 语句执行后，a、b、c 中的值分别为＿＿＿＿、

＿＿＿＿、＿＿＿＿。

```
if(a > c) b = a; a = c; c = b;
```

答案：空 1：3   空 2：2   空 3：2

题号：5540

以下程序段的输出结果是＿＿＿＿。

```
int * var, ab;
ab = 100;
var = &ab
ab = * var + 10;
printf(" % d\n", * var);
```

答案：110

题号：6886

以下程序的执行结果是＿＿＿＿。

```
#define PRINT(V)  printf("V = % d\t",V)
main()
{
  int a, b;
  a = 1; b = 2;
  PRINT(a);
  PRINT(b);
  }
```

答案：V＝1   V＝2

题号：6877

C 语言中用＿＿＿＿表示逻辑真，用＿＿＿＿表示逻辑假。

答案：空 1：非 0   空 2：0

题号：1575

对以下数学式，写出三个等价的 C 语言表达式是＿＿＿＿、＿＿＿＿、＿＿＿＿

$$\frac{a}{b \cdot c}$$

答案：空 1：a/c/b【或】a/(b＊c)【或】a/b/c

空 2：a/c/b【或】a/b/c 【或】a/(b＊c)

空 3：a/b/c【或】a/c/b 【或】a/(b＊c)

程序设计

============================

题号：4667

功能：编写函数实现两个数据的交换,在主函数中输入任意三个数据,调用函数对这三个数据从大到小排序。

```
-------------------------------------------------
#include<stdio.h>
void swap(int * a,int * b)
{
   /// ******** Begin *********


   /// ******** End *********
}
main()
{
    int x,y,z;
    scanf("%d%d%d",&x,&y,&z);
    if(x<y)swap(&x,&y);
    if(x<z)swap(&x,&z);
    if(y<z)swap(&y,&z);
    printf("%3d%3d%3d",x,y,z);
}
```

示例代码：

```
int k;
k = * a;
* a = * b;
* b = k;
```

第四套试卷

单项选择

```
===================================
```

题号：45

能正确表示逻辑关系"a≥10 或 a≤0"的 C 语言表达式是(　　　)。

A. a>=0 ∣ a<=10　　　　　　B. a>=10 or a<=0

C. a>=10 && a<=0　　　　　　D. a>=10 ∣∣ a<=0

答案：D

题号：53

若已定义 x 为 int 类型变量,下列语句中声明指针变量 p 正确的语句是(　　　)。

A. int * p=&x;　　　　　　B. int p=&x;

C. * p= * x;　　　　　　D. int * p=x;

答案：A

题号：2244

字符串指针变量中存入的是(　　　)。

A. 第一个字符   B. 字符串

C. 字符串的首地址   D. 字符串变量

答案：C

题号：3722

下列字符数组长度为 5 的是(　　　)。

A. char c[10]＝｛'h','a','b','c','d'｝；

B. char b[]＝｛'h','a','b','c','d','\0'｝；

C. char a[]＝｛'h','a','b','c','d'｝；

D. char d[6]＝｛'h','a','b','c','\0'｝；

答案：C

题号：2703

从键盘上输入某字符串时,不可使用的函数是(　　　)。

A. getchar()   B. scanf()   C. fread()   D. gets()

答案：A

题号：3402

以下对整型数组 a 的正确说明是(　　　)。

A. int　n = 10, a[n];   B. int n;
                                        scanf("％d",&n);
                                        int a[n];

         ♯define SIZE 10

C. int a[SIZE];   D. int a(10);

答案：C

题号：130

若"char a[10];"已正确定义,以下语句中不能从键盘上给 a 数组的所有元素输入值的
语句是(　　　)。

A. scanf("％s",a)；

B. for(i＝0；i＜10；i＋＋)a[i]＝getchar()；

C. a＝getchar()；

D. gets(a)；

答案：C

题号：191

若有说明语句"char c＝'\72';"则变量 c(　　　)。

A. 说明不合法,c 的值不确定   B. 包含 3 个字符

C. 包含 1 个字符   D. 包含 2 个字符

答案：C

题号：4539

以下程序的输出结果是(　　　)。

```
main()
{   int  i = 1,   j = 3;
    printf(" % d,", i++);
    {   int  i = 0;
        i += j * 2;
        printf(" % d, % d,", i, j );
    }
    pritnf(" % d, % d\n", i, j );
}
```

A. 1,6,3,2,3　　　　　　　　　B. 2,7,3,2,3

C. 1,7,3,2,3　　　　　　　　　D. 2,6,3,2,3

答案：A

题号：300

以下对一维整型数组 a 的正确说明是(　　　)。

A. ♯define SIZE 10　（换行）　int a[SIZE]；

B. int a(10)；

C. int n; scanf("%d",&n); int a[n]；

D. int n＝10,a[n]；

答案：A

判断

====================================

题号：2691

若有"int i＝10,j＝2;"则执行完"i * ＝j＋8;"后 i 的值为 28。

答案：错误

题号：2067

如果想使一个数组中全部元素的值为 0,可以写成"int a[10]＝{0 * 10};"。

答案：错误

题号：1118

函数调用语句"func(rec1,rec2＋rec3,(rec4,rec5));"中含有的实参个数是 5。

答案：错误

题号：1534

C 语言所有函数都是外部函数。

答案：错误

题号：2158

♯define 和 printf 都不是 C 语句。

答案：正确

题号：6321

循环结构中的 continue 语句是使整个循环终止执行。

答案：错误

题号：2583

在程序中定义了一个结构体类型后，可以多次用它来定义具有该类型的变量。

答案：正确

题号：3386

若有"int i=10,j=0;"则执行完语句"if (j=0)i++; else i－－;"后 i 的值为 11。

答案：错误

题号：2998

C 程序总是从程序的第一条语句开始执行。

答案：错误

题号：5034

语句"scanf("%7.2f",&a);"是一个合法的 scanf 函数。

答案：错误

填空

==

题号：582

以下程序的执行结果是_____。

```
main()
{   int k = 8;
    switch(k)
    {
        case  9: k += 1;
        case 10: k += 1;
        case 11: k += 1; break;
        default: k += 1;
    }
    printf(" % d\n",k);
}
```

答案：9

题号：5171

把 a1、a2 定义成单精度实型变量，并赋初值 1 的说明语句是_____。

答案：float   a1=1.0,a2=1.0;

题号：63

以下程序的输出结果是_____。

```
#define PR(ar) printf("ar =  % d", ar)
main()
{   int  j, a[] = { 1, 3, 5, 7, 9, 11, 13, 15},   * p = a + 5;
    for(j = 3;  j ; j--)
        switch( j )
```

```
        {   case 1:
            case 2:  PR( * p++); break;
            case 3:  PR( * ( -- p) );
        }
    }
```

答案：ar＝9　ar＝9　ar＝11

题号：3255

表达式(int)((doubl)(5/2)＋2.5)的值是＿＿＿＿＿＿。

答案：4

题号：1076

表达式 3.5＋1/2 的计算结果是＿＿＿＿＿＿。

答案：3.5

题号：6547

当 a＝1、b＝2、c＝3 时，以下 if 语句执行后，a、b、c 中的值分别为 ＿＿＿＿＿＿、

＿＿＿＿＿＿、＿＿＿＿＿＿。

```
if(a > c) b = a; a = c; c = b;
```

答案：空 1：3　　空 2：2　　空 3：2

题号：3925

阅读下面程序，则执行后程序的结果为＿＿＿＿＿＿。

```
# include "stdio.h"
main()
{   int a = 0,b = 0;
    while(a < 15)
    a++;
    while(b++ < 15);
    printf(" % d, % d\n",a,b);
}
```

答案：15,16

题号：4473

有以下程序段：

```
s = 1.0;
for(k = 1; k <= n; k++)
s = s + 1.0 / (k * (k + 1));
printf(" % f\n", s);
```

请填空，使下面的程序段的功能完全与之等同。

```
s = 0.0;
_____;
k = 0;
do
{   s += d;
    _____;
    d = 1.0 / (k * (k + 1));
```

```
}while(_____ );
printf(" % f\n", s);
```

答案：空 1：d＝1.0   空 2：k＋＋   空 3：k＜＝n

题号：6975

以下程序的输出结果是_____。

```
main()
{    int x = 2;
     while ( x-- );
     printf(" % d\n", x);
}
```

答案：－1

题号：4423

下列程序的功能是输入一个整数,判断其是否是素数,若为素数输出 1,否则输出 0。请填空。

```
main()
{    int i, x, y = 1;
     scanf(" % d", &x);
     for(i = 2; i <= _____ ; i++)
     if _____{ y = 0; break;}
     printf(" % d\n", y);
}
```

答案：空 1：x/2   空 2：!(x % i)【或】   x % i ＝＝ 0

程序设计

===============================

题号：788

用 while 语句求 1～100 的累加和。

```
# include "stdio. h"
int fun( int n)
{
  /// ******** Begin ********


  /// ******** End ********
  }
void  main()
{    int sum = 0;
     sum = fun(100);
     printf ("sum = % d\n", sum);
}
```

示例代码：

```
int i = 1, sum = 0;
while(i <= n)
```

```
{   sum = sum + i;
    i++;
}
return sum;
```

第五套试卷

单项选择

==============================

题号：4662

变量 p 为指针变量，若 p＝&a，下列说法不正确的是（　　）。

A．＊（p＋＋）＝＝a＋＋　　　　　　B．&＊p＝＝&a

C．（＊p）＋＋＝＝a＋＋　　　　　　D．＊&a＝＝a

答案：A

题号：6651

C 语言允许函数类型默认定义，此时函数值隐含的类型是（　　）。

A．long　　　　　B．float　　　　　C．int　　　　　D．double

答案：C

题号：6993

若已定义 x 和 y 为 double 类型，则表达式 x＝1，y＝x＋3/2 的值是（　　）。

A．1　　　　　B．2.0　　　　　C．2.5　　　　　D．2

答案：B

题号：6988

以下程序的输出结果是（　　）。

```
main()
{   int a = 2, b = 5;
    printf("a = % % d,b = % % d\n",a, b);
}
```

A．a＝％2,b＝％5　　　　　　B．a＝％％d,b＝％％d

C．a＝％d,b＝％d　　　　　　D．a＝2,b＝5

答案：C

题号：5659

若有定义"int a[10]，＊p＝a；"，则 p＋5 表示（　　）。

A．元素 a[5]的地址　　　　　　B．元素 a[6]的地址

C．元素 a[6]的值　　　　　　D．元素 a[5]的值

答案：A

题号：6490

若有说明"int ＊p,m＝5,n；"，则以下正确的程序段是（　　）。

A. scanf("%d",&n); *p=n; B. p=&n; *p=m;

C. p=&n; scanf("%d",*p) D. p=&n; scanf("%d",&p);

答案：B

题号：6073

下列程序的输出结果为(   )。

```
main()
{   int m = 7,n = 4;
    float a = 38.4,b = 6.4,x;
    x = m/2 + n * a/b + 1/2;
    printf(" % f\n",x);
}
```

A. 28.000000   B. 27.500000   C. 28.500000   D. 27.000000

答案：D

题号：401

以下所列的 C 语言常量中,错误的是(   )。

A. '\72'   B. 0xFF   C. 2L   D. 1.2e0.5

答案：D

题号：1684

"int a=1,b=2,c=3; if(a>c)b=a; a=c; c=b;",则 c 的值为(   )。

A. 3   B. 2   C. 不一定   D. 1

答案：B

题号：961

C 语言中 while 和 do…while 循环的主要区别是(   )。

A. while 的循环控制条件比 do…while 的循环控制条件更严格

B. do…while 的循环体至少无条件执行一次

C. do…while 的循环体不能是复合语句

D. do…while 允许从外部转到循环体内

答案：B

判断

==

题号：3927

两个字符串中的字符个数相同时才能进行字符串大小的比较。

答案：错误

题号：5124

7&3+12 的值是 15。

答案：错误

题号：3721

语句"printf("%f%%",1.0/3);"输出为 0.333333。

答案：错误

题号：3862

如果函数值的类型和 return 语句中表达式的值不一致,则以函数类型为准。

答案：正确

题号：6755

若 i＝3,则"printf("%d",−i＋＋);"输出的值为 −4。

答案：错误

题号：4579

通过 return 语句,函数可以带回一个或一个以上的返回值。

答案：错误

题号：2440

"int i,＊p＝&i;"是正确的 C 说明。

答案：正确

题号：4678

a＝(b＝4)＋(c＝6) 是一个合法的赋值表达式。

答案：正确

题号：6288

十进制数 15 的二进制数是 1111。

答案：正确

题号：464

若 a＝3,b＝2,c＝1 则关系表达式"(a＞b)＝＝c" 的值为真。

答案：正确

填空

==

题号：2713

以下程序段的输出结果是_____。

```
printf("%d\n", strlen("s\n\016\0end"));
```

答案：3

题号：2758

若 x 为 double 型变量,请写出运算 x＝3.2,＋＋x 后表达式的值_____和变量的值_____。

答案：空 1：4.2　空 2：4.2

题号：3121

若有定义"int a＝8,b＝5,c;",执行语句 c＝a/b＋0.4 后,c 的值为_____。

答案：1

题号：4474

当计算机用两字节存放一个整数时,其中能存放的最大十进制整数是_____,最小十进制整数是_____,它们的二进制形式是_____。

答案：空 1：65535　　空 2：−32768

　　　　空 3：1111 1111 1111 1111,1000 0000 0000 0000

题号：4683

若从键盘输入 58,则以下程序输出的结果是_____。

```
main()
{    int a;
     scanf(" % d",&a);
     if(a>50)printf(" % d",a);
     if(a>40)printf(" % d",a);
     if(a>30)printf(" % d",a);
}
```

答案：585858

题号：1262

请写出与以下表达式等价的表达式：(A)_____,(B)_____。

(A) !(x>0)　　　　(B) !0

答案：空 1：x <= 0　　　　空 2：1

题号：5076

以下程序的输出结果是_____。

```
main()
{    int a = 0;
     a += (a = 8);
     printf(" % d\n",a);
}
```

答案：16

题号：5410

以下程序的执行结果是_____。

```
main()
{    int a, b, * p = &a, * q = &b;
     a = 10;
     b = 20;
     * p = b;
     * q = a;
     printf("a =  % d, b =  % d\n", a, b);
}
```

答案：a＝20,b＝20

题号：5299

运用位运算,能将八进制数 0125000 除以 4,然后赋给变量 a 的表达式是_____。

答案：a＝0125000＞＞2

题号：2211

在 C 语言程序中,用关键字_____定义基本整型变量,用关键字_____定义单精度实型变量,用关键字_____定义双精度实型变量。

答案：空 1：int　　空 2：float　　空 3：double

程序设计

===============================

题号：4003

功能：求一个 4 位数的各位数字的立方和。

```
# include < stdio. h>
int fun( int n)
{
    /// ******** Begin *********



    /// ******** End **********
  }
main( )
{   int k;
    k = fun(1234);
    printf("k = % d\n",k);


}
```

示例代码：

```
int d,k,s = 0;
while (n > 0)
{   d = n % 10;
    s += d * d * d;
    n/ = 10;
}
return s;
```

第六套试卷

单项选择

===============================

以下程序的执行结果是(　　)。

```
main( )
{   int  w = 1, x = 2, y = 3, z = 4;
    w = ( w < x ) ? x : w;
    w = ( w < y ) ? y : w;
```

```
w = ( w < z ) ? z : w;
    printf( "%d", w );
}
```

A. 2   B. 4   C. 3   D. 1

答案：B

若有说明"int n＝2,＊p＝&n,＊q＝p;",则以下非法的赋值语句是(   )。

A. n＝＊q;   B. p＝q;

C. p＝n;   D. ＊p＝＊q;

答案：C

以下程序的输出结果是(   )。

```
void  prtv(int * x)
{   printf("%d\n", ++ * x);
}
main()
{   int  a = 25;
    prtv(&a);
}
```

A. 24   B. 26   C. 23   D. 25

答案：B

以下程序的输出结果是(   )。

```
main()
{   int a = 2, b = 5;
    printf("a = % % d,b = % % d\n",a, b);
}
```

A. a＝%2,b＝%5   B. a＝%%d,b＝%%d

C. a＝%d,b＝%d   D. a＝2,b＝5

答案：C

语句"printf("a\bre\'hi\'y\\\bou\n");"的输出结果是(说明：'\b'是退格符)(   )。

A. a\bre\'hi\'y\\\bou   B. re'hi'you

C. abre'hi'y\bou   D. a\bre\'hi\'y\bou

答案：B

以下关于运算符优先顺序的描述中正确的是(   )。

A. 关系运算符＜算术运算符＜赋值运算符＜逻辑运算符

B. 赋值运算符＜逻辑运算符＜关系运算符＜算术运算符

C. 算术运算符＜关系运算符＜赋值运算符＜逻辑运算符

D. 逻辑运算符＜关系运算符＜算术运算符＜赋值运算符

答案：B

下列语句的结果是(   )。

```
main()
{   int j;
    j = 3;
    printf("%d,",++j);
```

```
    printf("%d",j++);
}
```

A. 3,4   B. 4,4   C. 4,3   D. 3,3

答案：B

设 a 和 b 均为 double 型变量,且 a=5.5、b=2.5,则表达式(int)a+b/b 的值是(   )。

A. 6.000000   B. 5.500000   C. 6   D. 6.500000

答案：A

若有定义“int a=7；float x=2.5,y=4.7;”,则表达式 x+a%3 * (int)(x+y)%2/4 的值是(   )。

A. 3.500000   B. 0.000000   C. 2.750000   D. 2.500000

答案：D

若有程序段“int a=3,b=4；a=a^b；b=b^a；a=a^b；”,则执行以上语句后,a 和 b 的值分别是(   )。

A. a=4,b=4   B. a=3,b=3   C. a=3,b=4   D. a=4,b=3

答案：D

判断

====================================

若有说明“int c；”,则“while(c=getchar())；”是正确的 C 语句。

答案：正确

C 语言中“%”运算符的运算对象必须是整型。

答案：正确

C 程序总是从程序的第一条语句开始执行。

答案：错误

假设有“int a[10],* p；”,则 p=&a[0]与 p=a 等价。

答案：正确

#define 和 printf 都不是 C 语句。

答案：正确

C 语言本身不提供输入输出语句,输入和输出操作是由函数来实现的。

答案：正确

十进制数 15 的二进制数是 1111。

答案：正确

x * =y+8 等价于 x=x * (y+8)。

答案：正确

若有“int i=10,j=2；”,则执行完“i * =j+8；”后 i 的值为 28。

答案：错误

关系运算符<＝与＝＝的优先级相同。

答案：错误

填空

==================================

以下程序段的输出结果是_____。

```
int  i = 0, sum = 1;
do
{  sum += i++;
} while( i < 5);
printf(" % d\n", sum);
```

答案：11

表达式 3.5＋1/2 的计算结果是_____。

答案：3.5

以下程序段，要求通过 scanf 语句给变量赋值，然后输出变量的值。写出运行时给 k 输入 100，给 a 输入 25.81，给 x 输入 1.89234 时的三种可能的输入形式：_____、_____、_____。

```
int k; flaot  a;
double  x;
scanf(" % d % f % lf", &k, &a, &x);
printf("k = % d, a = % f, x = % f\n", k, a, x);
```

答案：空 1：100 25.81 1.8923 空 2：100 25.81 1.8923

空 3：100 25.81 1.8923

阅读下面程序，程序执行后的输出结果为_____。

```
main()
{  char a,b;
    for(a = '0',b = '9';a < b;a++,b-- )
    printf(" % c % c",a,b);
    printf("\n");
}
```

答案：0918273645

下面程序的输出结果是_____。

```
unsigned  fun6(unsigned  num)
{  unsigned  k = 1;
    do
    {  k * = num % 10;
        num / = 10;
    } while( num);
    return k;
}
main()
{  unsigned  n = 26;
    printf(" % d\n", fun6(n));
}
```

答案：12

下列程序的功能是输入一个整数，判断其是否是素数，若为素数输出 1，否则输出 0。请填空。

```
main()
{    int i, x, y = 1;
     scanf(" % d", &x);
     for(i = 2; i < = _____ ; i++)
     if _____ { y = 0; break;}
     printf(" % d\n", y);
}
```

答案：空 1：x/2　　空 2：!(x ％ i)【或】x ％ i＝＝0

设变量 a 的二进制数是 00101101，若想通过运算 a^b 使 a 的高 4 位取反，低 4 位不变，则 b 的二进制数应该是_____。

答案：11110000

若有定义"int a＝8,b＝5,c;"，则执行语句 c＝a/b+0.4 后，c 的值为_____。

答案：1

把 a1、a2 定义成单精度实型变量，并赋初值 1 的说明语句是_____。

答案：float　a1＝1.0,a2＝1.0;

若表达式(a＋b)＞c＊2＆＆b!＝5||!(1/2)中，a、b、c 的定义和赋值为"int a＝3,b＝4,c＝2;"，则表达式的值为_____。

答案：1

程序设计

```
==============================
```

/＊请编写一个函数 fun()，它的功能是找出一维整型数组元素中最大的值和它所在的下标，最大的值和它所在的下标通过形参传回。数组元素中的值已在主函数中赋予。主函数中 x 是数组名，n 是 x 中的数据个数，max 存放最大值，index 存放最大值所在元素的下标。

注意：部分源程序存在文件 prog.c 中。请勿改动主函数 main 和其他函数中的任何内容，仅在函数 fun()的花括号中填入你编写的若干语句。＊/

```
==================================================
void fun(int  a[],  int  n , int   * max, int   * d )
{

    / * * * * * * * * * * * Begin * * * * * * * * * * /

    / * * * * * * * * * * End * * * * * * * * * * /

}
void NONO()
{/ * 本函数用于打开文件,输入数据,调用函数,输出数据,关闭文件。 * /
    FILE * fp, * wf ;
     int i,   x[20],   max , index, n = 10, j ;
     fp = fopen("bc06.in","r") ;
```

```
    if(fp == NULL)
    {    printf("数据文件 bc06.in 不存在!") ;
         return ;
    }
    wf = fopen("bc06.out","w") ;
    for(i = 0 ; i < 10 ; i++)
    {
         for(j = 0 ; j < n ; j++) fscanf(fp, "% d,", &x[j]) ;
         fun( x, n , &max, &index);
    fprintf(wf, "Max = % d, Index = % d\n", max, index) ;
    }
    fclose(fp) ;
    fclose(wf) ;
}

main()
{    int i,   x[20],   max , index, n = 10;
     srand(time(0));
     for (i = 0;i < n;i++) {x[i] = rand() % 50; printf("% 4d", x[i]) ; }
     printf("\n");
     fun( x, n , &max, &index);
     printf("Max = % 5d ,   Index = % 4d\n",max, index );
     NONO();
}
```

示例代码：

```
int i,base,subscript;
base = a[0];          /* 假定第一个元素的值最大 */
subscript = 0;        /* subscript 用于存放数组下标 */
for(i = 1;i < n;i++)
{    if(a[i]> base)
    {   subscript = i;
         base = a[i];
    }
}
* max = base;         /* 将最大值元素的值赋给 * max */
* d = subscript;      /* 将最大值元素的下标赋给 * d */
```

第七套试卷

单项选择

===============================

若有定义"char * p1, * p2;"，则下列表达式中正确合理的是(   )。

A. p1/＝5   B. p1＋＝5   C. p1=&p2   D. p1 * ＝p2

答案：C

若有定义"int * p[3];"，则以下叙述中正确的是(   )。

A. 定义了一个名为 * p 的整型数组，该数组含有三个 int 类型元素

B. 定义了一个可指向一维数组的指针变量 p，所指一维数组应具有三个 int 类型元素

C. 定义了一个指针数组 p,该数组含有三个元素,每个元素都是基类型为 int 的指针

D. 定义了一个基类型为 int 的指针变量 p,该变量具有三个指针

答案:C

C 语言中,定义结构体的保留字是(　　)。

A. struct　　　　　B. union　　　　　C. enum　　　　　D. typedef

答案:A

设"char ＊s＝"\ta\017bc";",则指针变量 s 指向的字符串所占的字节数是(　　)。

A. 7　　　　　B. 6　　　　　C. 9　　　　　D. 5

答案:B

以下程序的输出结果是(　　)。

```
main()
{   int a[] = {1, 2, 3, 4}, i, x = 0;
    for(i = 0; i < 4; i++)
    {   sub(a, &x);
        printf("%d ", x);
    }
    pritnf("\n");
}
sub(int * s, int * y)
{   static intt = 3;
    * y = s[t]; t--;
}
```

A. 4 4 4 4　　　　　B. 0 0 0 0　　　　　C. 1 2 3 4　　　　　D. 4 3 2 1

答案:D

以下叙述正确的是(　　)。

A. 用 do…while 构成循环时,只有在 while 后的表达式为非零时结束循环

B. do…while 语句构成的循环不能用其他语句构成的循环来代替

C. 用 do…while 构成循环时,只有在 while 后的表达式为零时结束循环

D. do…while 语句构成的循环只能用 break 语句退出

答案:C

题号:2823

对两个数组 a 和 b 进行如下初始化:

```
char a[] = "ABCDEF";
char b[] = {'A','B','C','D','E','F'};
```

则以下叙述正确的是(　　)。

A. a 与 b 中都存放字符串　　　　　B. a 数组比 b 数组长度长

C. a 与 b 长度相同　　　　　D. a 与 b 完全相同

答案:B

以下数值中,不正确的八进制数或十六进制数是(　　)。

A. −16　　　　　B. 0x16　　　　　C. 16　　　　　D. 0xaaaa

答案:A

对于基本类型相同的两个指针变量之间,不能进行的运算是(　　)。

A.　＋　　　　　　　B.　＜　　　　　　　C.　＝　　　　　　　D.　－

答案:A

执行下列语句后的结果为(　　)。

```
int x = 3,y;
int * px = &x;
y = * px++;
```

A.　x＝3,y＝4　　　　B.　x＝3,y不知　　　　C.　x＝4,y＝4　　　　D.　x＝3,y＝3

答案:D

判断

====================================

参加位运算的数据可以是任何类型的数据。

答案:错误

while 和 do…while 循环不论在什么条件下的结果都是相同的。

答案:错误

假设有"int a[10], * p;",则 p＝&a[0]与 p＝a 等价。

答案:正确

字符处理函数 strcpy(str1,str2)的功能是把字符串 1 接到字符串 2 的后面。

答案:错误

函数 strlen("ASDFG\n")的值是 7。

答案:错误

7&3＋12 的值是 15。

答案:错误

表达式 (j＝3,j＋＋)的值是 4。

答案:错误

a＝(b＝4)＋(c＝6)是一个合法的赋值表达式。

答案:正确

语句"printf("%f%%",1.0/3);"的输出为 0.333333。

答案:错误

若有定义和语句:

"int a; char c; float f; scanf("%d,%c,%f",&a,&c,&f);",若通过键盘输入 10,A,12.5,则 a＝10,c＝'A',f＝12.5。

答案:正确

填空

====================================

以下程序的执行结果是_____。

```
#define PRINT(V)  printf("V = %d\t",V)
   main()
   {   int a, b;
       a = 1; b = 2;
       PRINT(a);
       PRINT(b);
   }
```

答案：V＝1　V＝2

当 a ＝ 1、b ＝ 2、c ＝ 3 时，以下 if 语句执行后，a、b、c 中的值分别为 _____、

_____、_____。

```
if(a > c)  b = a; a = c; c = b;
```

答案：空 1：3　　　空 2：2　　　空 3：2

下列程序的执行结果是_____。

```
int d = 1;
fun(int p)
{   int d = 5;
    d += p++;
    pritnf("%d ", d);
}
main()
{   int a = 3;
    fun(a);
    d += a++;
    printf("%d\n", d);
}
```

答案：8 4

以下程序的输出结果是_____。

```
double  sub(double  x, double  y, double  z)
{   y -= 1.0;
    z = z + x;
    return z;
}
main()
{   double  a = 2.5, b = 9.0;
    printf("%f\n", sub(b - a, a, b));
}
```

答案：15.500000

以下程序段的输出结果是_____。

```
int k, n, m;
n = 10;
m = 1;
k = 1;
while( k <= n )
m *= 2;
```

```
printf("%d\n", m);
```

答案：无输出结果【或】死循环【或】死循环无输出结果

阅读下面程序，程序执行后的输出结果是_____。

```
#include "stdio.h"
main()
{   int x,y,z;
    x = 1; y = 2; z = 3;
    if(x>y)
    if(x>z)printf("%d",x);
    else printf("%d",y);
    printf("%d\n",z);
}
```

答案：3

函数体由符号_____开始，用符号_____结束。

答案：空1：{　　　空2：}

若 k 为 int 型变量且赋值 11，请写出运算 k＋＋后表达式的值_____和变量的值_____。

答案：空1：11　　空2：12

将下列数学式改写成 C 语言的关系表达式或逻辑表达式是（A）_____，（B）_____。

（A）a＝b 或 a＜c　　　（B）|x|＞4

答案：空1：a＝＝b || a＜c　　空2：abs(x)＞4【或】x＜-4 || x＞4

对以下数学式，写出三个等价的 C 语言表达式是_____、_____、_____。

$$\frac{a}{b \cdot c}$$

答案：空1：a/c/b【或】a/(b*c)【或】a/b/c
　　　空2：a/c/b【或】a/b/c　【或】a/(b*c)
　　　空3：a/b/c【或】a/c/b　【或】a/(b*c)

程序设计

===============================

功能：对某一正数的值保留两位小数，并对第三位进行四舍五入。

```
#include "stdio.h"
#include "conio.h"
float fun(float h)
{
  /*********Begin*********/


  /**********End**********/

}
```

```
main()
{    float   m;
     void TestFunc();
     printf("Enter m: ");
     scanf(" % f", &m);
     printf("\nThe result is % 8.2f\n", fun(m));
     TestFunc();
}


void TestFunc()
{
   FILE * IN, * OUT;
   int s ;
   float t;
   float o;

   IN = fopen("in.dat","r");
   if(IN == NULL)
   {
      printf("Read File Error");
   }
   OUT = fopen("out.dat","w");
   if(OUT == NULL)
   {
      printf("Write File Error");
   }
   for(s = 1;s < = 5;s++)
   {
      fscanf(IN," % f",&t);
      o = fun(t);
      fprintf(OUT," % 8.2f\n",o);
   }
   fclose(IN);
   fclose(OUT);
}
```

示例代码：

```
int i;
i = (int)(h * 1000) % 10;
if(i > = 5)
   return(int)(h * 100 + 1)/100.0;
else
   return(int)(h * 100)/100.0;
```

第八套试卷

单项选择

============================

以下选项中不合法的用户标识符是(   )。

A. file   B. wb-1   C. PRINTF   D. Main

答案：B

若变量已正确定义,执行语句"scanf("%d,%d,%d ",&k1,&k2,&k3);"时,( )是正确的输入。

A. 20 30 40   B. 2030,40   C. 20,30 40   D. 20,30,40

答案：D

C语言中,逻辑真等价于( )。

A. 非零的整数   B. 大于零的整数

C. 非零的数   D. 大于零的数

答案：C

若有"int i=3,＊p; p=&i;",则下列语句中输出结果为 3 的是( )。

A. printf("%d",p);   B. printf("%d",&p);

C. printf("%d",＊i);   D. printf("%d",＊p);

答案：D

在 C 语言中,要求运算数必须是整型或字符型的运算符是( )。

A. || B. &   C. &&   D. !

答案：B

以下程序的输出结果是( )。

```
main()
{ int x, i;
    for(i = 1; i <= 100; i++)
    { x = i;
        if( ++x % 2 == 0)
        if( ++x % 3 == 0 )
        if( ++x % 7 == 0)
        printf(" % d", x);
    }
    printf("\n");
}
```

A. 28 70   B. 39 81   C. 42 84   D. 26 68

答案：A

宏定义 ♯define PI 3.14 中的宏名 PI 代替( )。

A. 不确定类型的数   B. 一个单精度实数

C. 一个字符串   D. 一个双精度实数

答案：C

下列程序的输出结果是( )。

```
main()
{ int a = 7,b = 5;
    printf(" % d\n",b = b/a);
}
```

A. 不确定值   B. 1   C. 5   D. 0

答案：D

有以下程序:

```
main()
{   int i = 10, j = 1;
    printf("%d,%d\n",i--, ++j);
}
```

执行后输出结果是(　　)。

A. 10,1　　　　　　B. 9,2　　　　　　C. 9,1　　　　　　D. 10,2

答案：D

"nt a[10];"合法的数组元素的最小下标值为(　　)。

A. 1　　　　　　　B. 0　　　　　　　C. 10　　　　　　D. 9

答案：B

判断

==================================

两个字符串中的字符个数相同时才能进行字符串大小的比较。

答案：错误

若有定义和语句：

int a;char c;float f;scanf("%d,%c,%f",&a,&c,&f);

若通过键盘输入10,A,12.5,则a＝10,c＝'A',f＝12.5。

答案：正确

在C语言中,整型数据在内存中占2字节。

答案：错误

C语言本身不提供输入输出语句,输入和输出操作是由函数来实现的。

答案：正确

如果有一个字符串,其中第10个字符为'\n',则此字符串的有效字符为9个。

答案：错误

参加位运算的数据可以是任何类型的数据。

答案：错误

一个include命令可以指定多个被包含的文件。

答案：错误

十进制数15的二进制数是1111。

答案：正确

字符处理函数strcpy(str1,str2)的功能是把字符串1接到字符串2的后面。

答案：错误

x*＝y+8 等价于 x＝x*(y+8)。

答案：正确

填空

========================

以下程序段的输出结果是_____。

```
printf("%d\n", strlen("s\n\016\0end"));
```

答案：3

以下程序的输出结果是_____。

```
main()
{   int x = 100, a = 10, b = 20, ok1 = 5, ok2 = 0;
    if(a < b)if(b!= 15)if(!ok1)x = 1;
    else if(ok2)x = 10;
    else x = -1;
    printf("%d\n", x);
}
```

答案：-1

以下程序的输出结果是_____。

```
fun( int x,int * s)
{   int  f1, f2;
    if( n == 1 || n == 2)   * s = 1;
    else
    {   fun( n - 1, &f1) ;
        fun(n - 2, &f2);
        * s = f1 + f2;
    }
}
main()
{   int x;
    fun(6, &x);
    printf("%d\n", x );
}
```

答案：8(用跟踪程序运行的方法观察递归的过程)

若变量已正确定义,以下语句段的输出结果是_____。

```
x = 0;  y = 2;  z = 3;
switch(x)
{   case 0:  switch( y == 2)
        { case 1:  printf("*"); break;
          case 2:  printf("%"); break;
        }
    case 1:  switch( z )
        {   case 1:  printf("$");
            case 2:  printf("*"); break;
            default : printf("#");
        }
}
```

答案：* #

以下程序段的输出结果是_____。

```
int i = 0, sum = 1;
do
{   sum += i++;
} while( i < 5);
    printf(" % d\n", sum);
```

答案：11

若 x 为 double 型变量，请写出运算 x = 3.2，++x 后表达式的值_____和变量的值_____。

答案：空 1：4.2　　　空 2：4.2

组成 C 程序的基本单位是 _____，其组成部分包括_____和_____。

答案：空 1：函数　　　空 2：函数首部　　　空 3：函数体

以下程序的执行结果是_____。

```
#define DOUBLE(r)   r * r
main()
{   int y1 = 1, y2 = 1, t;
    t = DOUBLE(y1 + y2);
    printf(" % d\n", t);
}
```

答案：3

若变量 x、y 已定义为 int 类型且 x 的值为 99，y 的值为 9，请将输出语句 printf(_____,x/y); 补充完整，使其输出的计算结果形式为 x/y＝11。

答案："x/y＝%d"

通常一字节包含_____个二进制位。在一字节中能存放的最大十进制整数是_____，它的二进制数的形式是_____；最小十进制整数是_____，它的二进制形式是_____。

答案：空 1：8　　空 2：255　　　空 3：1111 1111　　　空 4：－128　　　空 5：1000 0000

程序设计

==

/* 函数 fun()的功能是将 s 所指字符串中下标为奇数的字符删除，串中剩余字符形成一个新串放在 t 所指的数组中。

例如，当 s 所指字符串为"ABCDEFGHIJK"时，t 所指的数组的内容应是"ACEGIK"。

注意：部分源程序存在文件 prog.c 中。请勿改动主函数 main()和其他函数中的任何内容，仅在函数 fun()的花括号中填入编写的若干语句。 */

==

```
#include < conio.h >
#include < stdio.h >
#include < string.h >
#include < windows.h >
void fun(char * s,char t[])
{
    / ********** Begin ********** /
```

```
          / * * * * * * * * * * * End * * * * * * * * * * * /

       }

NONO( )
{/ * 本函数用于打开文件,输入数据,调用函数,输出数据,关闭文件。* /
   char s[100], t[100] ;
   FILE * rf, * wf ;
   int i ;
   rf = fopen("bc01.dat", "r") ;
   wf = fopen("bc01.out", "w") ;
   for(i = 0 ; i < 10 ; i++) {
     fscanf(rf, " % s", s) ;
     fun(s, t) ;
     fprintf(wf, " % s\n", t) ;
   }
   fclose(rf) ;
   fclose(wf) ;
}
main( )
{
    char s[100],t[100];
    system("cls");
    printf("\nPlease enter string S:");scanf(" % s",s);
    fun(s,t);
    printf("\nThe result is: % s\n",t);
   NONO( );
}
```

示例代码：

```
int i,slenth,n = 0;
  slenth = strlen(s);
 for(i = 0;i < slenth;i += 2)
         t[n++] = s[i];
  t[n] = '\0';
```

第九套试卷

单选选择

==

以下程序段的输出结果为(   )。

```
for(i = 4;i > 1;i -- ) for(j = 1;j < i;j++) putchar('#');
```

A. ＃＃＃＃＃＃   B. 无   C. ＃   D. ＃＃＃

答案：A

以下能正确进行字符串赋值的语句是(   )。

A. char s[5] ="good!";   B. char s[5] ={'a','e','i','o','u'};

C. char s[5]; s="good!";   D. char * s; s="good!";

答案：D

以下程序段的输出结果为（　　）。

```
char c[] = "abc";
int   i = 0;
do ;
while(c[i++]!= '\0');
printf(" % d",i - 1);
```

A. abc　　　　　　　B. 3　　　　　　　C. ab　　　　　　　D. 2

答案：B

以下选项中合法的用户标识符是（　　）。

A. _2Test　　　　　B. long　　　　　C. A. dat　　　　　D. 3Dmax

答案：A

设有定义"int n＝0，* p＝&n，** q＝&p；"，则以下选项中正确的赋值语句是（　　）。

A. p＝1；　　　　B. * p＝5；　　　　C. * q＝2；　　　　D. q＝p；

答案：B

若已定义 x 为 int 类型变量，下列语句中说明指针变量 p 的正确语句是（　　）。

A. int * p＝&x；　　　　　　　　　B. int p＝&x；

C. * p＝ * x；　　　　　　　　　　D. int * p＝x；

答案：A

以下程序的输出结果是（　　）。

```
void   sub(int x, int y, int * z)
{   * z = y - x;   }
main()
{   int a, b, c;
    sub(10, 5, &a);
    sub(7, a, &b);
    sub(a, b, &c);
    printf(" % d, % d, % d\n", a, b, c);
}
```

A. −5, −12, −7　　　　　　　B. −5, −12, −17

C. 5, −2, −7　　　　　　　　D. 5, 2, 3

答案：A

以下选项中正确的实型常量是（　　）。

A. 0.03x102　　　B. 32　　　　　C. 3. 1415　　　　D. 0

答案：B

"int a[10]；"给数组 a 的所有元素分别赋值为 1,2,3,…的语句是（　　）。

A. for(i＝1；i＜11；i＋＋)a[i+1]＝i；　B. for(i＝1；i＜11；i＋＋)a[i−1]＝i；

C. for(i＝1；i＜11；i＋＋)a[i]＝i；　　D. for(i＝1；i＜11；i＋＋)a[0]＝1；

答案：B

以下对整型数组 a 的正确说明是（　　）。

A. int　n ＝ 10,a[n]；　　　　　　　B. int n；

　　　　　　　　　　　　　　　　　　　scanf("%d",&n)；

　　　　　　　　　　　　　　　　　　　int a[n]；

C.　♯define SIZE 10　　　　　　　　　D.　int a(10);
　　　int a[SIZE];

答案：C

判断

==

若有"int i＝10,j＝2;",则执行完"i＊＝j＋8;"后 i 的值为 28。

答案：错误

一个 include 命令可以指定多个被包含的文件。

答案：错误

进行宏定义时,宏名必须使用大写字母表示。

答案：错误

逻辑表达式－5&&!8 的值为 1。

答案：错误

若有宏定义 ♯define S(a,b) t＝a; a＝b; b＝t,由于变量 t 没定义,所以此宏定义是错误的。

答案：错误

关系运算符＜＝与＝＝的优先级相同。

答案：错误

若有定义和语句：

```
int a;char c;float f;scanf("%d,%c,%f",&a,&c,&f);
```

若通过键盘输入 10,A,12.5,则 a＝10,c＝'A',f＝12.5。

答案：正确

如果有一个字符串,其中第 10 个字符为'\n',则此字符串的有效字符为 9 个。

答案：错误

在 C 语言中,整型数据在内存中占 2 字节。

答案：错误

C 语言中"％"运算符的运算对象必须是整型。

答案：正确

填空

==

以下程序的输出结果是_____。

```
main()
{   int x = 2;
    while ( x-- );
```

```
        printf(" % d\n", x);
    }
```

答案：－1

以下程序的执行结果是＿＿＿＿＿＿。

```
main()
{   int k = 8;
    switch(k)
    {   case 9: k += 1;
        case 10: k += 1;
        case 11: k += 1; break;
        default: k += 1;
    }
    printf(" % d\n",k);
}
```

答案：9

若要通过以下语句给 a、b、c、d 分别输入字符 A、B、C、D,给 w、x、y、z 分别输入 10、20、30、40,正确的输入形式是＿＿＿＿＿＿。请用<CR>代表 Enter 键。

```
scanf(" % d % c % d % c % d % c % d % c", &w, &a, &x,&b, &y, &c, &z, &d);
```

答案：10A20B30C40D<CR>

以下程序的输出结果是＿＿＿＿＿＿。

```
#define PR(ar) printf("ar =  % d ", ar)
main()
{   int j, a[] = { 1, 3, 5, 7, 9, 11, 13, 15}, * p = a + 5;
    for(j = 3; j ; j-- )
        switch( j )
        {   case 1:
            case 2: PR( * p++);   break;
            case 3:  PR( * ( -- p) );
        }
}
```

答案：ar＝9　ar＝9　ar＝11

以下程序的输出结果是＿＿＿＿＿＿。

```
main()
{   int x = 100, a = 10, b = 20, ok1 = 5, ok2 = 0;
    if(a < b) if(b!= 15) if(!ok1) x = 1;
    else if(ok2) x = 10;
    else x = - 1;
    printf(" % d\n", x);
}
```

答案：－1

以下程序的输出结果是＿＿＿＿＿＿。

```
#define PR(ar)  printf("ar =  % d  ", ar)
main()
{   int  j, a[] = { 1, 3, 5, 7, 9, 11, 13, 15},   * p = a + 5;
    for(j = 3;  j ; j-- )
```

```
            switch( j )
            {   case 1:
                case 2:   PR( * p++);   break;
                case 3:   PR( * ( -- p ) );
            }
        }
```

答案：ar＝9　ar＝9　ar＝11

阅读下面程序，则程序执行后的结果为_____。

```
# include "stdio. h"
main( )
{    int a = 0,b = 0;
     while(a < 15)
     a++;
     while(b++< 15);
     printf(" % d, % d\n",a,b);
}
```

答案：15,16

在 C 语言程序中，用关键字_____定义基本整型变量，用关键字_____定义单精度实型变量，用关键字_____定义双精度实型变量。

答案：空 1：int　　空 2：float　　空 3：double

若 x 为 double 型变量，请写出运算 x ＝ 3.2，＋＋x 后表达式的值_____和变量的值_____。

答案：空 1：4.2　　空 2：4.2

以下程序的输出结果是_____。

```
main( )
{    int a = 0;
     a += (a = 8);
     printf(" % d\n",a);
}
```

答案：16

程序设计

==

功能：找出一批正整数中的最大的偶数。

```
# include < stdio. h >
void out( );
int fun( int a[ ], int n)
{
  / ********** Begin ********** /

  / ********** End ********** /
  }
main( )
{   int a[ ] = {1,2,9,24,35,18},k;
    k = fun(a,6);
```

```
    printf("max = % d\n",k);
    out();
}
void out()
{
  FILE * IN, * OUT;
  int iIN[10],iOUT,i,j;
  IN = fopen("28.IN","r");
  if(IN == NULL)
  {    printf("Please Verify The Currernt Dir..it May Be Changed");
  }
  OUT = fopen("28.out","w");
  if(OUT == NULL)
  {    printf("Please Verify The Current Dir.. it May Be Changed");
  }
  for(j = 0;j < 10;j++)
  {
    for(i = 0;i < 10;i++)
      fscanf(IN," % d",&iIN[i]);
    iOUT = fun(iIN,10);
    fprintf(OUT," % d\n",iOUT);
  }
  fclose(IN);
  fclose(OUT);
}
```

示例代码：

```
int i,amax = - 1;
    for(i = 0;i < n;i++)
     if(a[i] % 2 == 0)
      if (a[i]> amax) amax = a[i];
     return amax;
```

第十套试卷

选择题

==

能正确表示逻辑关系"a≥10 或 a≤0"的 C 语言表达式是(   )。

A. a>=0 | a<=10   B. a>=10 or a<=0

C. a>=10 && a<=0   D. a>=10 || a<=0

答案：D

设有定义 int n=0,* p=&n,** q=&p,则下列选项中正确的赋值语句是(   )。

A. * p=5;   B. * q=2;   C. p=1;   D. q=p;

答案：A

可在 C 程序中用作标识符的一组标识符是(   )。

A. 2c   DO   SiG

B. void   Define   WORD

C. as_b3   _123   If

D. For　　－abc　　case

答案：C

以下运算符中优先级最高的运算符是(　　)。

A. ＝＝　　　　　　B. ‖　　　　　　C. ！　　　　　　D. ％

答案：C

以下关于 long、int 和 short 类型数据占用内存大小的叙述中正确的是(　　)。

A. 由 C 语言编译系统决定

B. 均占 4 字节

C. 由用户自己定义

D. 根据数据的大小来决定所占内存的字节数

答案：A

以下程序段给数组所有元素输入数据，应在下画线处填入的是(　　)。

```
main()
{   int  a[10], i = 0;
    while(i < 10)
    scanf("% d",    );
  …
}
```

A. &a[i+1]　　　B. a+i　　　　C. &a[++i]　　　D. a+(i++)

答案：D

已知"x＝43,ch＝'A',y＝0;"则表达式(x>＝y&&ch<'B'&&!y)的值是(　　)。

A. 语法错　　　B. 0　　　　　C. 1　　　　　D. "假"

答案：C

"char h, * s＝&h;"可将字符 H 通过指针存入变量 h 中的语句是(　　)。

A. s＝'H'　　　B. * s＝'H';　　C. s＝H;　　　　D. * s＝H;

答案：B

设"int b＝2;",表达式(b>>2)/(b>>1)的值是(　　)。

A. 8　　　　　　B. 2　　　　　C. 0　　　　　D. 4

答案：C

C 语言中不可以嵌套的是(　　)。

A. 选择语句　　B. 循环语句　　C. 函数调用　　D. 函数定义

答案：D

判断

＝＝＝＝＝＝＝＝＝＝＝＝＝＝＝＝＝＝＝＝＝＝＝＝＝＝＝＝＝＝＝＝

若 i ＝3,则"printf("%d",－i++);"输出的值为 －4。

答案：错误

7&3＋12 的值是 15。

答案：错误

语句"printf("%f%%",1.0/3);"输出为 0.333333。

答案：错误

a＝(b＝4)＋(c＝6)是一个合法的赋值表达式。

答案：正确

如果有一个字符串,其中第 10 个字符为'\n',则此字符串的有效字符为 9 个。

答案：错误

若有"int i＝10,j＝0;",则执行完语句"if (j＝0)i＋＋; else i－－;"后 i 的值为 11。

答案：错误

参加位运算的数据可以是任何类型的数据。

答案：错误

表达式 (j＝3,j＋＋)的值是 4。

答案：错误

函数 strlen("ASDFG\n")的值是 7。

答案：错误

♯define 和 printf 都不是 C 语句。

答案：正确

填空

＝＝＝＝＝＝＝＝＝＝＝＝＝＝＝＝＝＝＝＝＝＝＝＝＝＝＝＝＝

当计算机用两字节存放一个整数时,其中能存放的最大十进制整数是_____,最小十进制整数是_____,它们的二进制形式是_____。

答案：空 1：65535　　空 2：－32768

空 3：1111 1111 1111 1111,1000 0000 0000 0000

表达式(int)((double)(5/2)＋2.5)的值是_____。

答案：4

若有以下定义：

```
char a[ ] = "ABCD", b[ ] = "abcd";
if(strcmp(a,b) = 0)
        printf("YES\n");
else
   printf("NO\n");
```

执行结果是_____。

答案：无结果【或】语法错误【或】语法错误(strcmp(a,b)＝＝0)

以下程序的执行结果是_____。

```
main()
{   int a, b, *p = &a, *q = &b;
    a = 10;
    b = 20;
```

```
        * p = b;
        * q = a;
        printf("a = % d, b = % d\n", a, b);
}
```

答案：a＝20,b＝20

若有以下定义：

```
double    w[10];
```

则 w 数组元素下标的上限是_____,下限是_____。

答案：空 1：9   空 2：0

C 语言中用_____表示逻辑真,用_____表示逻辑假。

答案：空 1：非 0   空 2：0

以下程序段的输出结果是_____。

```
int    * var,   ab;
ab = 100;
var = &ab;
ab = * var + 10;
printf(" % d\n",   * var);
```

答案：110

以下程序段的输出结果是_____、_____、_____、_____。

```
double a = 513.789215;
printf("a = % 8.6f, a = % 8.2f, a = % 14.8f, a = % 14.8lf\n", a, a, a, a);
```

答案：空 1：a ＝ 513.789215   空 2：a ＝   513.79

空 3：a ＝   513.78921500   空 4：a ＝   513.78921500

若有定义"int a=8,b=5,c;",执行语句 c=a/b+0.4 后,c 的值为_____。

答案：1

表达式 3.5＋1/2 的计算结果是_____。

答案：.5

程序设计题

```
==================================
```

功能：求给定正整数 m 以内的素数之和。例如,当 m＝20 时,函数值为 77。

```
-------------------------------------------------
include < stdio. h>
void   bky();
int fun( int m)
{
    / * * * * * * * * * * Begin * * * * * * * * * * /


    / * * * * * * * * * * End * * * * * * * * * * /

}
main()
{    int y;
```

```
    y = fun(20);
    printf("y = % d\n", y);
    bky();
}
void bky()
{   FILE * IN, * OUT;
    int iIN, iOUT, i;
    IN = fopen("in.dat", "r");
    if(IN == NULL)
    {   printf("Please Verify The Currernt Dir..it May Be Changed");
    }
    OUT = fopen("out.dat", "w");
    if(OUT == NULL)
    {   printf("Please Verify The Current Dir.. it May Be Changed");
    }
    for(i = 0; i < 5; i++)
    {   fscanf(IN, "% d", &iIN);
        iOUT = fun(iIN);
        fprintf(OUT, "% d\n", iOUT);
    }
        fclose(IN);
        fclose(OUT);
    }
```

示例代码:

```
int i, k, s = 0;
for(i = 2; i <= m; i++)
  {for(k = 2; k < i; k++)
  if(i % k == 0)break;
  if(k == i)s = s + i;
  }
return s;
```

E.2　64 学时上机考试模拟 6 套试卷

第一套试卷

单项选择

============================

题号: 230

C 语言源程序文件经过 C 编译程序编译后生成的目标文件的后缀为(　　)。

A. .exe　　　　　　B. .c　　　　　　C. .obj　　　　　　D. .bas

答案: C

题号: 765

若以下变量均是整型,且"num=sum=7;",则计算表达式 sum=num++,sum++,++num 后 sum 的值为(　　)。

A. 7　　　　　　　B. 8　　　　　　C. 9　　　　　　D. 10

答案：B

题号：850

已知字符'A'的 ASCII 代码值是 65,字符变量 c1 的值是'A',c2 的值是'D'。执行语句
"printf("%d,%d",c1,c2-2);"后,输出结果是(　　)。

A. 65,66　　　　B. 65,68　　　　C. A,68　　　　D. A,B

答案：A

题号：1072

```
main()
{   int x = 1,a = 0,b = 0;
    switch (x)
    {   case 0: b++;
        case 1: a++;
        case 2: a++;b++;
    }
    printf("a = % d,b = % d",a,b);
}
```

该程序的输出结果是(　　)。

A. a=1,b=1　　　B. a=1,b=0　　　C. a=2,b=2　　　D. a=2,b=1

答案：D

题号：1254

下列程序的输出为(　　)。

```
main()
{   int y = 10;
    while(y-- );
    printf("y = % d\n",y);
}
```

A. y=-1　　　　B. y=0　　　　C. y=1　　　　D. while 构成无限循环

答案：A

题号：1450

"int a[10];"合法的数组元素的最小下标值为(　　)。

A. 10　　　　　　B. 9　　　　　　C. 1　　　　　　D. 0

答案：D

题号：1800

下述程序的输出结果是(　　)。

```
void prt(int * x)
{   printf(" % d",++ * x);}
main()
{   int y = 30;
    prt(&y);
}
```

A. 32　　　　　　B. 30　　　　　　C. 29　　　　　　D. 31

答案：D

题号：1841

file1.c 中有命令 ♯ include ＜ file2.c ＞,若 file2.c 中有全局静态变量 a,则(　　　)。

A. a 在 file1.c 中应用 extern 声明

B. a 在 file1.c 中有效,不必用 extern 声明

C. a 在 file1.c 中不生效

D. a 在 file1.c 和 file2.c 中均不生效

答案：B

题号：1945

设有如下函数定义：

```
int f(char * s)
{   char * p = s;
    while( * p!= '\0') p++;
    return (p - s);
}
```

如果在主程序中用下面的语句调用上述函数,则输出结果是(　　　)。

```
printf(" % d\n",f("goodbye!"));
```

A. 3　　　　　　B. 6　　　　　　C. 8　　　　　　D. 0

答案：C

题号：33

下面说法中错误的是(　　　)。

A. 共用体变量的地址和它各成员的地址都是同一地址

B. 共用体内的成员可以是结构变量,反之亦然

C. 函数可以返回一个共用体变量

D. 在任一时刻,共用体变量的各成员只有一个有效

答案：C

判断

===

题号：465

C 语言本身没有输入输出语句。

答案：正确

题号：741

关系运算符＜＝与＝＝的优先级相同。

答案：错误

题号：952

scanf 函数的一般格式为 scanf(格式控制字符串,输入表列)。

答案：正确

题号：842

C语言本身不提供输入输出语句，输入和输出操作是由函数来实现的。

答案：正确

题号：1003

条件表达式 x?'a':'b'中，若 x＝0 时，表达式的值为 b。

答案：错误

题号：972

运算符的级别由高向低依次为"赋值运算符->关系运算符->算术运算符->逻辑运算符->!"。

答案：错误

题号：1353

引用数组元素时，下标可以是整型表达式或整型常量。

答案：正确

题号：1242

do…while 循环由 do 开始，到 while 结束，在 while（表达式）后面不能加分号。

答案：错误

题号：1494

C 语言数组的下标可以从－1 开始。

答案：错误

题号：1453

给数组赋初值时，初值的个数可以小于所定义的元素的个数。

答案：正确

题号：1399

定义一维数组的形式为：类型说明数组名［表达式］，其中，表达式可以是正整型常量表达式、字符常量表达式。

答案：正确

题号：1658

若在程序某处定义了某全局变量，但不是程序中的所有函数中都可使用它。

答案：正确

题号：1582

C 语言所有函数都是外部函数。

答案：错误

题号：1746

在 C 语言中，程序总是从第一个函数开始执行，最后一个函数结束。

答案：错误

题号：1836

在定义宏时,在宏名与带参数的括号之间不应加空格。

答案：正确

填空

==

题号：229

C语言中,_____是程序的基本组成部分。

答案：函数

题号：511

设(k＝a＝5,b＝3,a＊b),则表达式的值为_____。

答案：15

题号：554

已知 a＝13,b＝6,a％b 的十进制数值为_____。

答案：1

题号：576

若有以下定义,则计算表达式 y＋＝y－＝m＊＝y 后的 y 值是_____。

int m＝5,y＝2;

答案：－16

题号：846

执行下面两个语句,输出的结果是_____。

char c1＝97,c2＝98;printf("％d ％c",c1,c2);

答案：97 b

题号：1000

当 a＝1,b＝2,c＝3 时,执行以下程序段后 a＝_____。

if (a＞c) b＝a; a＝c; c＝b;

答案：3

题号：991

当 a＝1,b＝2,c＝3 时,执行以下程序段后 b＝_____。

if (a＞c) b＝a; a＝c; c＝b;

答案：2

题号：1115

"int x＝2,y＝3,z＝4;"则表达式 x＋(y＞!z)的值为_____。

答案：3

题号：1229

设 x 和 y 均为 int 型变量，则以下 for 循环中的 scanf 语句最多可执行的次数是＿＿＿＿。

```
for (x = 0,y = 0;y! = 123&&x < 3;x++) scanf (" % d",&y);
```

答案：3

题号：1389

"static int a[3][3] = {{1,2,3},{4,5,6},{7,8,9}};"，其中，a[1][2]的值为＿＿＿＿。

答案：6

题号：1447

字符串比较的库函数是＿＿＿＿，只写函数名即可。

答案：strcmp

题号：1715

函数不可以进行嵌套定义，但可以进行嵌套＿＿＿＿。

答案：调用

题号：1826

预处理命令行都必须以＿＿＿＿号开始。

答案：♯

题号：2025

将函数 funl 的入口地址赋给指针变量 p 的语句是＿＿＿＿。

答案：p＝funl；

题号：5788

设有以下共用体类型说明和变量定义，则变量 a 在内存中所占字节数是＿＿＿＿。

```
union stud { char num[6];    float s[4];    double ave; } a, * p;
```

答案：16

程序设计

=============================

题号：1549

功能：用函数将第二个串连接到第一个串之后，不允许使用 strcat()函数。

```
------------------------------------------------
# include "stdio. h"
void len_cat(char c1[],char c2[])
{
   /// ******* Begin *********


   /// ******** End *********
}
```

```
main()
{   char s1[80],s2[40];
    gets(s1);gets(s2);
    len_cat(s1,s2);
    printf("string is: % s\n",s1);
}
```

题号：1531

功能：编写函数 fun()，其功能是根据整型形参 m，计算如下公式的值：

$y=1/2!+1/4!+\cdots+1/m!$（m 是偶数）

```
# include "stdio.h"
double fun(int m)
{
  /// ******* Begin *********



  /// ******* End *********
}
main()
{   int n;
    printf("Enter n: ");
    scanf(" % d", &n);
    printf("\nThe result is % 1f\n", fun(n));
}
```

第二套试卷

单项选择

==============================

题号：342

以下叙述中正确的是（　　）。

A. 花括号"{"和"}"只能作为函数体的定界符

B. 构成 C 程序的基本单位是函数，所有函数名都可以由用户命名

C. 分号是 C 语句之间的分隔符，不是语句的一部分

D. C 程序中注释部分可以出现在程序中任意合适的地方

答案：D

题号：751

下列变量定义中合法的是（　　）。

A. double b=1+5e2.5；　　　　　　B. unsigned u=10；

C. float 2_and=1−e−3；　　　　　　D. long do=0xfdaL；

答案：B

题号：886

设有以下变量定义"float a；int i；"，如下正确的输入语句是（　　）。

A. scanf("%f%d",a,i);　　　　　　B. scanf("%6.2f%d",&a,&i);
C. scanf("%f%d",&a,&i);　　　　　D. scanf("%f%u",&a,&i);
答案：C

题号：1177
假定有以下变量定义"int k=7,x=12;"，则能使值为3的表达式是(　　)。
A.（x%=k）-（k%=5）　　　　　B. x%=(k-k%5)
C. x%=k-k%5　　　　　　　　　D. x%=(k%=5)
答案：A

题号：1351
执行语句"for(i=1；i++<4；)；"后变量 i 的值是(　　)。
A. 3　　　　　　B. 5　　　　　　C. 4　　　　　　D. 不定
答案：B

题号：1473
以下定义语句中，错误的是(　　)。
A. int n=5,a[n];　　　　　　　　B. int a[]={1,2};
C. char s[10]="test";　　　　　D. char * a[3];
答案：A

题号：1667
函数定义时的参数为形参,调用函数时所用的参数为实参,则下列描述正确的是(　　)。
A. 实参与形参是双向传递　　　　B. 形参可以是表达式
C. 形参和实参可以同名　　　　　D. 实参类型一定要在调用时指定
答案：C

题号：1847
在 C 运行环境下,下列说法中正确的是(　　)。
A. 双引号中字符串的字符,如果与宏名相同,就要替换
B. 用宏定义不可以得到多个返回值
C. 双引号中字符串的字符,即使与宏名相同,也不替换
D. 调用函数可以得到多个返回值
答案：C

题号：2071
本程序的输出结果是(　　)。

```
main()
{ int a[ ][3]={{1,2,3},{4,5},{7}};
  printf("%d", * a[1]);
}
```

A. 2　　　　　　B. 5　　　　　　C. 1　　　　　　D. 4
答案：D

题号：14

若有以下说明，则对结构体变量 stud1 中成员 age 的不正确引用是(   )。

```
struct student
{    int age; int num;} stud1, * p;
```

A. student. age   B. p-> age   C. stud1. age   D. (* p). age

答案：A

判断

==

题号：432

在一个源程序中，main( )函数的位置可以任意。

答案：正确

题号：572

若 a 和 b 类型相同，在计算了赋值表达式 a＝b 后，b 中的值将放入 a 中，而 b 中的值不变。

答案：正确

题号：922

格式字符％x 用来以八进制形式输出整数。

答案：错误

题号：936

双精度数也可以用％f 格式输出，它的有效位是 16 位，给出小数 6 位。

答案：正确

题号：1139

设 u＝1,v＝2,w＝3,则逻辑表达式 u||v－w&&v+w 的值为 0。

答案：错误

题号：1148

已知 a＝3,b＝4,c＝5,则逻辑表达式 a＋b＞c && b＝＝c 的值为 0。

答案：正确

题号：1282

无论哪种循环语句，都必须给出循环结束条件。

答案：正确

题号：1224

在 do…while 循环中，当 while 表达式为"假"时，循环就停止了。

答案：正确

题号：1477

C 语言中数组元素的方括号不可以用花括号代替。

答案：正确

题号：1486

对于字符数为 n 个的字符串，其占用的内存为 n 字节空间。

答案：错误

题号：1362

"int a[3][4]＝{{1},{5},{9}};"的作用是将数组各行第一列的元素赋初值，其余元素值为 0。

答案：正确

题号：1609

函数调用时，要求实参与形参的个数必须一致，对应类型一致。

答案：正确

题号：1773

在 C 语言中，函数可以嵌套定义。

答案：错误

题号：1556

数组名和函数名均可以作为函数的实参和形参。

答案：正确

题号：1864

宏名有类型，其参数也有类型。

答案：错误

填空

=============================

题号：451

C 语言源程序文件的后缀是.C，经过编译之后，生成后缀为.OBJ 的_____文件，经连接生成后缀为.EXE 的可执行文件。

答案：目标

题号：766

若 s 是 int 型变量，且 s＝6，则下面表达式的值是_____。

s%2+(s+1)%2

答案：1

题号：515

C 语言中的字符变量用保留字_____来说明。

答案：char

题号：749

语句"x++;++x;x＝x+1;x＝1+x;"执行后都使变量 x 中的值增 1，请写出一条同一功能的赋值语句_____。

答案：x＋＝1

题号：839

执行下列语句的结果是_____。

a＝3;printf("％d,",++a);printf("％d",a++);

答案：4,4

题号：968

设 a＝3,b＝4,c＝5,则表达式!(a+b)+c−1＆＆b+c/2 的值为_____。

答案：1

题号：1136

设 a＝3,b＝4,c＝4,则表达式 a+b＞c＆＆b＝＝c＆＆a‖b+c＆＆b＝＝c 的值为_____。

答案：1

题号：1144

"int x＝2,y＝2,z＝0;",则表达式 x＝＝y＞z 的值为_____。

答案：0

题号：1332

程序段"int k＝10；while(k＝0)　k＝k−1;"中循环体语句执行_____次。

答案：0

题号：1397

C 语言中,数组元素的下标下限为_____。

答案：0

题号：1476

C 语言中,二维数组在内存中的存放方式为按_____优先存放。

答案：行

题号：1576

从函数的形式上看,函数分为无参函数和_____两种类型。

答案：有参函数

题号：1826

预处理命令行都必须以_____号开始。

答案：♯

题号：2005

执行下列语句后,＊(p＋1)的值是_____。

char　s[3]＝"ab",＊p; p＝s;

答案：b

题号：5789

设有以下共用体类型说明和变量定义，则变量 c 在内存所占字节数是 _____。

union stud { short int num; char name[10];float score[5]; double ave; } c;

答案：20

程序设计

==============================

题号：1687

功能：在键盘上输入一个 3 行 3 列矩阵的各个元素的值（值为整数），然后输出主对角线元素的积。

```
--------------------------------------------------
# include "stdio. h"
main()
{   int i,j,s,a[3][3];
    int fun(int a[3][3]);
    void TestFunc();
    for(i = 0;i < 3;i++)
    {   for(j = 0;j < 3;j++)
        scanf(" % d",&a[i][j]);
    }
    s = fun(a);
    printf("Sum = % d\n",s);
  }

int fun(int a[3][3])
{
  /// ******* Begin *********


  /// ******** End *********
  }
```

题号：1522

功能：求 x 到 y 之间的奇数和（包括 x 和 y）。

```
--------------------------------------------------
# include "stdio. h"
int fun(int x, int y)
{
  /// ******* Begin *********


  /// ******** End *********
}
main()
{   int s;
    s = fun(1,1999);
    printf("s = % d\n",s);
  }
```

第三套试卷

单项选择

==============================

题号：169

C语言的注释定界符是(　　)。

A. 〔　〕　　　　　B. 〈　〉　　　　　C. *　　*\　　　D. //

答案：D

题号：566

以下不正确的叙述是(　　)。

A. 在C程序中所用的变量必须先定义后使用

B. 当输入数值数据时,对于整型变量只能输入整型值;对于实型变量只能输入实型值

C. 程序中,APH和aph是两个不同的变量

D. 若a和b类型相同,在执行了赋值语句"a＝b;"后b中的值将放入a中,b中的值不变

答案：B

题号：959

设ch是char型变量,其值为A,则表达式 ch＝(ch>='A'&&ch<='Z')?(ch+32):ch 的值是(　　)。

A. z　　　　　　B. a　　　　　　C. A　　　　　D. Z

答案：B

题号：1006

执行下面程序段后,i的值是(　　)。

```
int i = 10;
switch(i)
{   case 9: i += 1;
    case 10: i -- ;
    case 11: i * = 3;
    case 12: ++i;
}
```

A. 28　　　　　B. 10　　　　　C. 9　　　　　D. 27

答案：A

题号：1281

在以下给出的表达式中,与 do…while(E)语句中的(E)不等价的表达式是(　　)。

A. (E>0||E<0)　B. (E==0)　　　C. (!E==0)　　　D. (E!=0)

答案：B

题号：1415

以下标识符中可以作为用户函数名的是(　　　)。

A. struct　　　　　B. int　　　　　C. union　　　　　D. go_to

答案：D

题号：1705

以下叙述错误的是(　　　)。

A. 函数调用可以出现在一个表达式中　　B. 函数调用可以作为一个函数的形参

C. 函数调用可以作为一个函数的实参　　D. 函数允许递归调用

答案：B

题号：1822

若有♯define S(r) PI＊r＊r,则 S(a+b)展开后的形式为(　　　)。

A. PI＊a＊a＋PI＊b＊b　　　　　B. PI＊a＋b＊a＋b

C. PI＊(a+b)＊(a+b)　　　　　D. PI＊r＊r＊(a+b)

答案：B

题号：2112

以下程序段给数组所有的元素输入数据,请选择正确答案填入(　　　)。

```
#include <stdio.h>
main()
{   int a[10],i=0;
    while(i<10) scanf("%d",(_____));

}
```

A. ＆a[i+1]　　　　B. a+i　　　　　C. a+(i++)　　　　D. ＆a[++i]

答案：C

题号：24

C 语言中,定义结构体的保留字是(　　　)。

A. typedef　　　　B. union　　　　C. struct　　　　D. enum

答案：C

判断

===============================

题号：393

C 程序的每行中只能写一条语句。

答案：错误

题号：735

整型变量在可输出字符范围内,可以和字符型数据相互转换。

答案：正确

题号：871

C 语言的输出功能是由系统提供的输出函数实现的。

答案：正确

题号：831
printf 函数的一般格式为 printf(格式控制,地址表列)。
答案：错误

题号：1146
设 o=1,p=2,q=3,则逻辑表达式!(o<p)||!q&&1 的值为 0。
答案：正确

题号：1161
运算符的级别由高向低依次为"!->算术运算符->关系运算符->逻辑运算符->赋值运算符"。
答案：正确

题号：1274
在 do…while 循环中,根据情况可以省略 while。
答案：错误

题号：1290
for 循环的三个表达式中间用分号相分隔,并且不能省略。
答案：正确

题号：1428
对任何一个二维数组的元素,都可以用数组名唯一地加以确定。
答案：错误

题号：1487
C 语言中引用数组元素的方括号可以用花括号代替。
答案：错误

题号：1421
引用数组元素时,数组元素下标必须是整型常量。
答案：错误

题号：1616
C 语言中,若对函数的类型未加显式说明,则函数的类型是不确定的。
答案：错误

题号：1613
数组名作为函数调用时的实参,实际上传递给形参的是数组全部元素的值。
答案：错误

题号：1807
没有初始化的数值型静态局部变量的初值系统均默认为 0。
答案：正确

题号：1856

带参数的宏定义不是进行简单的字符串替换，还要进行参数替换。

答案：正确

填空

======================================

题号：308

C语言的三种基本结构是_____结构、选择结构、循环结构。

答案：顺序

题号：503

若有定义"char c＝'\010';"，则变量C中包含的字符个数为_____。

答案：1

题号：800

逗号表达式(a＝3＊5,a＊4),a＋5 的值为_____。

答案：20

题号：521

若"char w,int x,float y,double z;"，则表达式 w＊x＋z－y 的结果为_____类型。

答案：double【或】双精度

题号：918

设 x＝4＜4－!0,x 的值为_____。

答案：0

题号：1078

C语言表达式!(4＞＝6)＆＆(3＜＝7)的值是_____。

答案：1

题号：1099

当 a＝1,b＝2,c＝3 时,执行以下程序段后 c＝_____。

if (a＞c) b＝a; a＝c; c＝b;

答案：2

题号：1137

已知 i＝5,语句"a＝(i＞5)?0:1;"执行后整型变量 a 的值是_____。

答案：1

题号：1195

若输入字符串 abcde＜回车＞,则以下 while 循环体将执行_____次。

while((ch＝getchar()) == 'e') printf("＊");

答案：0

题号：1446

执行语句"char str[81]＝"abcdef";"后,字符串 str 结束标志存储在 str[_____]（在括号内填写下标值）中。

答案：6

题号：1502

定义"int a[2][3];",表示数组 a 中的元素个数是_____个。

答案：6

题号：1655

如果函数不要求返回值,可用_____来定义函数为空类型。

答案：void

题号：1826

预处理命令行都必须以_____号开始。

答案：#

题号：1969

将数组 a 的首地址赋给指针变量 p 的语句是_____。

答案：p＝a;

题号：5789

设有以下共用体类型说明和变量定义,则变量 c 在内存所占字节数是_____。

union stud { short int num; char name[10];float score[5];   double ave; } c;

答案：20

程序设计

==============================

题号：1647

功能：编写函数 fun(int m)求 1000 以内（不包括 1000）所有 m 的倍数之和。

```
----------------------------------------------------
#define N 1000
# include "stdio.h"
int fun(int m)
{
   /// ******** Begin *********


   /// ******** End *********
}

main()
{   int sum;
    sum = fun(7);
    printf("%d 以内所有 %d 的倍数之和为：%d\n",N,7,sum);

}
```

题号：1810

功能：从低位开始取出长整型变量 s 中偶数位上的数,依次构成一个新数放在 t 中。

例如：当 s 中的数为 7654321 时,t 中的数为 642。

```
#include "stdio.h"
long fun (long s,long t)
{
  /// ******* Begin *********


  /// ******* End *********
}
return t;
}
main()
{   long s, t,m;
    void TestFunc();
    printf("\nPlease enter s:"); scanf("%ld", &s);
    m = fun(s,t);
    printf("The result is: %ld\n", m);
}
```

第四套试卷

单项选择

=================================

题号：440

以下叙述不正确的是(　　)。

A. 一个 C 源程序必须包含一个 main()函数

B. 一个 C 源程序可由一个或多个函数组成

C. C 程序的基本组成单位是函数

D. 在 C 程序中,注释说明只能位于一条语句的后面

答案：D

题号：601

若 a 为 int 类型,且其值为 3,则执行完表达式 a+=a−=a*a 后,a 的值是(　　)。

A. 6　　　　　　B. −12　　　　　C. 9　　　　　　D. −3

答案：B

题号：872

设变量定义为"int a,b;",执行下列语句时,输入( )时,则 a 和 b 的值都是 10。

scanf("a=%d, b=%d",&a, &b);

A. a=10,b=10　　B. a=10　b=10　　C. 10,10　　　　D. 10 10

答案：A

题号：1118

以下程序输出的是(　　)(答案中用大写字母 U 代表空格)。

```
main()
{  int a = -1,b = 4,k;
   k = (a++<= 0)&&(!(b--<= 0));
   pirntf("%d%d%d\n",k,a,b);
}
```

A. 0U1U2　　　　　　B. 0U0U3　　　　　　C. 1U0U3　　　　　　D. 1U1U2

答案：C

题号：1280

以下程序段的输出结果为(　　)。

```
for(i = 4;i > 1;i-- )
for(j = 1;j < i;j++)
putchar('#');
```

A. 无　　　　　　　　B. #　　　　　　　　C. ######　　D. ###

答案：C

题号：1372

"char a[10]；"不能将字符串"abc"存储在数组中的是(　　)。

A. int i；for(i=0；i<3；i++)a[i]=i+97；a[i]=0；

B. a="abc"；

C. strcpy(a,"abc")；

D. a[0]=0；strcat(a,"abc")；

答案：B

题号：1543

以下程序的输出结果是(　　)。

```
void  fun(int a, int b, int c)
{  a = 456; b = 567; c = 678;  }
main()
{  int x = 10, y = 20, z = 30;
   fun(x, y, z);
   printf("%d, %d, %d\n", z, y, x);
 }
```

A. 10,20,30　　　　　B. 678567456　　　　C. 30,20,10　　　　　D. 456567678

答案：C

题号：1837

在执行"文件包含"命令时,下列说法正确的是(　　)。

A. 作为一个源程序编译,得到一个目标文件

B. 一个 include 命令可指定多个被包含文件

C. 在编译时作为两个文件连接

D. 被包含的文件可以是源文件或目标文件

答案：A

题号：2055

以下哪一个函数的运行不可能影响实参？（   ）

A. void f(char *x[ ])   B. void f(char x[ ])

C. void f(char *x)   D. void f(char x,char y)

答案：D

题号：49

定义结构体的关键字是（   ）。

A. struct   B. typedef   C. enum   D. union

答案：A

判断

===============================

题号：286

C程序总是从程序的第一条语句开始执行。

答案：错误

题号：767

x * =y+8 等价于 x=x*(y+8)。

答案：正确

题号：833

格式字符%g选用%e或%f格式中输出宽度较短的一种格式输出实数。

答案：正确

题号：887

C语言的输入、输出功能是由系统提供的输入、输出函数实现的。

答案：正确

题号：1090

已知 a=3,b=4,c=5,则逻辑表达式!(a>b) && !c||1 的值为 1。

答案：正确

题号：1135

设 g=1,h=2,k=3,则逻辑表达式 k+g||!h&&k−h 的值为 0。

答案：错误

题号：1260

while 循环的循环体至少执行一次,而不论 while 表达式的值是真或假。

答案：错误

题号：1201

continue 语句用于终止循环体的本次执行。

答案：正确

题号：1451

gets()函数用来输入一个字符串。

答案：正确

题号：1390

语句"char ch[12]={"C Program"};"与语句"char ch[ ]="C Program";"具有相同的赋初值功能。

答案：正确

题号：1464

给数组赋初值时，初值的个数一定不小于所定义的元素的个数。

答案：错误

题号：1661

若一个函数中没有 return 语句，则意味着该函数没有返回值。

答案：错误

题号：1792

在一个函数中定义的静态局部变量不能被另外一个函数所调用。

答案：正确

题号：1691

当函数的类型与 return 语句后表达式的值的类型不一致时，函数返回值的类型由 return 语句后表达式值的类型决定。

答案：错误

题号：1877

用一个 #include 命令可以同时指定数个被包含文件。

答案：错误

填空

===============================

题号：473

一个 C 源程序中至少应包括一个_____函数。

答案：main

题号：637

若有定义："int a=10,b=9,c=8;"，接着顺序执行下列语句后，变量 c 中的值是_____。

c=(a-=(b-5)); c=(a%11)+(b=3);

答案：9

题号：671

若 a 是 int 型变量，则计算表达式 a＝25/3%3 后 a 的值为_____。

答案：2

题号：792

设(k＝a＝5,b＝3,a＊b)，则 k 值为_____。

答案：5

题号：923

在 C 语言中，格式输入操作是由库函数(只写函数名)_____完成的，格式输出操作是由库函数(只写函数名)_____完成的。

答案：空 1：scanf　　　空 2：printf

题号：1151

x＝5,y＝8 时，C 语言表达式 5－2＞＝x－1＜＝y－2 的值是_____。

答案：1

题号：1173

当"a＝3,b＝2,c＝1;"时，执行以下程序段后 b＝_____。

if(a＞b) a＝b; if(b＞c) b＝c; else c＝b; c＝a;

答案：1

题号：1013

设 x＝(5＞1)＋2,x 的值为_____。

答案：3

题号：1332

程序段"int k＝10；while(k＝0) k＝k－1;"中循环体语句执行_____次。

答案：0

题号：1370

连接字符串的函数是_____,只写函数名即可。

答案：strcat

题号：1379

若有以下数组 a,数组元素 a[0]～a[9]的值为 9,4,12,8,2,10,7,5,1,3。该数组的元素中,数值最小的元素的下标值是_____。

答案：8

题号：1775

函数的_____调用是一个函数直接或间接地调用它自身。

答案：递归

题号：1826

预处理命令行都必须以_____号开始。

答案：♯

题号：2065

在 C 程序中,只能给指针变量赋 NULL 值和_____值。

答案：地址

题号：5787

设有以下结构类型说明和变量定义,则变量 b 在内存中所占字节数是_____。

struct stud { short int age; char num[3];   float s[2];   double ave; } b, ＊ p;

答案：21

程序设计

==

题号：1745

功能：编写函数求 1～50(包括 50)中奇数的平方和。结果为 20825.000000。

```
# include "stdio. h"
float sum( int n)
{
  /// ＊＊＊＊＊＊＊ Begin ＊＊＊＊＊＊＊＊＊


  /// ＊＊＊＊＊＊＊＊ End ＊＊＊＊＊＊＊＊＊
}

main( )
{   printf("sum = ％ f\n", sum(50));
}
```

题号：1808

功能：判断一个整数 w 的各位数字平方之和能否被 5 整除,可以被 5 整除则返回 1,否则返回 0。

```
# include "stdio. h"
# include "conio. h"
int fun( int w)
{
  /// ＊＊＊＊＊＊＊ Begin ＊＊＊＊＊＊＊＊＊


  /// ＊＊＊＊＊＊＊＊ End ＊＊＊＊＊＊＊＊＊
  }
main( )
{    int m;
    printf("Enter m: ");
    scanf(" ％ d", &m);
    printf("\nThe result is ％ d\n", fun(m));
}
```

第五套试卷

单项选择

==

题号：169

C 语言的注释定界符是(　　)。

A. 〔　〕　　　　　　B. ｛　｝　　　　　　C. \ *　　　 * \　　　D. //

答案：D

题号：611

字符串"\\\"ABC\"\\"所占内存字节的长度是(　　)。

A. 11　　　　　　B. 8　　　　　　C. 5　　　　　　D. 7

答案：B

题号：910

用 scanf()函数输入数据,使得 x＝9.6,y＝81.73,选择正确的输入语句(　　)。

A. scanf("x＝%3f",x); 　scanf("y＝%5f",&y);

B. scanf("x＝%f",&x); 　scanf("y＝%f",y);

C. scanf("x＝%3.1f",&x); 　scanf("y＝%f",&y);

D. scanf("x＝%f",&x); 　scanf("y＝%f",&y);

答案：D

题号：1174

下面程序的输出结果是(　　)。

```
main()
{   int i = 2, p;
    p = f(i, i + 1);
    printf(" % d", p);
}
int f(int a, int b)
{   int c;
    c = a;
    if(a > b)  c = 1;
    else if( a =  = b)  c = 0;
    else  c = - 1;
    return  c;
}
```

A. 0　　　　　　B. −1　　　　　　C. 2　　　　　　D. 1

答案：B

题号：1268

下面程序是从键盘输入 4 位正整数,输入 0 或负数时结束循环。A 处填写的内容是(　　)。

include "stdio.h"

```
main()
{   int num;
    do{    scanf(" % d",&num);
     }while(_____A_____);
}
```

A. ! num　　　　　　B. num＞0　　　　　C. num＝＝0　　　　D. ! num! ＝0

答案：B

题号：1513

以下不能正确定义二维数组的选项是(　　　)。

A. int a[2][]＝{{1,2},{3,4}};　　　　　B. int a[2][2]＝{{1},2,3};

C. int a[2][2]＝{{1},{2}};　　　　　　D. int a[][2]＝{1,2,3,4};

答案：A

题号：1631

设函数的调用形式为 f((x1,x2),(y1,y2,y3)),则函数有(　　)个形参。

A. 2　　　　　　B. 4　　　　　　C. 3　　　　　　D. 5

答案：A

题号：1832

设有宏定义 ♯define PI 3.14 和 ♯define S(r) PI ＊ r ＊ r,则 S(2) 的值为(　　　)。

A. 6.28　　　　B. 12.56　　　　C. 3.14　　　　D. 9.42

答案：B

题号：2048

定义"int a[ ]＝{0,1,2,3,4,5,6,7,8,9},＊p＝a,i;",其中 0≤i≤9,则对 a 数组元素的引用不正确的是(　　　)。

A. a[p－a]　　　　B. p[i]　　　　C. ＊(＊(a+i))　　　D. ＊(&a[i])

答案：C

题号：27

设有如下定义："struct sk {int a;　　float　　b; } data, ＊p;",若要使 p 指向 data 中的 a 域,正确的赋值语句是(　　　)。

A. p＝(struct sk ＊) data. a;　　　　　B. ＊p＝data. a;

C. p＝&data. a;　　　　　　　　　D. p＝&data, a;

答案：C

判断

==

题号：287

一个 C 程序的执行是从本程序的 main()函数开始,到 main()函数结束。

答案：正确

题号：536

　　C语言中的标识符只能由字母、数字和下画线三种字符组成,且第一个字符必须为字母或下画线。

　　答案:正确

　　题号:870

　　putchar()函数的原型(函数说明)在 stdio. h 内。

　　答案:正确

　　题号:941

　　getchar()函数的原型(函数说明)在 string. h 内。

　　答案:错误

　　题号:1003

　　条件表达式 x?'a':'b'中,若 x=0 时,表达式的值为 b。

　　答案:错误

　　题号:983

　　已知 a=3,b=4,c=5,则逻辑表达式 a||b+c && b−c 的值为 0。

　　答案:错误

　　题号:1283

　　for 循环语句的三个表达式不能同时省略。

　　答案:错误

　　题号:1236

　　for 循环语句不能用于循环次数未知的情况下。

　　答案:错误

　　题号:1463

　　二维数组在内存中存储时,是按行的顺序进行存储的。

　　答案:正确

　　题号:1467

　　数组的首地址一定是第一个数组元素的地址。

　　答案:正确

　　题号:1383

　　对于字符数为 n 个的字符串,其占用的内存为 n+1 字节空间。

　　答案:正确

　　题号:1674

　　数组名可作为函数的实参,但不能作为函数的形参。

　　答案:错误

　　题号:1612

　　在 C 语言中,函数名代表函数的入口地址。

答案：正确

题号：1534

在 C 语言中,主函数可以调用其他函数,同时,其他函数也可以调用主函数。

答案：错误

题号：1858

一个 include 命令可以指定多个被包含的文件。

答案：错误

填空

===============================

题号：382

一个 C 程序总是从_____开始执行。

答案：main()【或】main()函数【或】主函数【或】主函数 main()

题号：490

int x;　　x＝－3＋4％－5＊3,则 x 的值为_____。

答案：9

题号：690

设 k＝(a＝2,b＝3,a＊b),则 k 的值为_____。

答案：6

题号：682

int a＝1,b＝2,c＝3;

执行语句"a＝b＝c;"后 a 的值是_____。

答案：3

题号：944

以下程序的输出结果为_____。

＃include "stdio.h" main(){int a＝010,j＝10;printf("％d,％d\n",++a,j－－);}

答案：9,10

题号：1073

已知 a＝10,b＝15,c＝1,d＝2,e＝10,则表达式 a＋＋＆＆e＋＋＆＆c＋＋的值为_____。

答案：1

题号：992

假设所有变量都为整型,表达式(a＝2,b＝5,a＞b？ a＋＋：b＋＋,a＋b)的值是_____。

答案：8

题号：1128

为了避免嵌套条件语句的二义性,C语言规定else与其前面最近的_____语句配对。

答案:if

题号:1229

设x和y均为int型变量,则以下for循环中的scanf语句最多可执行的次数是_____。

```
for (x = 0,y = 0;y!= 123&&x < 3;x++)    scanf ("%d",&y);
```

答案:3

题号:1510

求字符串长度的库函数是_____,只写函数名即可。

答案:strlen

题号:1379

若有以下数组a,数组元素a[0]～a[9]的值为9,4,12,8,2,10,7,5,1,3。该数组的元素中,数值最小的元素的下标值是_____。

答案:8

题号:1752

静态变量和外部变量的初始化是在_____阶段完成的,而自动变量的赋值是在_____时进行的。

答案:空1:编译   空2:函数调用

题号:1826

预处理命令行都必须以_____号开始。

答案:♯

题号:2025

将函数funl()的入口地址赋给指针变量p的语句是_____。

答案:p=funl;

题号:5790

设有以下结构类型说明和变量定义,则变量a在内存中所占字节数是_____。

```
struct stud { char name[10];    float s[4];    double ave; } a, * p;
```

答案:34

程序设计

================================

题号:1550

功能:不用递归方式,编写函数fun(),求任一整数m的n次方。

```
♯include "stdio.h"
main()
{   int m,n;
    long   s;
```

```
        long fun(int,int);
        void TestFunc();
        printf("输入 m 和 n 的值:");
        scanf("%d%d",&m,&n);
        s = fun(m,n);
        printf("s = %ld\n",s);

}
long fun(int m,int n)
{
    ///*******Begin*********


    ///********End*********
}
```

题号：1665

功能：计算出 k 以内最大的 10 个能被 13 或 17 整除的自然数之和(k<3000)。

```
#include "stdio.h"
#include "conio.h"

int fun(int k)
{
    ///*******Begin*********


    ///********End*********
    }
main()
{   int m;
    printf("Enter m: ");
    scanf("%d", &m);
    printf("\nThe result is %d\n", fun(m));
}
```

第六套试卷

单项选择

=============================

题号：340

以下叙述中正确的是(　　)。

A．C 语言可以不用编译就能被计算机识别执行

B．C 语言以接近英语国家的自然语言和数学语言作为语言的表达形式

C．C 语言比其他语言高级

D．C 语言出现的最晚,具有其他语言的一切优点

答案：B

题号：804

执行下列语句后,a 和 b 的值分别为(　　)。

```
int a,b;
a = 1 + 'a';
b = 2 + 7 % -4 - 'A';
```

A. 1,−60   B. 79,78   C. 98,−60   D. −63,−64

答案：C

题号：845

"printf("a\rHappi\by");"在屏幕上正确的输出形式是（   ）。

A. Happy   B. Happi   C. aHappi   D. aHappy

答案：A

题号：1130

执行下面程序段后,s 的值是（   ）。

```
int s = 5;
switch(++s)
{   case 6:
    case 7:s += 2;
    case 8:
    case 9:s += 2;
}
```

A. 8   B. 7   C. 10   D. 6

答案：C

题号：1331

t 为 int 类型,进入下面的循环之前,t 的值为 0。

```
while( t = 1 )
{ … }
```

则以下叙述中正确的是（   ）。

A. 循环控制表达式的值为 0   B. 循环控制表达式不合法

C. 循环控制表达式的值为 1   D. 以上说法都不对

答案：C

题号：1403

对以下说明语句"int a[10]={6,7,8,9,10};"的正确理解是（   ）。

A. 将 5 个初值依次赋给 a[6]～a[10]

B. 将 5 个初值依次赋给 a[0]～a[4]

C. 因为数组长度与初值的个数不相同,所以此语句不正确

D. 将 5 个初值依次赋给 a[1]～a[5]

答案：B

题号：1555

用户定义的函数不可以调用的函数是（   ）。

A. 本文件外的   B. 本函数下面定义的

C. 非整型返回值的   D. main()函数

答案：D

题号：1825

设有宏定义 ♯ define MAX(x,y)(x)＞(y)?(x):(y)，则 F＝4＊MAX(2,3)的值为(　　)。

A. 9　　　　　　B. 2　　　　　　C. 12　　　　　　D. 8

答案：B

题号：2085

设 p1 和 p2 是指向同一个字符串的指针变量，c 为字符变量，则以下不能正确执行的赋值语句是(　　)。

A. c＝＊p1＊(＊p2);　　　　　　B. p1＝p2;

C. p2＝c;　　　　　　D. c＝＊p1＋＊p2;

答案：C

题号：54

对结构体类型的变量的成员的访问，无论数据类型如何都可使用的运算符是(　　)。

A. ＆　　　　　　B. .　　　　　　C. ＊　　　　　　D. ->

答案：B

判断

====================================

题号：306

printf()函数的一般格式为 printf(格式控制,输出表列)。

答案：正确

题号：574

C 语言中"％"运算符的运算对象必须是整型。

答案：正确

题号：866

putchar()函数的原型(函数说明)在 string.h 内。

答案：错误

题号：884

getchar()函数的原型(函数说明)在 stdio.h 内。

答案：正确

题号：1163

设 x＝1,y＝2,z＝3,则逻辑表达式 x－y＞z＆＆y!＝z 的值为 0。

答案：正确

题号：1020

下面程序段的输出结果为 A。

```
int i = 20;
switch(i/10)
{ case 2:printf("A");
  case 1:printf("B");
}
```

答案：错误

题号：1335

break 语句不能终止正在进行的多层循环。

答案：正确

题号：1264

while 和 do…while 循环不论在什么条件下它们的结果都是相同的。

答案：错误

题号：1398

"char c[]="Very Good";"是一个合法的为字符串数组赋值的语句。

答案：正确

题号：1395

若有语句"char a[ ]="string";"，则 a[6]的值为'\0'。

答案：正确

题号：1377

对任何一个二维数组的元素，都可以用数组名和两个下标唯一地加以确定。

答案：正确

题号：1529

如果函数值的类型和 return 语句中表达式的值不一致，则以函数类型为准。

答案：正确

题号：1563

在 C 程序中，函数既可以嵌套定义，也可以嵌套调用。

答案：错误

题号：1565

每次调用函数时，都要对静态局部变量重新进行初始化。

答案：错误

题号：1840

计算机编译系统对宏定义在编译时进行语法检查。

答案：错误

填空

==============================

题号：431

C语言源程序的基本单位是_____。

答案：函数

题号：677

设 x=2.5,a=7,y=4.7,算术表达式 x+a％3 * (int)(x+y)％2/4 的值为_____。

答案：2.5

题号：518

int x；x=－3+4％5－6,则 x 的值为_____。

答案：－5

题号：659

设 x 和 y 均为 int 型变量,且 x=1,y=2,则表达式 1.0+x/y 的值为_____。

答案：1.0【或】1

题号：916

下列语句输出的结果是_____。

int a =－1;printf("％x",a);(在 VC 环境下)

答案：ffffffff

题号：1102

C 语言表达式 5>2>7>8 的值是_____。

答案：0

题号：1134

设 a,b,c,t 为整型变量,初值为 a=3,b=4,c=5,执行完语句 t=!(a+b)+c−1&&b+c/2 后,t 的值是_____。

答案：1

题号：1084

设"char a,b;",若想通过 a&&b 运算保留 a 的第 1 位和第 6 位的值,则 b 的二进制数是_____。

答案：10000100

题号：1269

以下程序段要求从键盘输入字符,当输入字母为'Y'时,执行循环体,则下画线处应填写_____。

ch = getchar();　while(ch _____ 'Y')//在括号中填写 ch = getchar();

答案：==

题号：1502

定义 int a[2][3];表示数组 a 中的元素个数是_____。

答案：6

题号：1515

数组在内存中占一段连续的存储区,由_____代表它的首地址。

答案:数组名

题号:1729

C语言中一个函数由函数首部和_____两部分组成。

答案:函数体

题号:1826

预处理命令行都必须以_____号开始。

答案:#

题号:2065

在C程序中,只能给指针变量赋 NULL 值和_____值。

答案:地址

题号:8

结构体是不同数据类型的数据集合,作为数据类型,必须先说明结构体_____,再说明结构体变量。

答案:类型

程序设计

===================================

题号:1597

功能:编写函数 fun(str,i,n),从字符串 str 中删除第 i 个字符开始的连续 n 个字符(注意:str[0]代表字符串的第一个字符)。

```c
# include "stdio.h"
# include "string.h"
main()
{   char str[81];
    int i,n;
    void fun(char str[],int i,int n);
    printf("请输入字符串 str 的值:\n");
    scanf("%s",str);
    printf("你输入的字符串 str 是:%s\n",str);
    printf("请输入删除位置 i 和待删字符个数 n 的值:\n");
    scanf("%d%d",&i,&n);
    while (i+n-1>strlen(str))
    {   printf("删除位置 i 和待删字符个数 n 的值错!请重新输入 i 和 n 的值\n");
        scanf("%d%d",&i,&n);
    }
    fun(str,i,n);
    printf("删除后的字符串 str 是:%s\n",str);
}

void fun(char str[],int i,int n)
{
   /// ******* Begin *********
```

```
/// ******** End *********
}
```

题号：1803

功能：用函数求 N 个[10,60]上的整数中能被 5 整除的最大的数，如存在则返回这个最大值，如果不存在则返回 0。

```
------------------------------------------------
#include "stdio.h"
#define N 30
#include "stdlib.h"
int find(int arr[],int n)
{
    int m = 0;
    /// ****** Begin *********


    /// ******** End *********
    return(m);
}
main()
{   int a[N],i,k;
    void TestFunc();
    for(i = 0;i < N;i++)
        a[i] = rand() % 50 + 10;
    for(i = 0;i < N;i++)
    {   printf(" % 5d",a[i]);
        if((i + 1) % 5 == 0) printf("\n");
    }
    k = find(a,N);
}
```

参 考 文 献

[1] 谭浩强.C程序设计[M].北京：清华大学出版社,1999.

[2] 马靖善,秦玉平,等.C语言程序设计[M].北京：清华大学出版社,2005.

[3] 吴文虎,王鸿磊,张雪松,等.程序设计基础[M].北京：清华大学出版社,2003.

[4] 刘克成,张凌晓,邵艳玲,等.C语言程序设计[M].北京：中国铁道出版社,2007.

[5] 罗坚,王声决,徐文胜,等.C程序设计实验教程[M].北京：中国铁道出版社,2007.

[6] 李瑞,戚海英,徐克圣,等.C程序设计基础[M].北京：清华大学出版社,2009.

[7] 何钦铭,等.C语言程序设计[M].北京：高等教育出版社,2009.

[8] 刘明才.C语言程序设计习题解答与实验指导[M].北京：中国铁道出版社,2007.

[9] 杨彩霞,杨新锋,刘克成,等.C语言程序设计实验指导与习题解答[M].北京：中国铁道出版社,2007.

[10] 李瑞,徐克圣,刘月凡,等.C程序设计基础[M].2版.北京：清华大学出版社,2011.

[11] 李瑞,戚海英,刘月凡,等.C程序设计基础[M].4版.北京：清华大学出版社,2019.